JN320347

半導体デバイスの基礎

浜口智尋
谷口研二 [著]

朝倉書店

まえがき

　トランジスタの発明（1947年12月）以来60年以上が経過し，世の中に多種多様な半導体デバイスが出現している．著者らが「半導体デバイスの物理」（朝倉書店，1990）の初版を出してから早くも20年近く経とうとしている．その間に半導体の状況は大きな進歩をなしている．集積化は格段に進み，65 nm のデザインルールを用いた CMOS 回路がメモリや CPU に使われるようになっている．また，半導体メモリの供給は1980年代の日米半導体摩擦から，2000年代に入ってアジアでの熾烈な競争になっている．しかし，用いられている素子の物理現象は「半導体デバイスの物理」を執筆した当時からそれほど変わっていない．一方，青色発光ダイオードやレーザが次世代メモリ素子の書き込み読み取りデバイスとして大きく注目されている．超 LSI 技術を駆使してつくられた半導体メモリやコンピュータのプロセッサなどが日常生活の中により深く入り込み，インターネットが手軽に使えるようになってから久しい．ハイテクや情報革命の中核をなすのが半導体技術であり，もはや半導体のない生活は考えられない．大学でも自然科学系の学部や大学院で半導体の講義はかなりの時間を割いて行われている．しかし，専門的な内容よりも入門的なテキストを望む教員や学生も多くなっている．学生の理工系離れも大きな社会問題となっており，大学学部での講義も，深い専門性よりもより広い領域の理解を求められるようになってきている事実も見逃せない．筆者らは「半導体デバイスの物理」の改訂をしようと計画したが，これらの背景をふまえ，内容を大幅に改め新版とすることにした．したがって，このテキスト「半導体デバイスの基礎」では従来の内容で重要度の高いものはその内容を刷新し，いくつかの項目を削除し，より理解を深めるのに必要な項目は付録とし，全体で220ページ程度に収める

ようにした．

　本書の構成は，第1章が半導体物理の解説で，第2章で電気伝導，第3章ではpn接合ダイオードやバイポーラトランジスタを取り扱っている．第4章では，半導体デバイスで最も重要な地位を占めるMOS型電界効果トランジスタを理解するため，界面の物性とデバイスの動作特性を詳述している．第5章では光電効果デバイスとして，発光ダイオード，半導体レーザや光検出デバイスを取り扱っている．また，第6章では最近注目されているヘテロ構造を用いた種々のデバイスを解説した．第7章では，マイクロ波デバイスのガンダイオードや応用範囲の広い磁気センサについて述べている．付録では，電気伝導を支配する種々の電子散乱の過程をまとめ，磁気抵抗やバリスティック伝導，キャリアの捕獲再結合の統計を表すショックレー・リード・ホールの式を解説した．また，レーザ発振の原理を表す光吸収や誘導放出，レーザの利得などを量子力学を用いて求める方法も解説した．

　本書は，第4章を谷口が，その他の章を浜口が主に担当したが，最終稿および付録については，すべての記述について相互にチェックし，統一を図った．

　本書は学部学生を対象にしており，通年の講義内容にふさわしいように配慮したつもりである．また，大学で半導体の講義を受講していない研究者やエンジニアにも入門書として利用していただけるものと期待している．

　本書を作成するにあたり，原稿の入力と大半の図面を描画する作業は野村友子氏が担当してくれた．LaTeXのフォーマット修正には大阪大学大学院工学研究科の百瀬英毅博士の助けを借りた．また，編集に当たっては朝倉書店編集部が全面的に協力してくださった．これらの方々に深く御礼を申し上げたい．

　2009年1月

浜口　智尋
谷口　研二

目　次

第1章　半導体の物理　　　1
- 1.1　半導体とは ……………………………………… 1
- 1.2　結晶の周期性と格子振動 ……………………… 3
- 1.3　半導体のエネルギー帯構造 …………………… 8
  - 1.3.1　自由電子モデル ………………………… 8
  - 1.3.2　ブロッホの定理 ………………………… 13
  - 1.3.3　ブリルアン領域 ………………………… 15
  - 1.3.4　半導体のエネルギー帯 ………………… 18
- 1.4　有効質量 ………………………………………… 19
- 1.5　正孔の概念 ……………………………………… 21
- 1.6　電子統計 ………………………………………… 22
  - 1.6.1　状態密度 ………………………………… 22
  - 1.6.2　真性半導体 ……………………………… 24
  - 1.6.3　不純物半導体 …………………………… 27

第2章　電気伝導　　　33
- 2.1　電流の担い手 …………………………………… 33
- 2.2　電子のドリフト運動と移動度 ………………… 34
- 2.3　電子散乱の機構 ………………………………… 38
- 2.4　伝導電子の拡散 ………………………………… 39
- 2.5　キャリアの生成と再結合 ……………………… 40
- 2.6　ホール効果 ……………………………………… 43

第3章 pn 接合型デバイス　49
- 3.1 pn 接合と電位障壁 　49
- 3.2 少数キャリアの注入と pn 接合の整流特性 　52
- 3.3 トンネルダイオード 　57
- 3.4 バイポーラトランジスタ 　57

第4章 界面の物理と電界効果トランジスタ　65
- 4.1 界面の物性 　65
  - 4.1.1 仕事関数と電子親和力 　65
  - 4.1.2 金属・半導体接合 　67
- 4.2 金属・半導体接合の電気的特性 　71
  - 4.2.1 界面障壁を乗り越えるキャリアによる電流 　71
  - 4.2.2 量子力学的なトンネル電流 　74
  - 4.2.3 空乏層中でのキャリアの発生・再結合 　75
- 4.3 MOS 構造の物理 　76
  - 4.3.1 MOS 構造の基礎 　76
  - 4.3.2 表面ポテンシャルと表面電荷 　80
- 4.4 MOS 構造の静電容量 　84
  - 4.4.1 実際の MOS 構造 　85
- 4.5 MOSFET の基本動作特性 　88
  - 4.5.1 強反転領域での電気的特性 　89
  - 4.5.2 弱反転領域での電気的特性 　92
- 4.6 短チャネル MOSFET 特有の問題点 　95
  - 4.6.1 ゲートしきい値電圧の低下 　95
  - 4.6.2 パンチスルー現象 　97
  - 4.6.3 キャリア速度の飽和と MOSFET 特性 　98
  - 4.6.4 インパクトイオン化現象と素子特性 　98
- 4.7 各種 MOSFET の構造 　99
- 4.8 基板バイアス効果 　100
- 4.9 電荷転送素子 (CCD) 　103
  - 4.9.1 電荷転送素子の基本動作原理 　103

	4.9.2	電荷転送効率	104
	4.9.3	CCD 撮像素子	109

第 5 章　光電効果デバイス　111

- 5.1 　光吸収 111
- 5.2 　発光ダイオード (LED) 115
- 5.3 　半導体レーザ 119
- 5.4 　光検出デバイス 125
  - 5.4.1 　光導電セル 125
  - 5.4.2 　フォトダイオード 128
  - 5.4.3 　アバランシェフォトダイオード 129

第 6 章　量子井戸デバイス　135

- 6.1 　量子井戸とは 135
- 6.2 　二次元電子ガスの状態密度 137
- 6.3 　変調ドープと高電子移動度トランジスタ 142
- 6.4 　その他のヘテロ構造トランジスタ 148
- 6.5 　多重量子井戸レーザ 150

第 7 章　その他のデバイス　153

- 7.1 　ガンダイオード 153
- 7.2 　磁気センサ 158
- 7.3 　量子ホール効果を用いた標準抵抗 161

付　録　163

- A 　電子散乱と緩和時間 163
  - A.1 　変形ポテンシャル型音響フォノン散乱 163
  - A.2 　無極性光学フォノン散乱 164
  - A.3 　極性光学フォノン散乱 165
  - A.4 　等価バレー (谷) 間散乱 165
  - A.5 　不等価バレー (谷) 間散乱 166
  - A.6 　イオン化不純物散乱 166

	A.7　その他の散乱	167
B	磁気抵抗効果	168
C	バリスティック伝導とランダウアー公式	170
D	捕獲と再結合 (ショックレー・リードの統計)	171
E	誘導放出と分布反転	180
F	遷移確率と吸収係数の導出	183
G	インパットダイオード	190
H	圧力センサ	198
参考文献		203
索　引		207

第1章

半導体の物理

ここでは，結晶中の電子をどのように取り扱うかを平易に述べ，後の章の理解の助けとする．結晶の周期性がつくり出す電子のエネルギー状態の特徴が，電気的・光学的特性を決定しているが，それを理解するため，まずエネルギー帯構造を解説する．

1.1 半導体とは

文字の意味するところは，金属（導体）と絶縁体の中間の電気伝導を示す物質と理解される．オームの法則は，物質に一様な電界 E [V/m] を印加したときに単位面積を通して流れる電流 (電流密度) を J [A/m^2] とすると，

$$J = \sigma E, \text{ または } E = \rho J \tag{1.1}$$

と表される．ここに，σ [$\Omega^{-1} \cdot$m^{-1}] は導電率，ρ [$\Omega \cdot$m] は抵抗率とよばれる．σ が大きいほど，つまり ρ が小さいほど電流をよく流し，導体的であり，その反対であれば絶縁体的である．このことを数値的に示すと，銅の場合には，室温で $\sigma = 6.5 \times 10^7 [\Omega^{-1} \cdot$m$^{-1}]$ であるが，絶縁体とよばれているものの導電率は $\sigma \leq 10^{-10}[\Omega^{-1} \cdot$m$^{-1}]$ で非常に小さい．

電流が電荷量 e をもつ電子によって運ばれるものとする．単位体積当たり n[個/m^3] の電子が存在し，電界 E で加速されて，結晶中を速度 v で移動する

ものとすると，v は印加した電界に比例すると考えられるから，

$$v = \mu E \tag{1.2}$$

と書ける．ここに，比例定数 $\mu [\mathrm{m^2/V \cdot s}]$ は移動度[注1]で，その内容については後で詳しく説明する．この場合，電界に垂直な単位面積を通し，単位時間に env の電荷が運ばれるから，電流は，

$$J = env = en\mu E \tag{1.3}$$

と表せる．つまり，

$$\sigma = \frac{1}{\rho} = en\mu \tag{1.4}$$

の関係が得られる．このことは，伝導電子の密度 n が多いほど，かつ電子が速く走るほど(移動度が大きいほど)，電流がよく流れ，導電率が大きくなることを意味している．

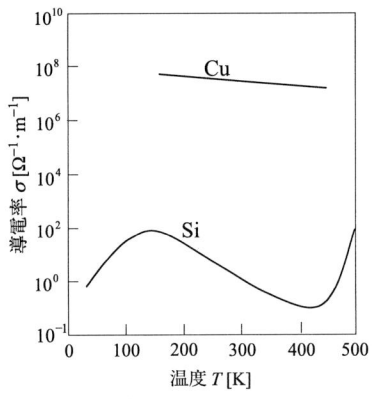

図 1.1 導体 (Cu) と半導体 Si の導電率の温度依存性

Si 単結晶は半導体であることが知られている．そこで，Si と金属の導電率の温度依存性を比較してみよう．図 1.1 は半導体の Si と金属 (Cu) の導電率の温

[注1] 易動度とも書かれ，単位電界のもとでの速度を与える．

度依存性を示したもので，大きな違いの存在することがわかる．金属の導電率 $\sigma(T)$ は比較的大きな温度差 $T - T_0$ に対しても，

$$\sigma(T) = \sigma(T_0)[1 - \alpha(T - T_0)] \tag{1.5}$$

の関係が成立するのに対し，半導体では複雑に変化し，とくに高温では導電率が急に上昇している．金属と半導体の導電率の大きさの違いは，大部分その電子密度の差によると考えてよい．つまり，金属では伝導電子密度は $n \simeq 10^{28}$[個/m^3] であるのに対し，Si の場合常温でほぼ 10^{20}[個/m^3] と非常に少ない．この電子密度の違いについては後述するが，金属では温度に対して非常にゆるやかに導電率が変化するのは，電子の密度がほとんど一定であることによる．一方，Si で導電率の温度変化が複雑なのは，電子密度と移動度の温度依存性が複雑に関与していることによる．

半導体のもう一つの特徴は，構造敏感性ということにある．すなわち，半導体単結晶の中にほんのわずかの不純物を導入するだけで，導電率は何桁も変わる．十分に不純物密度を制御した半導体の純度[注2]は 99.99……％ と 9 を 10 個以上も続け，たとえば 11 個続く場合には イレブン・ナイン (eleven–nine, 11N) とよぶ．このような半導体の中に，電気伝導度を左右する不純物 1ppm (ppm は 10^6 個の中に 1 個の不純物があることに相当する) を導入すると，何桁も導電率が増大する．この構造敏感性を利用して，種々の半導体素子がつくられている．このような半導体や金属の性質を理解するためには，結晶中での電子の振舞いを知らなければならない．とくに，伝導電子の波動性と結晶の周期性を反映させた記述法を用いなければならないので，以下このことについて述べる．

1.2 結晶の周期性と格子振動

結晶は原子が周期的に配列結合したもので，この周期性が種々の物性量に反映される．その典型的な一例として格子振動を述べる．まず，図 1.2 のようにバネ定数 k_0 で結ばれた一次元結晶を考える．原子の質量を M，原子間隔を a

---

[注2] 伝導電子の数を左右する不純物は ten–nine 以上に制御されているが，酸素，炭素などの伝導電子数に直接的に関与しない不純物の制御はいまだ十分ではない．

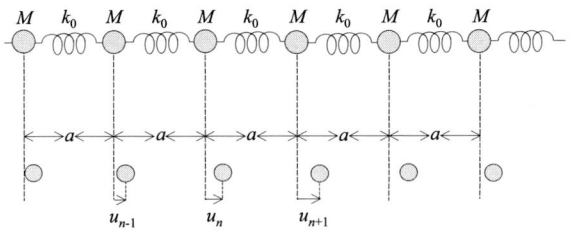

図 1.2 一次元格子モデル

とする.これらの原子が熱振動をするとき,隣どうしが力を及ぼし合った振動が生ずる.隣どうしの原子がある位相を保ちながら波として振動する.n 番目の原子の変位を u_n とし,最近接原子間の力のみを考えると,n 番目の原子の運動方程式は,

$$M\frac{\mathrm{d}^2 u_n}{\mathrm{d}t^2} = -k_0(u_n - u_{n-1}) - k_0(u_n - u_{n+1})$$
$$= k_0(u_{n-1} + u_{n+1} - 2u_n) \tag{1.6}$$

と書ける.上に述べた理由により,$u_{n-1}, u_n, u_{n+1}, \cdots$ は波としての位相を保たなければならないから,

$$u_n = A\exp[\mathrm{i}(qna - \omega t)] \tag{1.7}$$

と仮定することができる.ここに,A は振幅,q は波動の波数ベクトル (波長を λ とすると,$q = 2\pi/\lambda$) で,ω は波動の角周波数 (振動数を ν とすると,$\omega = 2\pi\nu$) である.式 (1.7) と同様に u_{n-1}, u_{n+1} を表して,式 (1.6) に代入すると,

$$-M\omega^2 A\mathrm{e}^{\mathrm{i}(qna-\omega t)} = k_0\left(\mathrm{e}^{-\mathrm{i}qa} + \mathrm{e}^{\mathrm{i}qa} - 2\right) A\mathrm{e}^{\mathrm{i}(qna-\omega t)} \tag{1.8}$$

となる.これより,

$$M\omega^2 = 2k_0[1 - \cos(qa)] = 4k_0\sin^2\left(\frac{qa}{2}\right) \tag{1.9}$$

すなわち,

$$\omega = 2\sqrt{\frac{k_0}{M}}\left|\sin\left(\frac{qa}{2}\right)\right| \tag{1.10}$$

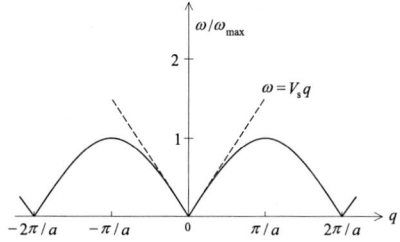

図 1.3 一次元格子における格子振動の角周波数 ω と波数ベクトル q の関係

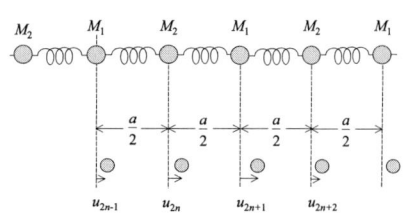

図 1.4 単位胞に 2 個 (M_1, M_2) の原子を含む一次元格子の振動

を得る．$qa \ll 1$ のとき，波の位相速度 (音速) は $V_s = \omega/q$ の関係を用いると，

$$V_s = \sqrt{\frac{k_0}{M}}a \tag{1.11}$$

となる．つまり，原子が周期的に連結した結晶格子の振動は隣どうしある位相差を保ちながら運動し，音波として伝わる．われわれが通常測定する超音波の周波数領域 (MHz 領域) では，$qa \ll 1$ の条件が満たされた十分長波長の波として取り扱うことができる．このときの音速は式 (1.11) で与えられる．図 1.3 に式 (1.10) を示したが，ω と q の関係は周期関数となる．また，式 (1.7) および式 (1.10) で q の代わりに $q + 2\pi/a$ とおいてもまったく同じとなるので，波数ベクトル q を $-\pi/a \leq q \leq \pi/a$ (大きさ $2\pi/a$) の間に限って考えることができる．この領域以外の q の値は，$2\pi/a$ の整数倍を加減することによって，$-\pi/a \leq q \leq \pi/a$ の領域に移すことができる．この $-\pi/a \leq q \leq \pi/a$ の領域を第 1 ブリルアン (Brillouin) 領域とよぶ．

次に，図 1.4 に示すような異種の原子が交互に連結された系を考える．三次元結晶の場合では，単位胞に 2 個の原子を含む系に対応し，閃亜鉛鉱型結晶 (GaAs, GaP などのように異種の原子で構成されるもの) とダイヤモンド型結晶 (Si, Ga などのように同種の原子が単位胞の中に 2 個含まれている) には，以下に述べるような格子振動が存在する．奇数番目の原子の質量を M_1，偶数番目の原子の質量を M_2 とし，最近接原子間のみの相互利用を考えると，式 (1.6)

を参照して，

$$
\left.\begin{array}{l}
M_1 \ddot{u}_{2n+1} = k_0(u_{2n} + u_{2n+2} - 2u_{2n+1}) \\
M_2 \ddot{u}_{2n} = k_0(u_{2n-1} + u_{2n+1} - 2u_{2n})
\end{array}\right\} \tag{1.12}
$$

が得られる．式 (1.7) と同様にして，

$$
\left.\begin{array}{l}
u_{2n+1} = A_1 \exp\left[\mathrm{i}[(2n+1)(qa/2) - \omega t]\right] \\
u_{2n} = A_2 \exp\left[\mathrm{i}[(2n)(qa/2) - \omega t]\right]
\end{array}\right\} \tag{1.13}
$$

とおけるから，これらを式 (1.12) に代入すれば次式を得る．

$$
\left.\begin{array}{l}
(M_1 \omega^2 - 2k_0)A_1 + [2k_0 \cos(qa/2)]A_2 = 0 \\
(M_2 \omega^2 - 2k_0)A_2 + [2k_0 \cos(qa/2)]A_1 = 0
\end{array}\right\} \tag{1.14}
$$

上式で $A_1 = A_2 = 0$ 以外の解をもつためには，

$$
\begin{vmatrix} (M_1 \omega^2 - 2k_0) & 2k_0 \cos(qa/2) \\ 2k_0 \cos(qa/2) & (M_2 \omega^2 - 2k_0) \end{vmatrix} = 0 \tag{1.15}
$$

でなければならない．この行列式の解より次の関係を得る．

$$
\omega_{\pm}^2 = k_0 \left(\frac{1}{M_1} + \frac{1}{M_2}\right) \pm k_0 \sqrt{\left(\frac{1}{M_1} + \frac{1}{M_2}\right)^2 - \frac{4}{M_1 M_2} \sin^2\left(\frac{qa}{2}\right)} \tag{1.16}
$$

これより ω_+, ω_- を求め，波数ベクトルの関数としてプロットすると図 1.5(a) のようになる．つまり，ω_- は $q \to 0$ で $\omega \to 0$ となり（これを音響分枝とよぶ），ω_+ は $q \to 0$ で $\omega = \sqrt{2k_0/M_\mathrm{r}}$ $(1/M_\mathrm{r} = 1/M_1 + 1/M_2)$ となる（これを光学分枝とよぶ）．この $q \simeq 0$ での $\omega_{\pm}$ を式 (1.14) に代入すると，音響分枝では $A_1 = A_2$ となり，隣どうしの原子が同方向に振動しているのに対し，光学分枝では $A_1/A_2 = -M_2/M_1 < 0$ となり，隣どうしの原子は重心を保存して逆方向に振動していることがわかる (図 1.5(b))．

　格子振動を量子化したものをフォノン（音子）とよぶが，音響分枝に対するものを音響フォノン (acoustic phonon)，光学分枝に対するものを光学フォノン (optical phonon) とよぶ．格子振動は多数の原子からなる系を取り扱う必要

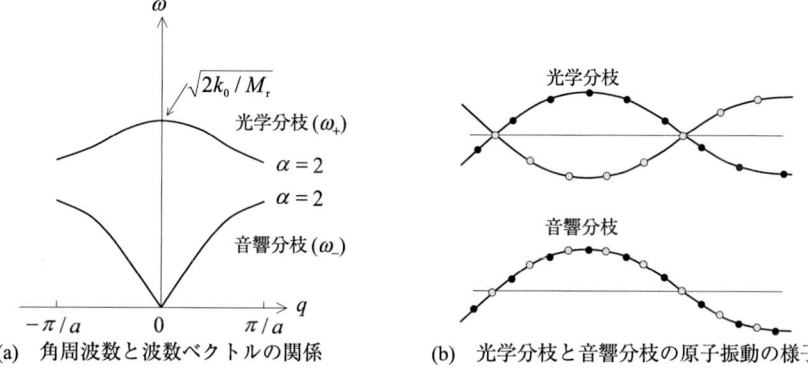

(a) 角周波数と波数ベクトルの関係 (b) 光学分枝と音響分枝の原子振動の様子

図 1.5 単位胞に 2 個の原子を有する格子の振動

があり，正準モード (normal mode) に分解するという特殊な技法が必要となる．単純調和振動子からの類推から，系のエネルギーを，

$$E = \sum_j \hbar\omega_j \left(n_j + \frac{1}{2}\right) \tag{1.17}$$

と書く．ここに n_j はエネルギー $\hbar\omega_j$ のフォノン占有数とよばれ，平均の占有数は次のようにして求まる．

振動子がエネルギー $E_n = \hbar\omega(n+1/2)$ をとる確率 P_n は $\exp(-E_n/k_BT)$ に比例し（ここに，k_B はボルツマン定数で，T は絶対温度である），$\sum_n P_n = 1$ であるから，

$$P_n = \frac{\exp(-E_n/k_BT)}{\sum_n \exp(-E_n/k_BT)} = \frac{\exp(-n\hbar\omega/k_BT)}{\sum_n \exp(-n\hbar\omega/k_BT)} \tag{1.18}$$

となる．ここで，$\sum_n x^n = (1-x)^{-1}$，$\sum_n n x^n = x/(1-x)^2$ $(n = 0 \sim \infty)$ なる関係を用いると，この振動子の平均エネルギー $\langle E \rangle$ は，

$$\langle E \rangle = \sum_n E_n P_n = \hbar\omega \left(\frac{1}{\exp(\hbar\omega/k_BT) - 1} + \frac{1}{2}\right) \tag{1.19}$$

となる．これより，式 (1.17) で与えられるフォノンの平均占有数 $\langle n_j \rangle$ は，

$$\langle n_j \rangle = \frac{1}{\exp(\hbar\omega_j/k_BT) - 1} \tag{1.20}$$

で与えられる．式 (1.20) をボース・アインシュタイン分布 (Bose–Einstein distribution) とよぶ．また，$\hbar\omega/2$ を零点振動エネルギーとよぶ．

1.3 半導体のエネルギー帯構造

1.3.1 自由電子モデル

結晶中の伝導電子状態を理解するため，図 1.6 のように周期的に並んだ一次元結晶を考える．各原子は 1 個の電子を放出して $+e$ に帯電しているものとする．これは金属の場合に相当するが，エネルギー帯構造の概念を理解するのに大いに役立つのでこれより出発する．各イオンの静電ポテンシャル (エネルギー) は，イオンの中心からの距離 r を用いて，$V(r) = -e^2/4\pi\epsilon_0 r$ で与えられるから，これらのイオンのポテンシャルの和は，図 1.6 のようになる．図 1.6 より明らかなように，両端のポテンシャルは内部よりも高く，電子に対する壁を構成し，電子はこの壁ではさまれた内部に閉じ込められる[注3]．

金属中の伝導電子は結晶中を動くことができるから，そのエネルギーは内部のポテンシャルの山よりも高く，壁の高さよりも低いと考えられる．もちろん内殻電子はポテンシャルの谷に閉じ込められて動くことができない．したがって第 0 次近似として，伝導電子に対するポテンシャルは図 1.7 のような井戸型

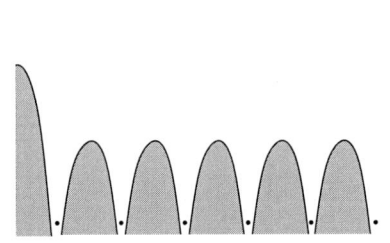

図 **1.6** 一次元結晶の周期ポテンシャル

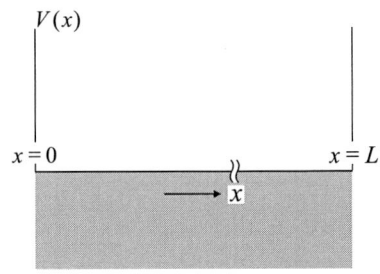

図 **1.7** 井戸型ポテンシャル

注3 実際には金属中には多数の電子が存在し，その中から 1 個の電子を取り出そうとすると電子間に相互作用が働く．この効果などによりポテンシャルの壁，つまり仕事関数が決まる．

ポテンシャルを仮定することができる．簡単のため1個の電子のみを考え，そのエネルギー準位を計算し，その準位にパウリ (Pauli) の排他率を満たすように多数の電子をつめる．図1.7に示した一次元の井戸型ポテンシャルにおいては，$x=0$ と $x=L$ でポテンシャルは無限大であると仮定した．このとき電子の定常状態は次のシュレディンガー (Schrödinger) 方程式

$$\left[-\frac{\hbar^2}{2m}\frac{\mathrm{d}^2}{\mathrm{d}x^2} + V(x)\right]\psi(x) = \mathcal{E}\psi(x) \tag{1.21}$$

を解くことによって求まる．$0 \leq x \leq L$ で $V(x) = 0$ とおくと，

$$-\frac{\hbar^2}{2m}\frac{\mathrm{d}^2\psi}{\mathrm{d}x^2} = \mathcal{E}\psi \tag{1.22}$$

となるから，この方程式の解として積分定数 A, B を用いると，

$$\psi(x) = A\sin(k_n x) + B\cos(k_n x) \tag{1.23}$$

となる．図1.7に示したポテンシャル障壁では境界条件：$x = 0$ で $\psi = 0$ より $B = 0$ となり，$x = L$ で $\psi = 0$ の条件より，

$$k_n = \frac{\pi}{L}n \ (n = 1, 2, 3, \cdots) \tag{1.24}$$

すなわち，波動関数

$$\psi(x) = A\sin\left(\frac{\pi}{L}nx\right) \tag{1.25}$$

が得られる．これを式 (1.22) に代入すれば，エネルギーは，

$$\mathcal{E} = \frac{\hbar^2}{2m}k_n^2 = \frac{\hbar^2}{2m}\left(\frac{\pi}{L}\right)^2 n^2 \tag{1.26}$$

のように整数値 n に依存する飛び飛びの値をとる．井戸内に N 個の電子を考える場合，スピンを考えると一つの準位に2個の電子が入れるから，$n = 1, 2, \cdots, N/2$ の準位まで電子がつまり，$n = N/2$ に対するエネルギー準位がフェルミエネルギーに相当する．図1.8は式 (1.25) で与えられる電子の波動関数をいくつかの n の値について図示したもので，エネルギーが高くなるほど (n が大きくなるほど) 節の数が増える．

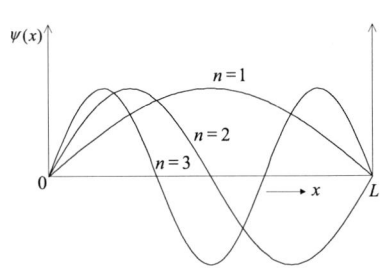
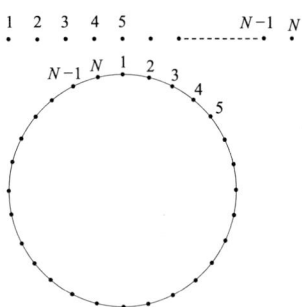

図 1.8　一次元井戸型ポテンシャルにおける電子の波動関数

図 1.9　周期的境界条件

上に述べた一次元井戸型ポテンシャルを三次元井戸型ポテンシャルに拡張することは容易である．しかし，後の議論に有用な周期的境界条件を導入してから，計算をすすめることにしよう．微視的には十分大きいが，巨視的には小さい長さ L を考えると（具体的には $L = \mu\mathrm{m} \sim \mathrm{mm}$），物質の電気的性質が (x, y, z) と $(x + L, y, z)$ とで異なるはずはない（異なってはならない）ので，$\psi(x, y, z) = \psi(x + L, y, z)$ とおける．このようにすると波動関数を定在波 (1.25) 形式から進行波形式にすることができる．

図 1.9 に示すように，N 個の原子からなる一次元結晶を環状につなぎ，$N+1$ 番目の次の原子が 1 番目の原子になるようにすると，電子の波動関数は点 x と点 $(x + L)$（L は結晶の長さ）でまったく同じになる．つまり，この環状鎖を伝わる進行波を，

$$\psi(x) = A \exp(\mathrm{i}k_x x) \tag{1.27}$$

とおけば，$\psi(x + L) = \psi(x)$ の関係を満たさなければならない．すなわち，

$$\exp(\mathrm{i}k_x L) = 1$$

ゆえに，

$$k_x = \frac{2\pi}{L} n_x \ (n_x = 0, \pm 1, \pm 2, \cdots) \tag{1.28}$$

を得る．三次元結晶において，周期的境界条件を考えると，自由電子に対し進行波型の波動関数

$$\psi(x, y, z) = A \exp[\mathrm{i}(k_x x + k_y y + k_z z)] \tag{1.29}$$

を用いると，波数 $\bm{k} = (k_x, k_y, k_z)$ には次のような制限がつく．

$$k_x = \frac{2\pi}{L} n_x \quad (n_x = 0, \pm 1, \pm 2, \cdots) \tag{1.30a}$$

$$k_y = \frac{2\pi}{L} n_y \quad (n_y = 0, \pm 1, \pm 2, \cdots) \tag{1.30b}$$

$$k_z = \frac{2\pi}{L} n_z \quad (n_z = 0, \pm 1, \pm 2, \cdots) \tag{1.30c}$$

この $\bm{k} = (k_x, k_y, k_z)$ を伝導（または自由）電子の波数ベクトルとよぶ．たとえば，N 個の原子からなる一次元結晶の場合，自由度（量子状態）は N 個であるから，波数ベクトルも N 個の状態を考えればよい．原子間隔を a として，$L = Na$ の関係を用い，波数ベクトルとして $n_x = -N/2$ に対する $-\pi/a$ から $n_x = N/2$ に対する π/a までの N 個の値を考える．三次元結晶におけるシュレディンガー方程式

$$\left[-\frac{\hbar^2}{2m} \left(\frac{\mathrm{d}^2}{\mathrm{d}x^2} + \frac{\mathrm{d}^2}{\mathrm{d}y^2} + \frac{\mathrm{d}^2}{\mathrm{d}z^2} \right) + V(x, y, z) \right] \psi(x, y, z) = \mathcal{E} \psi(x, y, z) \tag{1.31}$$

において，井戸型ポテンシャルを仮定すると，井戸内の電子に対しては，$V(x, y, z) = 0$ とおき，式 (1.30a)～(1.30c) を代入すると，

$$\mathcal{E} = \frac{\hbar^2}{2m}(k_x^2 + k_y^2 + k_z^2) = \frac{\hbar^2}{2m} \left(\frac{2\pi}{L} \right)^2 (n_x^2 + n_y^2 + n_z^2) \tag{1.32}$$

を得る．電子のエネルギーは (n_x, n_y, n_z) の組合せで決まる飛び飛びの値をとる（表 1.1）．電子は低いエネルギー準位から順につまっていくが，多数の電子が存在する場合，電子の分布関数（占有確率）を考慮して，低い準位からつめていき，どの程度のエネルギーまで占有するかによって，その物質の電気的，熱的，光学的特性を議論することができる．その場合，次に述べる状態密度という概念が大切である．

表 1.1 三次元井戸型ポテンシャル内の電子状態

エネルギーの単位は $(\hbar^2/2m)(2\pi/L)^2$. スピンを考慮すると状態数は表の2倍になる.

n_x	n_y	n_z	状態数	エネルギー
±1	0	0		
0	±1	0	6	1
0	0	±1		
±1	±1	0		
±1	0	±1	12	2
0	±1	±1		
±1	±1	±1	8	3
±2	0	0		
0	±2	0	6	4
0	0	±2		

式 (1.30a) 〜 (1.30c) より k_x と $k_x+\mathrm{d}k_x$ の間にある状態の数 $\mathrm{d}n_x$ は $\mathrm{d}n_x = (L/2\pi)\mathrm{d}k_x$ となり，$\mathrm{d}k_y$, $\mathrm{d}k_z$ についても同様であるから，$\boldsymbol{k}$ 空間[注4]の微小体積素 $\mathrm{d}k_x\mathrm{d}k_y\mathrm{d}k_z (= \mathrm{d}^3\boldsymbol{k})$ 内にある状態の数 $N(k_x,k_y,k_z)\mathrm{d}k_x\mathrm{d}k_y\mathrm{d}k_z$ は，

$$N(k_x,k_y,k_z)\mathrm{d}k_x\mathrm{d}k_y\mathrm{d}k_z = \left(\frac{L}{2\pi}\right)^3 \mathrm{d}k_x\mathrm{d}k_y\mathrm{d}k_z \tag{1.33}$$

となる. 電子のスピンを考え，単位体積当たりの状態を $n(k_x,k_y,k_z)\mathrm{d}k_x\mathrm{d}k_y\mathrm{d}k_z$ とおくと，

$$n(k_x,k_y,k_z)\mathrm{d}k_x\mathrm{d}k_y\mathrm{d}k_z = \frac{2}{(2\pi)^3}\mathrm{d}k_x\mathrm{d}k_y\mathrm{d}k_z \tag{1.34}$$

となる. $k_x^2 + k_y^2 + k_z^2 = k^2$ とおくと，式 (1.32) より，

$$\mathcal{E} = \frac{\hbar^2 k^2}{2m} \tag{1.35}$$

の関係が得られる. L は微視的には十分大きな長さとなるように選んだので，$2\pi/L$ は $2\pi/a$ に比べると十分小さく，量子準位の目盛は，ほぼ連続とみなせる. 図 1.10 を参照して，k と $k+\mathrm{d}k$ の間の微小球面の体積素 $4\pi k^2\mathrm{d}k$ を考えると，これに対応するエネルギー $\mathcal{E}$ と $\mathcal{E}+\mathrm{d}\mathcal{E}$ の間にある状態数 $g(\mathcal{E})\mathrm{d}\mathcal{E}$ は，

[注4] (k_x,k_y,k_z) でつくる空間を $\boldsymbol{k}$ 空間 ($\boldsymbol{k}$–space) とよぶ.

1.3 半導体のエネルギー帯構造

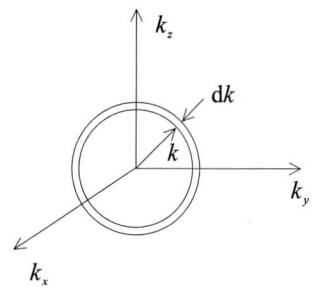

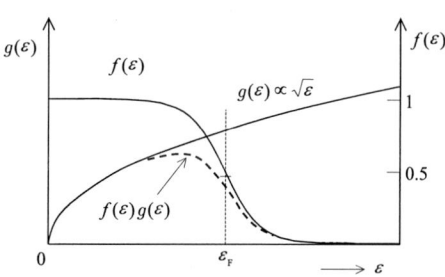

図 1.10 状態密度を計算するための $\bm{k}$ 空間の k と $k+\mathrm{d}k$ の間の体積

図 1.11 状態密度 $g(\mathcal{E})$ とフェルミ関数 $f(\mathcal{E})$ およびその積 $f(\mathcal{E})g(\mathcal{E})$

$$g(\mathcal{E})\mathrm{d}\mathcal{E} = \frac{2}{(2\pi)^3} 4\pi k^2 \mathrm{d}k \tag{1.36}$$

となるが,式 (1.35) を用いて右辺を書き直すと,

$$g(\mathcal{E})\mathrm{d}\mathcal{E} = \frac{1}{2\pi^2}\left(\frac{2m}{\hbar^2}\right)^{3/2}\sqrt{\mathcal{E}}\mathrm{d}\mathcal{E} \tag{1.37}$$

を得る.この $g(\mathcal{E})$ を自由電子モデルにおける状態密度 (density of states) とよぶ.電子の占有確率がフェルミ・ディラック (Fermi–Dirac) の統計 (フェルミ関数 $f(\mathcal{E})$) に従うとすると,自由電子の密度 n は次式で与えられる.

$$n = \int_0^\infty f(\mathcal{E})g(\mathcal{E})\mathrm{d}\mathcal{E} = \frac{1}{2\pi^2}\left(\frac{2m}{\hbar^2}\right)^{3/2}\int_0^\infty \frac{\sqrt{\mathcal{E}}}{\mathrm{e}^{(\mathcal{E}-\mathcal{E}_\mathrm{F})/k_\mathrm{B}T}+1}\mathrm{d}\mathcal{E} \tag{1.38}$$

ここに,$\mathcal{E}_\mathrm{F}$ はフェルミエネルギーで,絶対零度では,

$$\frac{1}{2\pi^2}\left(\frac{2m}{\hbar^2}\right)^{3/2}\int_0^{\mathcal{E}_\mathrm{F}}\sqrt{\mathcal{E}}\mathrm{d}\mathcal{E} = n$$

で与えられる (図 1.11).

1.3.2 ブロッホの定理

結晶は原子が周期的に並んだものである.したがって,結晶中の電子に作用するポテンシャルはこの原子配列の周期性をもち,伝導電子の波動関数もこの周期

性を反映したものでなければならない．一次元結晶を考え，図 1.9 に示したような周期的境界条件を仮定する．この周期ポテンシャル $V(x)$ 中を動く電子の波動関数 $\psi(x)$ は式 (1.21) より求まるが，$V(x+la) = V(x)$ $(l = 0, \pm1, \pm2, \cdots)$ であるから $|\psi(x+la)|^2 = |\psi(x)|^2$ が成立する．$l = 1$ の場合を考えると，$\psi(x+a) = C\psi(x)$ $(|C|^2 = 1)$ と表せる．つまり，電子の波動関数は結晶の周期性を反映して，場所 x と $x+a$ では位相因子 C だけ異なり，絶対値の 2 乗（存在確率）は等しい．このことを逐次繰り返し，$\psi(x+2a) = C^2\psi(x), \cdots, \psi(x+Na) = C^N\psi(x)$ の関係を得る．結晶の長さを $L = Na$ とすると，x と $x+Na$ はまったく等価な位置であるから $C^N = 1$，つまり，

$$C = \exp(i2\pi n_x/N) \quad (n_x = 1, 2, \cdots, N) \tag{1.39}$$

が得られる．この位相因子 C は自由電子モデルにおける式 (1.27), (1.28) とまったく同じ手続きで求められている．つまり，$C = \exp(ik_x x)$ と書ける．以上のことから周期ポテンシャル中の電子の波動関数は振幅一定の平面波 $\exp(ik_x x)$，振幅が結晶の周期で変調されて，

$$\psi(x) = \exp(ik_x x)u_k(x) \tag{1.40}$$

と書き表すことができる．$u_k(x)$ は格子間隔 a を周期とする関数で，

$$u_k(x + la) = u_k(x) \tag{1.41}$$

である．式 (1.40) をブロッホ (Bloch) 関数とよび，式 (1.40) と式 (1.41) の関係をブロッホの定理とよぶ．この関係を三次元の場合に拡張すると，格子の基本ベクトル $\boldsymbol{R} = l\boldsymbol{a} + m\boldsymbol{b} + n\boldsymbol{c}$ を用いて電子の波動関数は次のように書ける．

$$\psi_{\boldsymbol{k}}(\boldsymbol{r}) = \exp(i\boldsymbol{k} \cdot \boldsymbol{r})u_{\boldsymbol{k}}(\boldsymbol{r}) \tag{1.42}$$

ただし，

$$u_{\boldsymbol{k}}(\boldsymbol{r} + \boldsymbol{R}) = u_{\boldsymbol{k}}(\boldsymbol{r}) \tag{1.43}$$

$$\boldsymbol{k} = \frac{2\pi}{N}(n_x\boldsymbol{a}^* + n_y\boldsymbol{b}^* + n_z\boldsymbol{c}^*) \tag{1.44}$$

1.3 半導体のエネルギー帯構造

ここに，l, m, n, n_x, n_y, n_z は整数で，$\boldsymbol{a}^*, \boldsymbol{b}^*, \boldsymbol{c}^*$ は次式で定義される逆格子である．

$$\boldsymbol{a}^* = \frac{\boldsymbol{b} \times \boldsymbol{c}}{\boldsymbol{a} \cdot (\boldsymbol{b} \times \boldsymbol{c})}, \ \boldsymbol{b}^* = \frac{\boldsymbol{c} \times \boldsymbol{a}}{\boldsymbol{a} \cdot (\boldsymbol{b} \times \boldsymbol{c})}, \ \boldsymbol{c}^* = \frac{\boldsymbol{a} \times \boldsymbol{b}}{\boldsymbol{a} \cdot (\boldsymbol{b} \times \boldsymbol{c})} \tag{1.45}$$

($\boldsymbol{a}^* \cdot \boldsymbol{a} = \boldsymbol{b}^* \cdot \boldsymbol{b} = \boldsymbol{c}^* \cdot \boldsymbol{c} = 1$，その他の内積 $\boldsymbol{a}^* \cdot \boldsymbol{b}$，$\boldsymbol{a}^* \cdot \boldsymbol{c}$ などは 0)

1.3.3 ブリルアン領域

式 (1.45) で定義された逆格子を用いて，

$$\boldsymbol{G} = 2\pi(n_1 \boldsymbol{a}^* + n_2 \boldsymbol{b}^* + n_3 \boldsymbol{c}^*) \tag{1.46}$$

を逆格子ベクトルとよぶ．たとえば，格子間隔 a の単純立方格子の逆格子ベクトルは，直交する三つの単位ベクトル $(\boldsymbol{e}_x, \boldsymbol{e}_y, \boldsymbol{e}_z)$ を用いると，

$$\boldsymbol{G} = \frac{2\pi}{a}(n_1 \boldsymbol{e}_x + n_2 \boldsymbol{e}_y + n_3 \boldsymbol{e}_z) \quad (n_1, n_2, n_3 = 0, \pm 1, \pm 2, \cdots) \tag{1.47}$$

となる．いま，式 (1.42) で与えられるブロッホ関数を，

$$\begin{aligned}\psi_{\boldsymbol{k}}(\boldsymbol{r}) &= \exp(\mathrm{i}\boldsymbol{k} \cdot \boldsymbol{r}) u_{\boldsymbol{k}}(\boldsymbol{r}) \\ &= \exp[\mathrm{i}(\boldsymbol{k} + \boldsymbol{G}) \cdot \boldsymbol{r}] \exp(-\mathrm{i}\boldsymbol{G} \cdot \boldsymbol{r}) u_{\boldsymbol{k}}(\boldsymbol{r})\end{aligned} \tag{1.48}$$

と変形してみると，$\exp(-\mathrm{i}\boldsymbol{G} \cdot \boldsymbol{r}) u_{\boldsymbol{k}}(\boldsymbol{r})$ は，式 (1.43) の $u_{\boldsymbol{k}}(\boldsymbol{r} + \boldsymbol{R}) = u_{\boldsymbol{k}}(\boldsymbol{r})$ を用いると，

$$\begin{aligned}&\exp[-\mathrm{i}\boldsymbol{G} \cdot (\boldsymbol{r} + \boldsymbol{R})] u_{\boldsymbol{k}}(\boldsymbol{r} + \boldsymbol{R}) \\ &= \exp(-\mathrm{i}\boldsymbol{G} \cdot \boldsymbol{R}) \exp(-\mathrm{i}\boldsymbol{G} \cdot \boldsymbol{r}) u_{\boldsymbol{k}}(\boldsymbol{r}) \equiv \exp(-\mathrm{i}\boldsymbol{G} \cdot \boldsymbol{r}) u_{\boldsymbol{k}}(\boldsymbol{r})\end{aligned} \tag{1.49}$$

となる．なぜなら，式 (1.45) と式 (1.46) より，

$$\boldsymbol{G} \cdot \boldsymbol{R} = 2\pi(l n_1 + m n_2 + n n_3) = 2\pi \times 整数$$

となり，$\exp(-\mathrm{i}\boldsymbol{G} \cdot \boldsymbol{R}) = 1$ となるからである．つまり，$\exp(-\mathrm{i}\boldsymbol{G} \cdot \boldsymbol{r}) u_{\boldsymbol{k}}(\boldsymbol{r})$ も $u_{\boldsymbol{k}}(\boldsymbol{r})$ と同様，格子の周期性をもつので，$\exp(-\mathrm{i}\boldsymbol{G} \cdot \boldsymbol{r}) u_{\boldsymbol{k}}(\boldsymbol{r}) = u_{\boldsymbol{k}+\boldsymbol{G}}(\boldsymbol{r})$ と書くことにすると，式 (1.48) は，

$$\psi_{\boldsymbol{k}}(\boldsymbol{r}) = \psi_{\boldsymbol{k}+\boldsymbol{G}}(\boldsymbol{r}) \tag{1.50}$$

と書き表せる．このことより，電子の $\boldsymbol{k}$ と $\boldsymbol{k}+\boldsymbol{G}$ の状態はまったく等価であるといえる．

一次元結晶を考えると，$k_x = (2\pi/Na)n_x$ で，n_x は $-N/2$ から $N/2$ の間の N 個の状態がとれる．この k_x の領域を第 1 ブリルアン領域とよぶ．自由電子モデルにおけるエネルギーは式 (1.32) より $\mathcal{E} = \hbar^2 k_x^2/2m$ となるから，これをグラフで示すと図 1.12 のようになる．$|k_x| > \pi/a$ の領域に対しては，式 (1.50) の関係を用い，k_x が $k_x + G_x (= k_x + (2\pi/a)n_1)$ と等価であるから，図 1.12 のように第 1 ブリルアン領域に移すことができる．通常，エネルギー帯構造はエネルギー $\mathcal{E}$ と波数ベクトル $\boldsymbol{k}$ の関係 ($\mathcal{E}$–$\boldsymbol{k}$ 曲線) を第 1 ブリルアン領域内で示したものをさす．一般に，ブリルアン領域の境界は，

$$k^2 = (\boldsymbol{k} + \boldsymbol{G})^2 \tag{1.51}$$

で与えられる．これはまた，$G^2 \pm 2\boldsymbol{k} \cdot \boldsymbol{G} = 0$ と表される．式 (1.51) の関係はブラッグ (Bragg) 反射の条件を与える．電子の波長を λ とすると $k = 2\pi/\lambda$ であるから，格子間隔 a の結晶に x 方向に入射する電子波を考えると，式 (1.51)

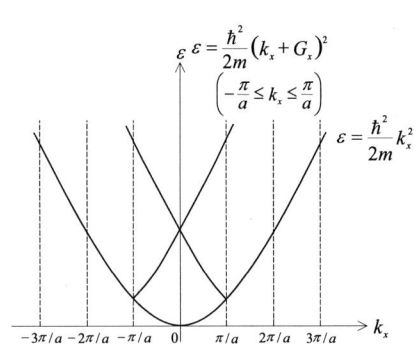

図 1.12 自由電子モデルのエネルギー帯図
$\mathcal{E} = \hbar^2 k_x^2/2m$ と，第 1 ブリルアン領域 ($-\pi/a \leq k_x \leq \pi/a$) で示した $\mathcal{E} = \hbar^2(k_x + G_x)^2/2m$ ($G_x = (2\pi/a)n_x$, $n_x = 0, \pm 1, \pm 2, \cdots$).

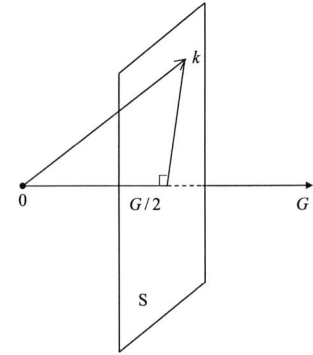

図 1.13
ベクトル $\boldsymbol{G}$ への垂直二等分面に至るベクトル $\boldsymbol{k}$ はすべて $G^2 \pm 2\boldsymbol{k} \cdot \boldsymbol{G} = 0$ を満たす．

1.3 半導体のエネルギー帯構造

より，$G_x^2 = 2k_x \cdot G_x$，つまり $G_x = 2k_x$ となる．$G_x = (2\pi/a)n_1$ (n_1 は整数)であるから

$$n_1 \lambda = 2a$$

となり，ブラッグ反射の条件となっている．このことより，式 (1.51) を満たすような波数ベクトル k をもつ電子はブラッグ反射を受け，エネルギーに飛び(エネルギーギャップ)が現れる．

ベクトル G を垂直に二等分する面を考え (図 1.13)，原点からこの面に至るベクトルを k とすると，$2k \cdot G = G^2$ となるから，この垂直二等分面はブリルアン領域の境界を与えることがわかる．実際の結晶では，ポテンシャルエネルギー $V(r)$ は 0 でないので，$k^2 = (k+G)^2$ を満たすところでエネルギーに飛びができ，電子が存在できないエネルギー領域 (エネルギー禁止帯) が現れる．

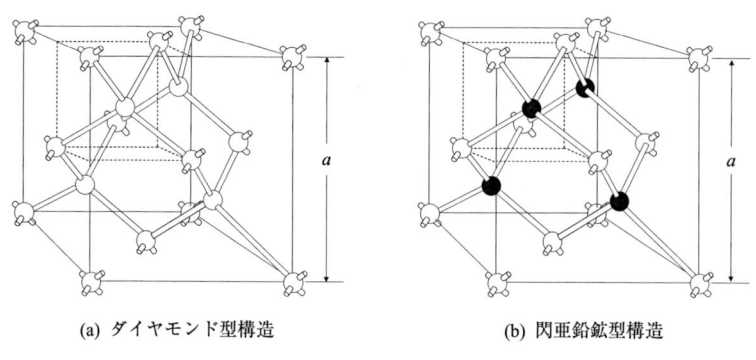

(a) ダイヤモンド型構造　　(b) 閃亜鉛鉱型構造

図 1.14　面心立方格子の構造

Ge や Si は図 1.14(a) に示すようなダイヤモンド型結晶構造をしており，GaAs，GaP，InSb などは図 1.14(b) のような閃亜鉛鉱型結晶構造をしている．これらはいずれも面心立方格子で，格子定数を a とすると，基本ベクトルは $(a/2, a/2, 0)$，$(a/2, 0, a/2)$，$(0, a/2, a/2)$ である．これらの逆格子ベクトルは体心立方格子をなし，$G = (2\pi/a)(n_x, n_y, n_z)$ で与えられる．この結果を用いて面心立方格子の第 1 ブリルアン領域を示すと図 1.15 のようになる．

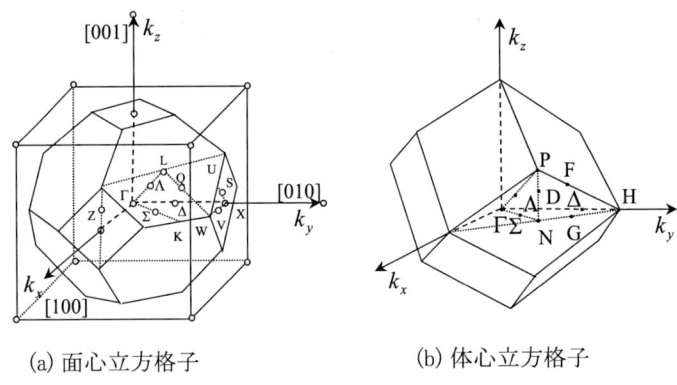

(a) 面心立方格子　　　　(b) 体心立方格子

図 1.15 面心立方格子と体心立方格子の第 1 ブリルアン領域と対称性を表す記号

1.3.4　半導体のエネルギー帯

半導体のエネルギー帯構造を計算する方法はこれまでにいくつか報告されている．そのうち代表的なものとして，(1) 擬ポテンシャル法，(2) 強結合近似，(3) $\bm{k}\cdot\bm{p}$ 摂動法，(4)LCAO(Linear Combination of Atomic Orbitals) などがある[注5]．これらの方法はいずれも，実験より求めたエネルギー禁止帯幅や有効質量を矛盾なく説明するようにパラメーターを決定するもので，計算には電子の波動関数の対称性をうまく取り入れて，よりよい近似を行う方法がとられている．図 1.16 に本書で取り扱う重要かつ代表的な半導体である Ge, Si, GaAs, InP について計算で求めたエネルギー帯構造を示した．図 1.16 でエネルギーが負の領域には価電子帯が，正の領域には伝導帯がある．温度が $T=0$ のとき，価電子帯は電子で完全につまり，上の伝導帯は空となって絶縁体となる．価電子帯の頂上と伝導帯の底のエネルギー差を禁止帯幅またはエネルギーギャップとよぶ．図 1.16 より明らかなように，どの半導体でも価電子帯の頂上は $k=0$ ($\varGamma$ 点とよぶ) にある．一方，伝導帯の底は，Ge では $(\pi/a)(1,1,1)$ (L 点) に，Si では $(2\pi/a)(1,0,0)$ (X 点) に近い所にある．このような半導体

[注5]　エネルギー帯計算の解説書としては，文献 [1, 2, 3] がある．また，文献 [4, 5, 6, 7, 8] に解説といくつかの計算結果が示してある．

1.4 有効質量

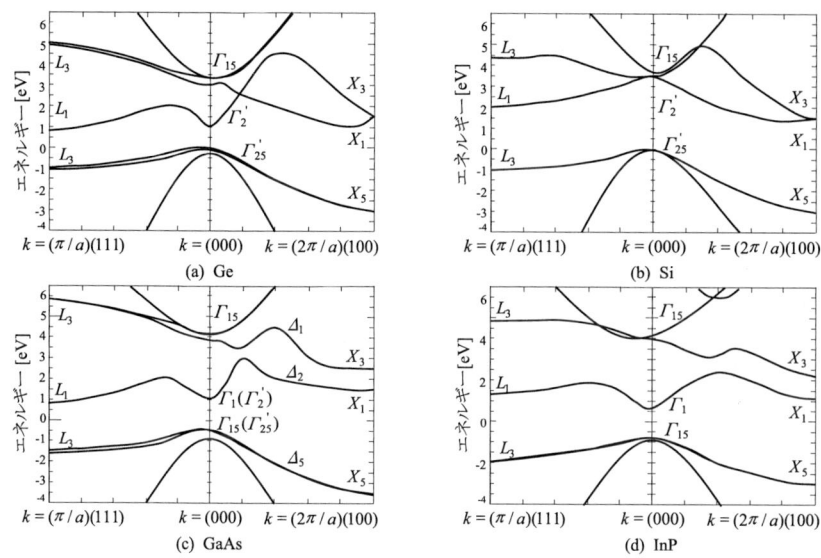

図 1.16 $k \cdot p$ 摂動により計算した Ge (a), Si (b), GaAs (c), InP (d) のエネルギー帯構造
ただし,スピン・軌道相互作用を考慮してある.

を間接遷移型 (または間接ギャップをもつ) 半導体とよぶ. 一方, III–V族化合物半導体である GaAs, GaSb, InP や InSb では伝導帯の底は価電子帯の頂上の真上つまり $k = 0$ (Γ 点) にあり, このような半導体を直接遷移型半導体とよぶ. III–V族化合物半導体でも, GaP や AlAs のように間接遷移型となるものもある. 直接遷移型と間接遷移型の大きな違いは, 後の章で詳しく述べるように光学的性質が異なり, また間接遷移型半導体の伝導電子の有効質量 (次節で述べる) は異方性が強くなる.

1.4 有効質量

電子の粒子性を表す量 (エネルギー $\mathcal{E}$ と運動量 p) と, 波動性を表す量 (角周波数 ω と波数ベクトル k) との間には, $\mathcal{E} = \hbar\omega$, $p = \hbar k$ が成立する. しかし, 結晶中の電子に対しては周期ポテンシャルの性質を反映して, 前節で述べ

たように逆格子ベクトルを G とすると，$k = k' + G$ の k と k' はまったく等価になる．しかし，電子の位相速度 $v_\mathrm{p} = \omega/k$ は k と k' で異なり，電子の状態を記述するにはよい物理量でないことがわかる．よく知られているように，波動関数の波束の移動が電子の動きに対応している．波束の移動速度は群速度 $\boldsymbol{v}_\mathrm{g} = \mathrm{d}\omega/\mathrm{d}\boldsymbol{k}$ で与えられるが，この群速度は k と k' でまったく等価になり，結晶中の電子をよく記述している．結晶中の電子状態はエネルギー帯，つまりエネルギー $\mathcal{E}$ の波数ベクトル $\boldsymbol{k}$ 依存性 $\mathcal{E}(\boldsymbol{k})$ で記述される．したがって，群速度は，

$$\boldsymbol{v}_\mathrm{g} = \frac{\mathrm{d}\omega}{\mathrm{d}\boldsymbol{k}} = \frac{1}{\hbar}\frac{\mathrm{d}\mathcal{E}}{\mathrm{d}\boldsymbol{k}} = \frac{1}{\hbar}\nabla_{\boldsymbol{k}}\mathcal{E} \tag{1.52}$$

で与えられる[注6]．この電子に $\mathrm{d}t$ 時間だけ外力 $\boldsymbol{F}$ が作用したときになす仕事 $\mathrm{d}\mathcal{E}$ は，

$$\mathrm{d}\mathcal{E} = (\boldsymbol{F}\cdot\boldsymbol{v}_\mathrm{g})\mathrm{d}t \tag{1.53}$$

となる．一方，式 (1.52) より，

$$\mathrm{d}\mathcal{E} = \frac{\mathrm{d}\mathcal{E}}{\mathrm{d}\boldsymbol{k}}\cdot\mathrm{d}\boldsymbol{k} = \hbar\boldsymbol{v}_\mathrm{g}\cdot\mathrm{d}\boldsymbol{k} \tag{1.54}$$

が成立するから，式 (1.53) と式 (1.54) を比較して次式を得る．

$$\hbar\frac{\mathrm{d}\boldsymbol{k}}{\mathrm{d}t} = \boldsymbol{F} \tag{1.55}$$

つまり，外力 $\boldsymbol{F}$ が作用すると電子の波数ベクトル $\boldsymbol{k}$ が時間的に変化する．実際には，電子は種々の散乱を受け $\boldsymbol{k}$ の状態から $\boldsymbol{k}'$ へと遷移するので，これを考慮して電気伝導現象を論じなければならない．

式 (1.52) を時間 t で微分し，式 (1.55) を用いると，

$$\frac{\mathrm{d}\boldsymbol{v}_\mathrm{g}}{\mathrm{d}t} = \frac{1}{\hbar}\frac{\mathrm{d}^2\mathcal{E}}{\mathrm{d}\boldsymbol{k}\mathrm{d}t} = \frac{1}{\hbar}\frac{\mathrm{d}^2\mathcal{E}}{\mathrm{d}\boldsymbol{k}^2}\frac{\mathrm{d}\boldsymbol{k}}{\mathrm{d}t} \equiv \frac{1}{\hbar^2}\frac{\mathrm{d}^2\mathcal{E}}{\mathrm{d}\boldsymbol{k}^2}\boldsymbol{F} \tag{1.56}$$

を得る．式 (1.56) と古典力学における運動方程式 $\mathrm{d}v/\mathrm{d}t = F/m$ を比較すると，$(1/\hbar^2)(\mathrm{d}^2\mathcal{E}/\mathrm{d}k^2)$ は質量の逆数 $(1/m)$ に対応しているので，これを $1/m^*$

[注6] $\nabla_{\boldsymbol{k}} = \boldsymbol{i}\frac{\partial}{\partial x} + \boldsymbol{j}\frac{\partial}{\partial y} + \boldsymbol{k}\frac{\partial}{\partial z}$
$(\boldsymbol{i}, \boldsymbol{j}, \boldsymbol{k})$ は単位ベクトルである．

と書き，

$$\frac{1}{m^*} = \frac{1}{\hbar^2}\frac{\mathrm{d}^2\mathcal{E}}{\mathrm{d}k^2} \tag{1.57}$$

と表す．この m^* を有効質量とよぶ．$\boldsymbol{k}$ 空間で $\mathcal{E}(\boldsymbol{k})$ が等方的でなければ，m^* は $\mathcal{E}$ を微分する方向で異なり，テンソル量となる．すなわち，逆有効質量の ij 成分は，

$$\left(\frac{1}{m^*}\right)_{ij} = \frac{1}{\hbar^2}\frac{\mathrm{d}^2\mathcal{E}}{\mathrm{d}k_i\mathrm{d}k_j} \tag{1.58}$$

で与えられることがわかる．

1.3.4 項で述べたように，エネルギー帯は複雑な形状をしているが，伝導帯の底付近では，

$$\mathcal{E}(\boldsymbol{k}) = \frac{\hbar^2 k^2}{2m_\mathrm{e}^*} + \mathcal{E}_\mathrm{c} \tag{1.59}$$

と近似できる．ここに，$\boldsymbol{k}$ は伝導帯の底 (極小点) から測った波数ベクトルで，$\mathcal{E}_\mathrm{c}$ は伝導帯の底のエネルギーである．このとき m_e^* は式 (1.57) で定義される伝導電子の有効質量である．一方，価電子帯の頂上付近では，

$$\mathcal{E}(\boldsymbol{k}) = -\frac{\hbar^2 k^2}{2m_\mathrm{h}^*} + \mathcal{E}_\mathrm{v} \tag{1.60}$$

と表される．$\mathcal{E}_\mathrm{v}$ は価電子帯の頂上のエネルギーで，m_h^* は次に述べる正孔の有効質量である．

1.5　正孔の概念

価電子帯が全部電子でつまっていて (充満帯となっていて)，上の伝導帯に電子が存在しない (空帯の) 場合，電流は流れず絶縁体となる．充満帯では電流が流れないのは次のように説明される．常に同数の電子が $\boldsymbol{k}$ と $-\boldsymbol{k}$ の状態にあり，かつ，$\mathcal{E}(\boldsymbol{k}) = \mathcal{E}(-\boldsymbol{k})$ の関係があるので，電子の群速度は式 (1.52) より $\boldsymbol{k}$ と $-\boldsymbol{k}$ の状態では大きさが等しく反対方向を向いている．すなわち，$\boldsymbol{v}(\boldsymbol{k}) = -\boldsymbol{v}(-\boldsymbol{k})$ となるため，価電子帯が全部電子でつまっていれば，全電子を考えると打ち消

し合って電流は 0 となる．つまり電流密度 J は，式 (1.3) を導いたのと同様にして，

$$J = -e \sum_{k} v(k) = 0 \qquad (1.61)$$

ここに $-e$ は電子の電荷，群速度を $v(k)$ で表し，単位体積中の電子を考えた．いま，価電子帯はほとんど電子でつまっており，その頂上近くの一部に電子の抜けた状態があるものとする．簡単のため，波数ベクトル k' の状態に電子がいないものとすると，全電流密度は $k = k'$ 以外のすべての電子についての和を考えればよいから，

$$J = -e \sum_{k \neq k'} v(k) \qquad (1.62)$$

となる．式 (1.61) は次のように書き換えることができる．

$$\sum_{k}(-e)v(k) = \left[\sum_{k \neq k'}(-e)v(k) + (-e)v(k')\right] = 0$$

これを式 (1.62) に代入すると，

$$J = [-(-e)v(k')] = (+e)v(k') \qquad (1.63)$$

となり，$+e$ の電荷をもった粒子が $v(k')$ で運動して電流を流しているようにみえる．このことから，電子の抜けた穴を正孔とよぶ．

1.6 電子統計

1.6.1 状態密度

電子の状態は，波数ベクトル k とそれに対するエネルギー $\mathcal{E}(k)$ で記述される．半導体中の電子や正孔の密度を計算するには，$\mathcal{E}(k)$ のどの状態が電子や正孔で占有されているかを知らなければならない．そこで，はじめに電子の状態数の計算法について述べる．

1.6 電子統計

周期的境界条件を仮定すると，式 (1.30a)〜(1.30c) により，

$$dk_x = \frac{2\pi}{L}dn_x \tag{1.64}$$

つまり，k_x と $k_x + dk_x$ の間にある状態の数 dn_x は，

$$dn_x = \frac{L}{2\pi}dk_x \tag{1.65}$$

で与えられる．k_y, k_z 方向についてもまったく同様のことがいえるから，$dk_x dk_y dk_z$ の微小 $\boldsymbol{k}$ 空間にある電子の状態数

$$dn_x dn_y dn_z \equiv n(k_x, k_y, k_z)dk_x dk_y dk_z \equiv n(\boldsymbol{k})d^3\boldsymbol{k}$$

は，

$$n(k_x, k_y, k_z)dk_x dk_y dk_z = \left(\frac{L}{2\pi}\right)^3 dk_x dk_y dk_z \tag{1.66}$$

となる．伝導帯を式 (1.59) のように表すと，

$$k^2 = k_x^2 + k_y^2 + k_z^2 = \frac{2m_e^*}{\hbar^2}(\mathcal{E} - \mathcal{E}_c) \tag{1.67a}$$

つまり，

$$2k \cdot dk = \left(\frac{2m_e^*}{\hbar^2}\right)d\mathcal{E} \tag{1.67b}$$

と書ける．エネルギーが $\mathcal{E}$ と $\mathcal{E} + d\mathcal{E}$ の間にある電子の状態の数を $n(\mathcal{E})d\mathcal{E}$ と書くと，式 (1.66) と式 (1.67b) を用い，

$$\begin{aligned} n(\mathcal{E})d\mathcal{E} &= \left(\frac{L}{2\pi}\right)^3 4\pi k^2 dk = \left(\frac{L}{2\pi}\right)^3 \cdot 2\pi \cdot k \cdot (2k dk) \\ &= \frac{L^3}{(2\pi)^2}\left(\frac{2m^*}{\hbar^2}\right)^{3/2}(\mathcal{E} - \mathcal{E}_c)^{1/2}d\mathcal{E} \end{aligned} \tag{1.68}$$

を得る．L^3 は暫定的に着目した体積であるから，$\mathcal{E}$ と $\mathcal{E} + d\mathcal{E}$ の間にある単位体積当たりの状態の数 $g_e(\mathcal{E})d\mathcal{E}$ は，

$$g_e(\mathcal{E})d\mathcal{E} = \frac{1}{(2\pi)^2}\left(\frac{2m_e^*}{\hbar^2}\right)^{3/2}(\mathcal{E} - \mathcal{E}_c)^{1/2}d\mathcal{E} \tag{1.69}$$

となる. この $g_e(\mathcal{E})$ を伝導帯の状態密度とよぶ. スピンを考慮すると上の一つの状態に 2 個の電子が入れるから, 2 倍の因子をかけ,

$$g_e(\mathcal{E}) = \frac{1}{2\pi^2}\left(\frac{2m_e^*}{\hbar^2}\right)^{3/2}(\mathcal{E}-\mathcal{E}_c)^{1/2} \tag{1.70}$$

と書ける. これを伝導帯の状態密度とよぶ.

まったく同様にして, 式 (1.60) で与えられる価電子帯の状態密度 g_h は,

$$g_h(\mathcal{E}) = \frac{1}{2\pi^2}\left(\frac{2m_h^*}{\hbar^2}\right)^{3/2}(\mathcal{E}_v-\mathcal{E})^{1/2} \tag{1.71}$$

で与えられる.

1.6.2 真性半導体

図 1.17(a) に示すように, 電子と正孔の有効質量を m_e^* と m_h^*, 伝導帯の底と価電子帯の頂上のエネルギーを $\mathcal{E}_c$ と $\mathcal{E}_v$ とする放物線状のエネルギー帯構造を考える. このとき, 伝導帯と価電子帯の状態密度はそれぞれ式 (1.70) と式 (1.71) で与えられ, 図 1.17(c) のようになる. また, エネルギー $\mathcal{E}$ をもつ電子の占有確率 $f_e(\mathcal{E})$ はフェルミ・ディラックの統計により,

$$f_e(\mathcal{E}) = \frac{1}{e^{(\mathcal{E}-\mathcal{E}_F)/k_BT}+1} \tag{1.72a}$$

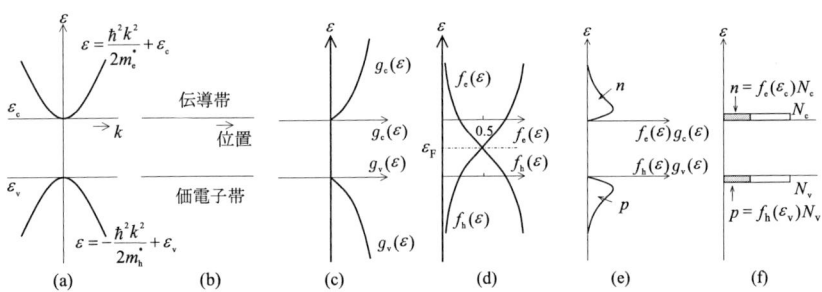

図 1.17 真性半導体の電子と正孔密度を求めるための図
有効質量 m_e^* の伝導帯と m_h^* の価電子帯 (a), エネルギー帯の実空間表示 (b), 電子と正孔の状態密度 (c), 電子と正孔のフェルミ分布関数 (d), 状態密度と占有率の積 (e), 有効状態密度の概念 (f).

で与えられる．ここで，$\mathcal{E}_F$ はフェルミ (Fermi) エネルギーである．正孔の占有確率は電子の存在しない確率であるから次のようになる．

$$f_h(\mathcal{E}) = 1 - f_e(\mathcal{E}) = \frac{1}{e^{(\mathcal{E}_F - \mathcal{E})/k_B T} + 1} \tag{1.72b}$$

半導体の電子と正孔の密度は金属に比べ非常に小さいから，伝導帯中の電子の占有確率は小さく，また価電子帯の正孔の占有確率も小さいはずである．伝導帯中の電子密度 n と，価電子帯中の正孔密度 p は以上の結果を用いると次のようになる．

$$n = \int_{\mathcal{E}_c}^{\infty} g_e(\mathcal{E}) f_e(\mathcal{E}) d\mathcal{E} = \frac{(2m_e^*)^{3/2}}{2\pi^2 \hbar^3} \int_{\mathcal{E}_c}^{\infty} \frac{(\mathcal{E} - \mathcal{E}_c)^{1/2}}{e^{(\mathcal{E} - \mathcal{E}_F)/k_B T} + 1} d\mathcal{E} \tag{1.73a}$$

$$p = \int_{-\infty}^{\mathcal{E}_v} g_h(\mathcal{E}) f_h(\mathcal{E}) d\mathcal{E} = \frac{(2m_h^*)^{3/2}}{2\pi^2 \hbar^3} \int_{-\infty}^{\mathcal{E}_v} \frac{(\mathcal{E}_v - \mathcal{E})^{1/2}}{e^{(\mathcal{E}_F - \mathcal{E})/k_B T} + 1} d\mathcal{E} \tag{1.73b}$$

図 1.17(e) は被積分関数を図示したもので，曲線と縦軸で囲まれた部分が電子と正孔の密度である．先に述べたように，伝導電子と正孔の密度は十分に小さく，$f_e(\mathcal{E}) \ll 1$，$f_h(\mathcal{E}) \ll 1$ であるから，式 (1.73a) と (1.73b) の被積分関数の中の分母は 1 に比べ十分大きく，

$$f_e(\mathcal{E}) \simeq \exp\left(-\frac{\mathcal{E} - \mathcal{E}_F}{k_B T}\right) \tag{1.74a}$$

$$f_h(\mathcal{E}) \simeq \exp\left(-\frac{\mathcal{E}_F - \mathcal{E}}{k_B T}\right) \tag{1.74b}$$

と近似することができる．すなわち，ボルツマン (Boltzmann) 分布で近似することができる．このとき式 (1.73a)，(1.73b) は容易に積分ができて，

$$n = N_c \exp\left(-\frac{\mathcal{E}_c - \mathcal{E}_F}{k_B T}\right) \simeq N_c f_e(\mathcal{E}_c) \tag{1.75a}$$

$$p = N_v \exp\left(-\frac{\mathcal{E}_F - \mathcal{E}_v}{k_B T}\right) \simeq N_v f_h(\mathcal{E}_v) \tag{1.75b}$$

となる．ここに，

$$N_c = 2\left(\frac{2\pi m_e^* k_B T}{h^2}\right)^{3/2} \tag{1.76a}$$

$$N_v = 2\left(\frac{2\pi m_h^* k_B T}{h^2}\right)^{3/2} \tag{1.76b}$$

は伝導帯および価電子帯の有効状態密度とよばれ，$m_\mathrm{e}^* = m_\mathrm{h}^* = m$(自由電子の質量)とすると，300K で $2.5 \times 10^{25} \mathrm{m}^{-3} = 2.5 \times 10^{19} \mathrm{cm}^{-3}$ となる．式 (1.75a) で $\exp[-(\mathcal{E}_\mathrm{c} - \mathcal{E}_\mathrm{F})/k_\mathrm{B}T]$ は伝導帯の底 $\mathcal{E} = \mathcal{E}_\mathrm{c}$ における電子の占有確率であるから，図 1.17(f) に示すように，伝導帯の底に状態密度 N_c の準位が，また価電子帯の頂上に N_v の準位が集中して存在し，それらの準位を $f_\mathrm{e}(\mathcal{E}_\mathrm{c})$, $f_\mathrm{h}(\mathcal{E}_\mathrm{v})$ の確率で電子および正孔が占有しているものと考えればよいことを示している．つまり，電子や正孔の密度はエネルギー帯の形状，すなわち，有効質量が決まれば温度 T での有効状態密度 (1.76a), (1.76b) が決まり，フェルミ準位の位置によってその占有確率が与えられる．換言すると，フェルミ準位の位置によって電子密度 n と正孔密度 p が決まる．

次に式 (1.75a) と式 (1.75b) の積をつくると，

$$np = N_\mathrm{c} N_\mathrm{v} \exp\left(-\frac{\mathcal{E}_\mathrm{c} - \mathcal{E}_\mathrm{v}}{k_\mathrm{B}T}\right) = N_\mathrm{c} N_\mathrm{v} \exp\left(-\frac{\mathcal{E}_\mathrm{G}}{k_\mathrm{B}T}\right) \equiv n_\mathrm{i}^2 \quad (1.77)$$

となる．つまり，電子と正孔の密度の積は半導体のバンド構造が決まれば，すなわち，$m_\mathrm{e}^*, m_\mathrm{h}^*, \mathcal{E}_\mathrm{G}$ が決まれば，温度 T のみの関数となる．式 (1.77) の関係を質量作用の法則とよぶことがある．電荷中性の条件から不純物やその他の欠陥を含まない半導体では，$n = p = n_\mathrm{i}$ でなければならない．この条件を満たすような半導体は真性半導体とよばれ，その伝導電子密度つまり真性電子密度は式 (1.76a), (1.76b), (1.77) より，

$$\begin{aligned}n_\mathrm{i} &= \sqrt{N_\mathrm{c} N_\mathrm{v}} \exp\left(-\frac{\mathcal{E}_\mathrm{G}}{2k_\mathrm{B}T}\right) \\ &= 2\left(\frac{2\pi k_\mathrm{B}T}{h^2}\right)^{3/2} (m_\mathrm{e}^* m_\mathrm{h}^*)^{3/4} \exp\left(-\frac{\mathcal{E}_\mathrm{G}}{2k_\mathrm{B}T}\right)\end{aligned} \quad (1.78)$$

となり，そのときの真性フェルミ準位 $\mathcal{E}_{\mathrm{F}_\mathrm{i}}$ は，

$$\begin{aligned}\mathcal{E}_{\mathrm{F}_\mathrm{i}} &= \frac{\mathcal{E}_\mathrm{c} + \mathcal{E}_\mathrm{v}}{2} + \frac{k_\mathrm{B}T}{2}\ln\left(\frac{N_\mathrm{v}}{N_\mathrm{c}}\right) = \frac{\mathcal{E}_\mathrm{c} + \mathcal{E}_\mathrm{v}}{2} + \frac{3k_\mathrm{B}T}{4}\ln\left(\frac{m_\mathrm{h}^*}{m_\mathrm{e}^*}\right) \\ &\approx \frac{\mathcal{E}_\mathrm{c} + \mathcal{E}_\mathrm{v}}{2}\end{aligned} \quad (1.79)$$

となる．上式の右辺第 2 項は $m_\mathrm{e}^* = m_\mathrm{h}^*$ のとき 0 となる．m_e^* と m_h^* が異なる場合でも第 1 項に比べ十分に小さく，通常は無視できる．つまり，真性半導体のフェルミ準位はほぼ禁止帯の中央にある．

1.6.3 不純物半導体

1.3.2 項で述べたように，IV族半導体の Ge や Si はダイヤモンド型結晶構造をしており，図 1.14(a) に示したどの一つの結合（手）にも 2 個の電子を共有する形態をとっている．その結果，どの原子のまわりにも 8 個の電子が存在する．s 軌道には 2 個の，p 軌道には 6 個の電子が収容できるので，計 8 個の電子でこれらの軌道が満たされることになる．換言すると，これらの外殻電子は閉殻構造をつくり，これらの結合を切り電子と正孔の対をつくるのに要するエネルギーは，禁止帯幅 ε_G 以上のエネルギーである．このことを模式的に示したのが図 1.18(a),(b) で，これらの図は先に述べた真性半導体に対応している．IV族元素の Si 単結晶にごく微量のV族不純物，たとえば P を導入し，Si の一部と置き換えた場合を考える．Si は 4 価で 4 個の価電子を有するのに対し，P はV族元素で 5 個の外殻電子を有する．したがって，P の 4 個の電子は隣り合う Si と共有結合に使われるが，残りの 1 個の電子は結合価電子となることなく取り残されるので，P 原子との結合は非常に弱い．換言すると原子の中心から遠くはなれた軌道上を周回している．この状態は図 1.19(a) に示したように，プラス 1 価に帯電した P イオンを中心に，$-e$ の電荷をもつ電子がクーロン引力で結ばれた状態に対応している．軌道半径が非常に大きい場合には，Si 結晶の比誘電率 κ の中を，有効質量 m_e^* をもった電子が水素原子 (古典量子論的 (ボ

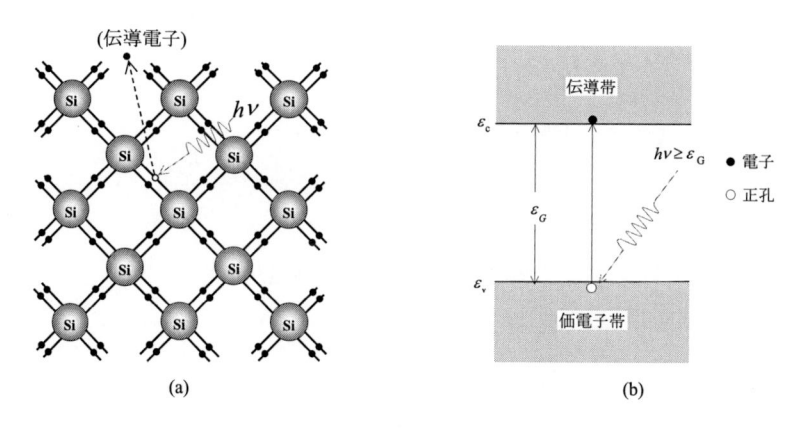

図 1.18 半導体 Si の模式的電子結合と価電子帯から伝導帯への光励起

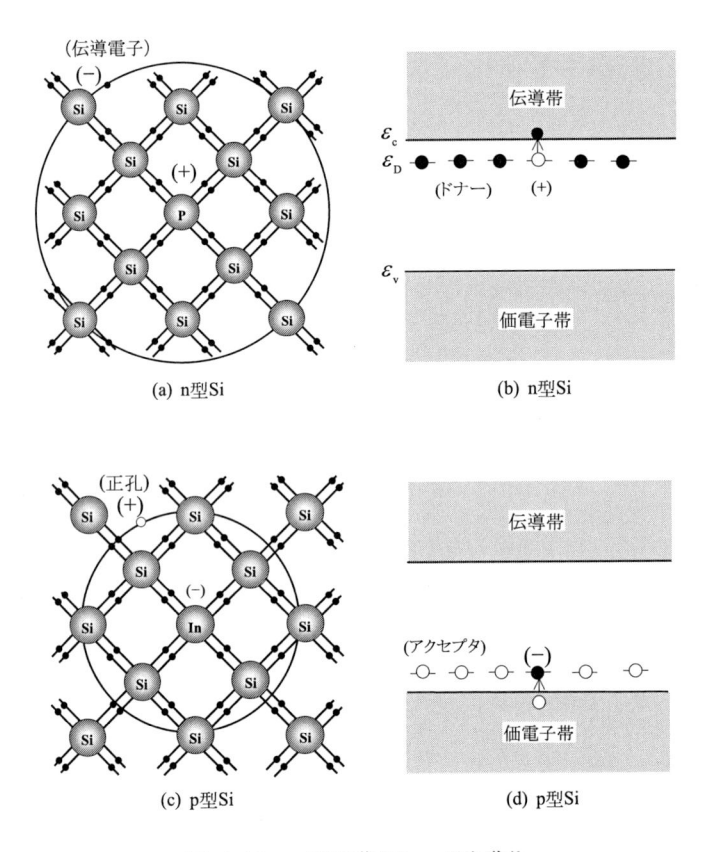

図 1.19 n 型半導体と p 型半導体

ア−) 模型) の電子と同じように周回しているとしての取扱いが可能となる．したがって，この電子の束縛エネルギーは[注7]，

$$\Delta \mathcal{E}_D = \frac{m_e^* e^4}{2(4\pi\kappa\epsilon_0)^2 \hbar^2} = 13.6 \left(\frac{m_e^*}{m}\right)\left(\frac{1}{\kappa^2}\right) \text{ [eV]} \qquad (1.80)$$

で与えられる．Si の場合を考え，$\kappa = 11.9$, $m_e^* = 0.33m$ とおくと，$\Delta \mathcal{E}_D \simeq 0.032$ eV となり，禁止帯幅 $\mathcal{E}_G$ ($\simeq 1.1$eV) に比べ十分に小さい．したがって，このような

[注7] 水素原子は $+e$ に帯電した原子核のまわりに $-e$ の電子がとらえられている．この電子を電離するのに要するエネルギーは $me^2/8\epsilon_0 h^2$ で与えられる．半導体の電子の有効質量を m^* とし，誘電率を $\kappa\epsilon_0$ とすると，上式で $m \to m^*$, $\epsilon_0 \to \kappa\epsilon_0$ の置き換えをすればドナーのイオン化エネルギーが求まる．

不純物に束縛された電子は $\varDelta\mathcal{E}_\mathrm{D}$ に相当するエネルギー(室温で$k_\mathrm{B}T \simeq 0.026eV$)を与えると,不純物準位から伝導帯に励起される.平易にいえば,束縛から解放され,自由に動きまわる伝導電子となる(図1.19(b)).つまり,この不純物に束縛された電子のエネルギー(基底状態の)と伝導帯の底のエネルギー差は $\varDelta\mathcal{E}_\mathrm{D}$ で非常に小さい.よって,半導体の温度を少し上げると,この種の不純物に束縛された電子を伝導帯に励起することが可能である.IV族半導体におけるV族の不純物は伝導帯に余分の電子を与える(donate)ため,ドナー(donor)とよばれる.また,V族元素を入れることにより負の(negative)電荷をもつ電子が電気伝導の主体となるため,この種の半導体をn型半導体とよぶ.また,少量の不純物で半導体の性質を変える操作をドーピング(doping)[注8],少量の導入物をドーパント(dopant)ともよぶ.

一方,IV族元素半導体にIII族の不純物を導入すると,図1.19(c)に示すようにこの不純物はまわりの原子と結合を完成するには1個の電子が不足する.このためこの不純物はIV族元素の価電子の一つをほんのわずかのエネルギーで切り離し,その電子を使って結合を完成しようとする.この結果,不純物原子自身はマイナスに帯電し,電子を切りとられた結合に孔が生ずる.電子が不足した場所は正に帯電するので,ここを正孔(positive hole)とよぶ.この正孔は結合手間をつぎつぎと飛び移ることができる.これをバンド模型で説明すると,この正孔は価電子帯を自由に動きまわることができると表現される.このようなことはIII族不純物が電子を受けとる(accept)ことによって生ずるので,この不純物をアクセプタ(acceptor)とよぶ.正孔が電気伝導を担う半導体をp型半導体とよぶ.この正孔による電気伝導については1.5節で述べた.

通常われわれが手にする半導体結晶は不純物や欠陥を含んでおり,これらの一部はドナーやアクセプタとなるが,場合によっては深い不純物準位を形成する.アクセプタよりドナーを多く含んでいる半導体は,総計すると電子による電気伝導が支配的となるので,n型半導体とよばれる.また,半導体デバイスをつくる場合,p(n)型基板にそのアクセプタ(ドナー)よりも高濃度のドナー(アクセプタ)不純物を導入してn(p)型領域を形成することがしばしば行われる.いま,ドナーとアクセプタの濃度がそれぞれ N_D, N_A で, $N_\mathrm{D} \gg N_\mathrm{A}$ の

[注8] dopeは麻薬を与えるの意味.少量の薬物で性質を大幅に変えることが可能.

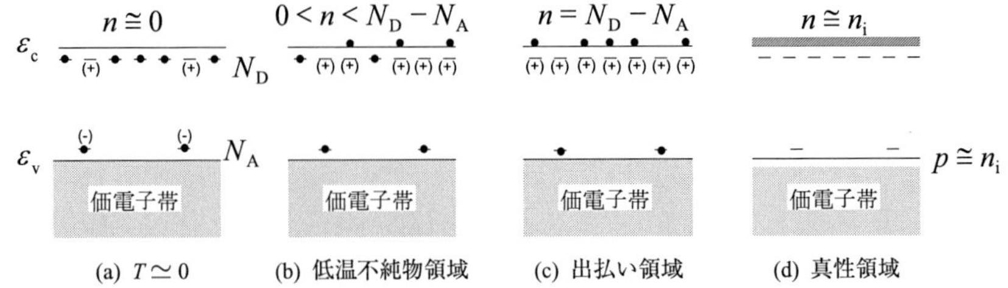

図 1.20 n 型半導体における電子占有の温度依存性

(a) $T \simeq 0$　　(b) 低温不純物領域　　(c) 出払い領域　　(d) 真性領域

n 型半導体について，伝導電子密度 n と正孔密度 p の温度依存性を模式的に図 1.20(a) ～ (d) に示した．

非常に温度が低い場合 ($T \simeq 0$，図 1.20(a))，伝導帯にはほとんど電子は存在せず，アクセプタにとらえられた電子以外はドナーに束縛されている．つまり，すべてのアクセプタは負に帯電しており $N_A^- = N_A$，電子を束縛しているドナーは中性で，電子を放出して正に帯電しているドナーの密度 N_D^+ は N_A^- に等しく，電気的中性条件を満たしている．少し温度が上昇すると (図 1.20(b))，ドナーから解放された電子が伝導帯に現れる．ドナーの活性化エネルギーが $\Delta \mathcal{E}_D = \mathcal{E}_c - \mathcal{E}_D$ であるから，このときの電子密度が，ほぼ $N_D \exp(-\Delta \mathcal{E}_D / k_B T)$ に比例することは容易に推測される．さらに温度が上昇すると，ドナーからアクセプタに落ちた電子以外はすべて伝導帯にあがり，$n = N_D - N_A$ となる (図 1.20(c))．これはドナーから電子が出払った状態に相当するので，出払い領域とよばれる．$\Delta \mathcal{E}_D \ll \mathcal{E}_G$ であるから，これより少し温度を上昇させても，アクセプタや価電子帯から電子を伝導帯に励起することができない．さらに温度を上げていくと，価電子帯から伝導帯へ電子を励起するが，その励起する密度が，ドナー密度より十分大きくなると，電子と正孔の密度は式 (1.78) で与えられるようになり，これより高温では真性半導体となる．この様子を示したのが図 1.21 で，温度の逆数に対して電子密度がプロットしてある．n 型半導体における電子密度の温度依存性は以下のように求められる．ドナー準位を電子が占める確率を $f_D(\mathcal{E}_D)$ とすると，ドナーにとらえられた電子の密度 n_D は，

$$n_D = N_D f_D(\mathcal{E}_D) = \frac{N_D}{\gamma_D \exp[(\mathcal{E}_D - \mathcal{E}_F)/k_B T] + 1} \tag{1.81}$$

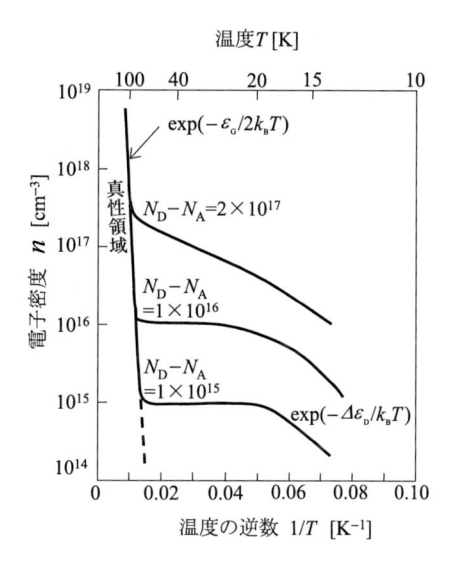

図 1.21 n 型半導体における電子密度の温度依存性

となる.ここに $\gamma_D = 1/2$ で,これは一つのドナーに電子が一つしか入らないためである(通常の量子準位にはスピンの異なる電子が各一つ,計二つ入る:パウリの原理).アクセプタ準位はドナー準位に比べ十分低いので,すべてのアクセプタに電子がつまっていると考え,$N_A^- = N_A$ とおける.電気的中性条件により,

$$n + N_A^- = p + N_D^+, \quad \text{または:} \quad n + N_A = p + N_D - n_D \tag{1.82}$$

ここに,

$$N_D - n_D = N_D[1 - f_D(\mathcal{E}_D)] \tag{1.83}$$

である.正孔密度 p は非常に小さいと考え無視すると,式 (1.82) は次のように書ける.

$$n + N_A = N_D[1 - f_D(\mathcal{E}_D)] \tag{1.84a}$$

または,

$$N_D - N_A - n = N_D f_D(\mathcal{E}_D) \tag{1.84b}$$

式 (1.84a), (1.84b) の辺々を割り算して,

$$\frac{n+N_\mathrm{A}}{N_\mathrm{D}-N_\mathrm{A}-n} = \left[\frac{1}{f_\mathrm{D}(\mathcal{E}_\mathrm{D})}-1\right] = \gamma_\mathrm{D}\exp\left(\frac{\mathcal{E}_\mathrm{D}-\mathcal{E}_\mathrm{F}}{k_\mathrm{B}T}\right) \quad (1.85)$$

を得る. この両辺に式 (1.75a) の辺々をかけると,

$$\frac{n(n+N_\mathrm{A})}{N_\mathrm{D}-N_\mathrm{A}-n} = \gamma_\mathrm{D}N_\mathrm{c}\exp\left(-\frac{\mathcal{E}_\mathrm{c}-\mathcal{E}_\mathrm{D}}{k_\mathrm{B}T}\right)$$
$$\equiv \gamma_\mathrm{D}N_\mathrm{c}\exp\left(-\frac{\Delta\mathcal{E}_\mathrm{D}}{k_\mathrm{B}T}\right) \quad (1.86)$$

となる. ここに, $\Delta_\mathrm{D} = \mathcal{E}_\mathrm{c} - \mathcal{E}_\mathrm{D}$ はドナーのイオン化エネルギーである.

非常に低温で $N_\mathrm{D} \gg N_\mathrm{A} \gg n$ のとき, 式 (1.86) より,

$$n = \frac{\gamma_\mathrm{D}N_\mathrm{D}N_\mathrm{c}}{N_\mathrm{A}}\exp\left(-\frac{\Delta\mathcal{E}_\mathrm{D}}{k_\mathrm{B}T}\right) \quad (1.87)$$

となる. これより少し温度が上昇し, 電子密度 n が増え $N_\mathrm{D} \gg n \gg N_\mathrm{A}$ となると, 式 (1.86) より,

$$n = \sqrt{\gamma_\mathrm{D}N_\mathrm{D}N_\mathrm{c}}\exp\left(-\frac{\Delta\mathcal{E}_\mathrm{D}}{2k_\mathrm{B}T}\right) \quad (1.88)$$

となる. さらに温度が高くなると, $n = N_\mathrm{D} - N_\mathrm{A}$ の出払い領域が出現する. この状態よりさらに温度が上昇すると, 真性領域となり, 電子と正孔の密度は式 (1.78) で与えられる. また, n 型領域のフェルミ準位は式 (1.86) より,

$$\mathcal{E}_\mathrm{F} = \mathcal{E}_\mathrm{D} +$$
$$k_\mathrm{B}T\ln\left[-\frac{1}{4}(1+\eta)\left[1-\left(1+\frac{4\eta(N_\mathrm{D}-N_\mathrm{A})}{N_\mathrm{A}(1+\eta)^2}\right)^{1/2}\right]\right] \quad (1.89)$$

$$\eta = \frac{2N_\mathrm{A}}{N_\mathrm{c}}\exp\left(\frac{\mathcal{E}_\mathrm{c}-\mathcal{E}_\mathrm{D}}{k_\mathrm{B}T}\right) \quad (1.90)$$

で与えられる. 以上に述べたような電子密度の温度依存性が図 1.20 と図 1.21 に示してある.

第2章

電気伝導

半導体デバイスの多くは電気伝導現象を利用する．この章では，種々のデバイスの動作原理を理解するのに必要な電気伝導現象の基礎を述べる．ドリフト電流，拡散電流，磁界中での電子の運動や高電界下での電導現象などを解説する．

2.1 電流の担い手

第1章で，ドナー密度 N_D とアクセプタ密度 N_A の間に $N_\mathrm{D} \gg N_\mathrm{A}(N_\mathrm{D} \ll N_\mathrm{A})$ の関係が成立するとき，電気伝導は電子 (正孔) によって主に支配されるので，これを n 型 (p 型) 半導体とよぶことを述べた．電流を担う電子や正孔のことを電流担体 (または単に担体，キャリア (carrier)) とよぶ．n 型半導体における電子を多数キャリア (majority carrier)，正孔を少数キャリア (minority carrier) とよぶ．半導体デバイスには，少数キャリアを用いるもの (後に述べる pn 接合整流器や pnp，npn のバイポーラトランジスタなど) や多数キャリアを用いるもの (MOSFET など) がある．n 型や p 型半導体をつくるにはⅤ族やⅢ族の元素を不純物として導入するが，この不純物の添加をドーピング (doping) とよぶ．n 型半導体にドナー密度に近いアクセプタを添加すると $N_\mathrm{D} - N_\mathrm{A} \simeq 0$ となるので，出払い領域でほとんどキャリアの存在しない半導体となり，絶縁体に近い性質を示す．このように，ドナー密度に等しいアクセプタを添加することを補償 (compensation) とよぶ．半導体デバイスが多種多様な機能を有する

のは，不純物の添加により電気伝導度の大きさを変えることができるばかりでなく，そのキャリアの種類を変えられることにある.

2.2　電子のドリフト運動と移動度

1.1 節で結晶中の電子の移動速度 v は電界 E に比例し，式 (1.2) の $v = \mu E$ (μ：移動度) で表せることを述べた．電子の動きやすさを表す移動度 μ は何によって決まるのであろうか．このことについて少し詳しく考えてみよう．

電界などの外場がない場合，伝導電子は結晶中でどのような運動をしているのであろうか．電子はボルツマン統計に従うとすれば，有効質量を m^*，速度 v の x, y, z 成分を v_x, v_y, v_z とすると温度 T で，

$$\left\langle \frac{1}{2}m^* v_x^2 \right\rangle = \left\langle \frac{1}{2}m^* v_y^2 \right\rangle = \left\langle \frac{1}{2}m^* v_z^2 \right\rangle = \frac{1}{2}k_B T \tag{2.1}$$

なるエネルギー等分配の法則が成立する．ここに $\langle\ \rangle$ はボルツマン分布を用いた平均値である．あるいは，

$$\frac{1}{2}m^* \langle v^2 \rangle = \frac{3}{2}k_B T \tag{2.2}$$

となる．式 (2.2) を，

$$\frac{1}{2}m^* v_{\text{th}}^2 = \frac{3}{2}k_B T \tag{2.3}$$

と表したときの v_{th} を熱速度 (thermal velocity) とよぶ．つまり，電子は温度 T のもとでは，$v_{\text{th}} = \sqrt{3k_B T/m^*}$ の速度 (T=300 K, $m^* = m$ で，$v_{\text{th}} \simeq 1.2 \times 10^5$ m/s $= 1.2 \times 10^7$ cm/s) で乱雑な運動をしている．式 (2.1) より $\langle v_x^2 \rangle^{1/2} = \langle v_y^2 \rangle^{1/2} = \langle v_z^2 \rangle^{1/2} = \sqrt{k_B T/m^*}$ なる関係が得られるが，これをみても電子はどの方向にも平均として同じ大きさの速度で運動しており，正味の電流は 0 となっている．いいかえれば，

$$\langle v_x \rangle = \langle v_y \rangle = \langle v_z \rangle = 0 \tag{2.4}$$

であり，電子の密度を n としたとき，$J_x = n(-e)\langle v_x \rangle = 0$, 同様に，$J_y = J_z = 0$ となる．このように電子は乱雑な熱運動をしているので，外場がない場合には

電流は流れない.この様子を示したのが図 2.1(a) である.このような乱雑な電子の熱運動は,電子が衝突を繰り返していることによる.電子の衝突の相手としては,結晶格子の熱運動 (フォノン) や不純物 (格子欠陥) などがある.格子の熱運動は周期ポテンシャルの (周期性に) じょう乱をきたし (フォノン),電子散乱の最も重要な原因となる.電子が衝突と衝突の間に走る距離を平均自由行程 (mean free path) とよぶが,その距離は次節で述べるように原子間隔の約 1000 倍であることは注目に値する.

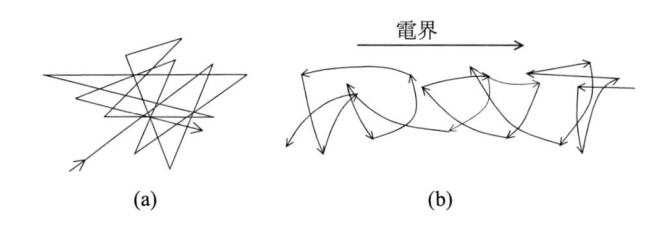

図 2.1 電子の熱運動 (ブラウン運動)(a) と電界中でのドリフト運動 (b)

次に,x 方向に電界 E_x が印加された場合を考えてみよう.この場合でも,電子は先に述べた乱雑な熱運動を行っているが,x と平行な方向に,

$$m^* \frac{dv_x}{dt} = -eE_x \tag{2.5}$$

で加速されるから,衝突後,時間 t の後には,

$$v_x = -\frac{eE_x}{m^*}t \tag{2.6}$$

の速度を電界からもらう.したがって,このときの電子の運動は図 2.1(b) のようになる.この電界よりもらう速度は熱速度よりも小さいと考えている.衝突直後の速度の x 方向成分を v_{x0} とおくと,電界方向の衝突後 t 秒の速度 v_x は,

$$v_x = v_{x0} - \frac{eE_x}{m^*}t \tag{2.7}$$

となる.衝突直後の電子の速度ベクトルはあらゆる方向に一様に向いており,式 (2.1) ～ (2.4) の関係が成立するから,その x, y, z 成分を $\langle v_{x0} \rangle, \langle v_{y0} \rangle, \langle v_{z0} \rangle$ とすると,式 (2.4) の関係から 0 となる.したがって,電界がある場合の平均

速度は,

$$\langle v_x \rangle = \langle v_{x0} \rangle - \left\langle \frac{eE_x}{m^*} t \right\rangle = -\frac{eE_x}{m^*} \langle t \rangle \tag{2.8}$$

となる.ここに,$\langle t \rangle$ は衝突を行う電子の平均衝突時間である.衝突と衝突の間の平均間隔を τ_c とすると,電子は衝突直後のもの (衝突に τ_c の時間を要する) から衝突直前のもの (衝突までの時間 0) まで一様に分布しているはずである.したがって,平均として $\langle t \rangle = \tau_c/2$ と考えることができ,

$$\langle v_x \rangle = -\frac{eE_x}{m^*} \frac{\tau_c}{2} \tag{2.9}$$

となる.この様子を示したのが図 2.2 である.衝突直後の電子の速度に関して $\langle v_{x0} \rangle = 0$ の関係があるので,$\langle v_{x0} \rangle = 0$ を横軸に示してある.この図より式 (2.9) の関係が容易に理解できる.また,このような電子の運動は図 2.1(b) に示したように乱雑な熱運動に電界による加速運動が付加され,漂流 (drift) 運動に似ているので,ドリフト運動とよぶ.ドリフト速度 v_d は,$\tau_c/2 = \tau$ とおくと式 (2.9) より,

$$v_\mathrm{d} = \langle v_x \rangle = -\frac{e\tau}{m^*} E_x \equiv -\mu E_x \tag{2.10a}$$

$$\mu = \frac{e\tau}{m^*} \tag{2.10b}$$

で与えられる.この τ のことを衝突の緩和時間 (relaxation time)(運動量緩和時間,momentum relaxation time) とよび,μ は式 (1.2) で定義した移動度である.

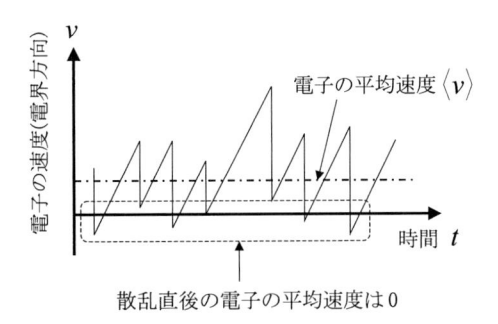

図 **2.2** 電界中での電子の速度の変化

2.2 電子のドリフト運動と移動度

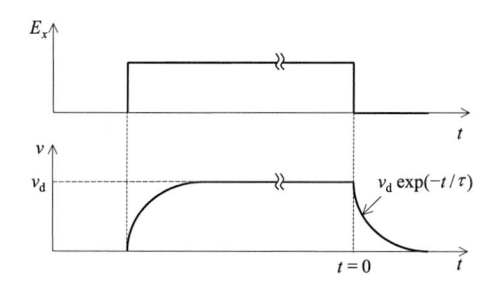

図 2.3 ドリフト速度の時間応答と緩和時間

電子の運動量を $p = m^* v$ とおき，電子は衝突によりその運動量を単位時間当たり $m^* v/\tau$ の割合で失うものとする．この τ が先に定義した $\tau = \tau_c/2$ と一致することを示そう．電界方向について運動量 $(p_x = m^* v_x)$ の時間的変化割合は，

$$\frac{\mathrm{d}}{\mathrm{d}t}(m^* v_x) + \frac{m^* v_x}{\tau} = -eE_x \tag{2.11}$$

と書ける．電子は電界 E_x のもとで一定の平均速度に達するものとすると，$\mathrm{d}\langle v_x \rangle/\mathrm{d}t = 0$ であるから $\langle v_x \rangle = v_\mathrm{d}$ とおき，

$$\frac{m^* v_\mathrm{d}}{\tau} = -eE_x, \quad v_\mathrm{d} = -\frac{e\tau}{m^*}E_x \tag{2.12}$$

つまり式 (2.10a) と一致する．

電子のドリフト速度が一定値 v_d に達した後，電界 E_x をとり去ると式 (2.11) は次のように書ける．

$$\frac{\mathrm{d}}{\mathrm{d}t}(m^* v_x) + \frac{m^* v_x}{\tau} = 0 \tag{2.13}$$

これより，$t = 0$ における $\langle v_x \rangle$ を v_d とおき，

$$\langle v_x(t) \rangle = v_\mathrm{d} \exp\left(-\frac{t}{\tau}\right) \tag{2.14}$$

を得る．つまり，電界に平行な方向のドリフト速度が v_d に達した後，電界をとり去ると，衝突を繰り返しながら，ドリフト速度は図 2.3 に示すように v_d から 0 に向かって指数関数的に減衰するいわゆる緩和現象を呈する．このときの時定数が τ なので，この τ のことを緩和時間とよぶわけである．

半導体の電子密度を n とすると，電流密度 J_x は，

$$J_x = n(-e)v_\mathrm{d} = \frac{ne^2\tau}{m^*}E_x = \sigma E_x \tag{2.15}$$

となる．ここに式 (2.10b) を用いた．導電率 σ は上式より，

$$\sigma = \frac{ne^2\tau}{m^*} = ne\mu \tag{2.16}$$

で与えられる．つまり，電子密度 n が大きく，電子の有効質量 m^* が軽く，かつ衝突が少ない (τ が大きい) ほど，導電率が高いことを表している．式 (2.15) のように，電流が電界に比例する関係をオームの法則とよぶ．

2.3 電子散乱の機構

前節で述べたように，電子は熱運動をしながら電界のもとでドリフトをして電流に寄与する．つまり，電子は衝突 (散乱) を繰り返しており，これは電界のない場合でも同じである．この衝突の相手が何であるかを考えてみる．まず，熱運動の速度 (熱速度) v_th を式 (2.3) より見積もってみよう．$m^* = 0.25m$ (Ge の場合がこれに近い) とすると，$T = 300\mathrm{K}$ で，

$$v_\mathrm{th} = \sqrt{\frac{3k_\mathrm{B}T}{m^*}} = 2.3 \times 10^5 \; [\mathrm{m/s}] \tag{2.17}$$

となる．Ge の 300K における電子移動度は $0.39\mathrm{m}^2/\mathrm{V\cdot s}$ であるから，式 (2.10b) より，

$$\tau = \frac{\mu m^*}{e} = 5.5 \times 10^{-13} \; [\mathrm{s}] \tag{2.18}$$

を得る．電子の衝突と衝突の間の平均時間は $\tau_\mathrm{c} = 2\tau = 1.1 \times 10^{-12}$ であるから，衝突と衝突の間に走る平均距離 l (これを平均自由行程とよぶ) は，

$$l = v_\mathrm{th} \cdot \tau_\mathrm{c} = 2.6 \times 10^{-7} \; [\mathrm{m}] \tag{2.19}$$

つまり，2600 Å となる．Ge の格子定数は $5.6\mathrm{Å} = 5.6 \times 10^{-10}$ m であるから，図 1.14 で Ge の最近接原子間隔は $(\sqrt{3}/4)a \simeq 2.4\mathrm{Å}$ となり，電子は原子間隔の約 1000 倍の距離を衝突を受けることなく運動することになる．もし，電子が

結晶の構成原子に衝突しながら熱運動をしているとすれば，平均自由行程は数 Å 程度となるはずであり，1000 個程度の原子の間を衝突せずに通り抜けるという事実は注目に値する．

1.3 節でエネルギー帯構造の説明を行ったが，その際，定常状態におけるシュレディンガーの方程式を解いた．つまり，結晶原子のつくるポテンシャルエネルギー $V(r)$ は，時間によらず場所のみの関数と考えた．したがって電子は一つの状態をとると，その状態をいつまでも保ち散乱は起こらない．つまり，結晶を構成している原子が静止していれば電子は散乱を受けないことになる．ところが，1.2 節で述べたように原子も熱運動をしており，したがって電子に作用するポテンシャルが時間的，空間的に変動している．電子はこの原子の熱運動，つまり格子振動によるポテンシャルのゆらぎによって散乱を受けるわけである（周期構造のみだれが散乱を発生させる）．温度が上昇すると格子振動が大きくなるから，電子の散乱確率は温度上昇とともに増加するはずである．室温 (300K) 付近ではこのポテンシャルのゆらぎ（周期構造のゆらぎ）が比較的小さいため，電子は 1000 個程度の原子間を衝突することなく通り抜けているわけである．

電子の散乱をもたらすものには種々のものが存在する．それらのうち重要なものについて，その散乱機構と緩和時間 τ を付録 A にまとめてある．

2.4 伝導電子の拡散

半導体中に伝導電子密度勾配が生ずると，密度の高いところから低いところへ電子が移動する．すなわち，拡散が生ずる．電子は電荷をもっているので，拡散に伴って電流が流れる．この拡散電流は電子の密度勾配に比例する．いま，x 方向に密度勾配 $\partial n/\partial x$ が生じたとすると，このとき流れる電流密度は，

$$J_e = eD_e \frac{\partial n}{\partial x} \tag{2.20}$$

となる．ここに e は電子の電荷量で，D_e は電子の拡散係数である．電子は電界によってドリフト運動をするから，電界 E_x がある場合の全電流密度は，

$$J_e = ne\mu_e E_x + eD_e \frac{\partial n}{\partial x} \tag{2.21}$$

で与えられる．ここに，μ_e は電子の移動度である．

いま，外部回路をつながずに電子密度に勾配をつけたとすると，電流は流れてはならないから，式 (2.21) で $J_e = 0$ とおき，

$$n\mu_e E_x = -D_e \frac{\partial n}{\partial x} \tag{2.22}$$

を得る．つまり，拡散電流を阻止するように電界 E_x が誘起される．この電界に付随したポテンシャルを ϕ とすると，電界は静電ポテンシャルの負の勾配で与えられる．

$$E_x = -\frac{\partial \phi}{\partial x} \tag{2.23}$$

このポテンシャルにさからって電子が移動するとき，電子に対するポテンシャルエネルギーは $-e\phi$ で与えられる．一様な静電ポテンシャル場にある電子の密度を n_0 とすると，電子密度は，

$$n = n_0 \exp\left(\frac{e\phi}{k_B T}\right) \tag{2.24}$$

となる．温度は一様として式 (2.24) を x で微分し，式 (2.24) と式 (2.23) を用いると，

$$\frac{\partial n}{\partial x} = \frac{e}{k_B T}\left(\frac{\partial \phi}{\partial x}\right) n = -\frac{e}{k_B T} n E_x \tag{2.25}$$

となる．これを式 (2.22) と比較して，

$$\frac{D_e}{\mu_e} = \frac{k_B T}{e} \tag{2.26}$$

が得られる．この関係をアインシュタイン (Einstein) の関係とよぶ．

2.5 キャリアの生成と再結合

1.6 節で述べたように，半導体の温度が上昇すると価電子帯から伝導帯に電子が励起され，伝導電子と正孔の対がつくられる．これをキャリアの熱的生成とよぶ．これに対し，1.6.3 項で述べたように禁止帯幅以上のエネルギーをもつ光を入射させると，電子–正孔対をつくることができる．これを光学的励起とよ

ぶ．このほかに 5.5 節で述べるように，電子や正孔が電界で加速されて，十分に大きなエネルギーをもつようになると，これらのキャリアが原子に衝突することにより，価電子帯の電子を伝導帯に励起する，いわゆる衝突電離が起こる．

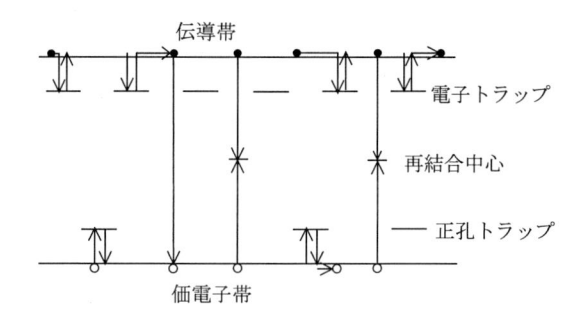

図 2.4 半導体におけるトラップと再結合中心

光励起によりつくられた電子–正孔対は図 2.4 のように，種々の過程を経て再結合し消滅する．この再結合には，電子と正孔が直接再結合する場合と，結晶中の欠陥に起因する準位 (禁止帯中にある) を介して再結合する間接再結合の過程がある．このほかに，一度禁止帯中の準位にとらえられた電子が，正孔と再結合する前にふたたび伝導帯に励起される，いわゆる捕獲・再放出過程を経て再結合する場合もある．この捕獲中心をトラップとよぶ (付録 D 参照)．

単位時間当たりにつくられる電子–正孔の対の割合を G とし，再結合する割合を R とすると，余分につくられた正孔密度 Δp は，

$$\frac{\mathrm{d}\Delta p}{\mathrm{d}t} = G - R \tag{2.27}$$

と書ける．真性半導体の場合を考え，再結合の割合が Δp に比例するものとして $R = +\Delta p/\tau_\mathrm{p}$ とおくと，

$$\frac{\mathrm{d}\Delta p}{\mathrm{d}t} = G - \frac{\Delta p}{\tau_\mathrm{p}} \tag{2.28}$$

となる．ここに，$1/\tau_\mathrm{p}$ は正孔に対する再結合の確率で τ_p は時間の次元をもつ．この再結合寿命は $10^{-9} \sim 10^{-3}$ s とトラップの存在などによって大幅に異なるが，これよりさらに長くなるという報告もある．

キャリアの時間的変化は，生成と再結合のほかに電流の発散 (div$\bm{J}$) と連続の式より次のようになる．正孔の密度 p と正孔による電流 $\bm{J}_\mathrm{p}$ との関係は，

$$\frac{\partial p}{\partial t} = G_\mathrm{p} - R_\mathrm{p} - \frac{1}{e}\mathrm{div}\bm{J}_\mathrm{p} \tag{2.29}$$

となる．これは $ep = \rho$ とおき，連続の式 $\partial\rho/\partial t + \mathrm{div}\bm{J}_\mathrm{p} = 0$ に，正孔の生成と再結合 $G_\mathrm{p}, R_\mathrm{p}$ を加えたものとして理解される．熱平衡状態での正孔密度を p_0 とすると，熱的に生成する割合 $G_\mathrm{p} = G_\mathrm{th}$ を考慮して，

$$G_\mathrm{th} - \frac{p_0}{\tau_\mathrm{p}} = 0 \tag{2.30}$$

より (熱的生成のみを考える)，

$$\frac{\partial p}{\partial t} = -\frac{p - p_0}{\tau_\mathrm{p}} - \frac{1}{e}\mathrm{div}\bm{J}_\mathrm{p} \tag{2.31}$$

となる．ここに $p_0 = G_\mathrm{th}\tau_\mathrm{p}$ は熱平衡状態の正孔密度である．同様にして電子に対しては，

$$\frac{\partial n}{\partial t} = -\frac{n - n_0}{\tau_\mathrm{n}} + \frac{1}{e}\mathrm{div}\bm{J}_\mathrm{n} \tag{2.32}$$

を得る．ここに τ_n は電子の再結合寿命，$\bm{J}_\mathrm{n}$ は電子による電流密度である．

$\bm{J}_\mathrm{n}, \bm{J}_\mathrm{p}$ に対して，ドリフトと拡散の寄与を考えると，

$$\bm{J}_\mathrm{p} = pe\mu_\mathrm{h}\bm{E} - eD_\mathrm{h}\bm{\nabla}p \tag{2.33a}$$
$$\bm{J}_\mathrm{n} = ne\mu_\mathrm{e}\bm{E} + eD_\mathrm{e}\bm{\nabla}n \tag{2.33b}$$

となる．式 (2.33a) を一次元化して式 (2.31) に代入すると，印加電界がない場合，定常状態では，

$$\begin{aligned}\frac{\partial p}{\partial t} &= -\frac{p - p_0}{\tau_\mathrm{p}} - \frac{1}{e}\frac{\mathrm{d}}{\mathrm{d}x}\left(-eD_\mathrm{h}\frac{\mathrm{d}p}{\mathrm{d}x}\right) \\ &= -\frac{p - p_0}{\tau_\mathrm{p}} + D_\mathrm{h}\frac{\mathrm{d}^2 p}{\mathrm{d}x^2} \\ &= 0\end{aligned} \tag{2.34}$$

を得る．これより，

$$p - p_0 = C_1 \exp\left(-\frac{x}{L_\mathrm{h}}\right) + C_2 \exp\left(\frac{x}{L_\mathrm{h}}\right) \tag{2.35}$$

$$L_\mathrm{h} = \sqrt{D_\mathrm{h}\tau_\mathrm{p}} \tag{2.36}$$

となる．$x \to \infty$ で $p = p_0$ となるものとすると ($C_2 = 0$)，正孔密度は x 方向に沿って指数関数的に減少し，距離 L_h で $1/\mathrm{e} \simeq 1/2.7$ となる．このようなことから L_h を正孔の拡散距離とよぶ．

2.6 ホール効果

一様な磁界 $\boldsymbol{B}$ のなかを，電子が速度 $\boldsymbol{v}$ で運動しているときには，$\boldsymbol{F} = -e\boldsymbol{v} \times \boldsymbol{B}$ の力が電子に作用する．この力をローレンツ (Lorentz) 力とよぶ．いま，z 方向に磁界 B_z を印加し，電流を x 方向に流したとする．$J_x = n(-e)v_x$ から $v_x < 0$ を得る．このとき電子に働くローレンツ力は，$F_x = -e(-v_x \times B_z) = ev_xB_z < 0$ となる．つまり，図 2.5(a) のような n 型半導体を考えると，y 軸の負の方向にローレンツ力が働くので，半導体の面上に図のような正負の電荷が現れる．この表面電荷による電界 $E_y(< 0)$ により電子は，$-eE_y(> 0)$ の力を受け y 軸の正の方向に引っぱられ，ローレンツ力とつり合うような条件で定常状態に達する．これをホール (Hall) 効果とよぶ．この電界をホール電界とよぶ．ホール電界による力とローレンツ力がつり合う条件は，

$$0 = -eE_y + F_y = -eE_y + ev_xB_z \tag{2.37}$$

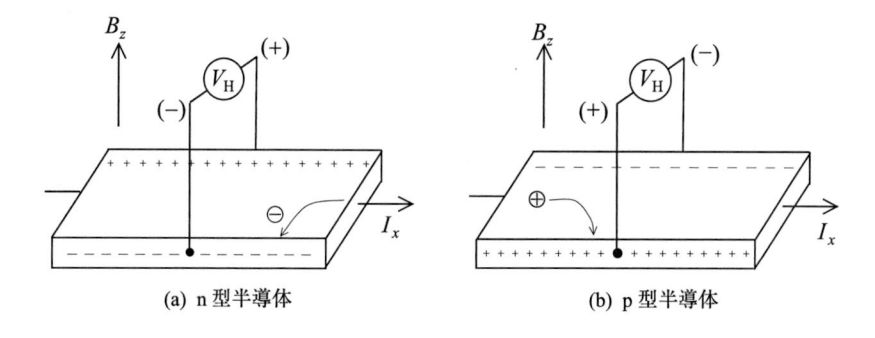

(a) n 型半導体　　(b) p 型半導体

図 **2.5** ホール効果

より,

$$E_y = \frac{F_y}{e} = v_x B_z \tag{2.38}$$

となる.定常状態では $J_x = n(-e)v_x$ であるから,これより v_x を求め上式に代入すると,次のようになる.

$$E_y = -\frac{1}{ne} B_z J_x \equiv R_H B_z J_x \tag{2.39a}$$

$$R_H = -\frac{1}{ne} \tag{2.39b}$$

このように,電流 (x 方向) と磁界 (z 方向) に直交する方向に起電力を発生する現象をホール効果とよび,$R_H = -1/ne$ をホール係数とよぶ.

ホール効果を式 (2.11) をもとにして解く方法について考えてみよう.電界 $\boldsymbol{E}$ と磁界 $\boldsymbol{B}$ が存在する場合,電子に作用する力は $\boldsymbol{F} = -e(\boldsymbol{E} + \boldsymbol{v} \times \boldsymbol{B})$ であるから,

$$m^* \frac{d\boldsymbol{v}}{dt} + \frac{m^* \boldsymbol{v}}{\tau} = -e(\boldsymbol{E} + \boldsymbol{v} \times \boldsymbol{B}) \tag{2.40}$$

となる.静電界,静磁界下での定常状態を考えると,$d\boldsymbol{v}/dt = 0$ であるから,上式は,

$$\frac{m^* \boldsymbol{v}}{\tau} = -e(\boldsymbol{E} + \boldsymbol{v} \times \boldsymbol{B}) \tag{2.41}$$

と書ける.いま,磁界を z 方向に印加した場合 $(0, 0, B_z)$ を考え,式 (2.41) を各成分に分けて書き改めると次のようになる.

$$v_x = -\frac{e\tau}{m^*}(E_x + v_y B_z) \tag{2.42a}$$

$$v_y = -\frac{e\tau}{m^*}(E_y - v_x B_z) \tag{2.42b}$$

$$v_z = -\frac{e\tau}{m^*} E_z \tag{2.42c}$$

式 (2.42a) と式 (2.42b) より v_x と v_y を求めると,

$$v_x = -\frac{e}{m^*}\left(\frac{\tau}{1+\omega_c^2 \tau^2} E_x - \frac{\omega_c \tau^2}{1+\omega_c^2 \tau^2} E_y\right) \tag{2.43a}$$

$$v_y = -\frac{e}{m^*}\left(\frac{\omega_c \tau^2}{1+\omega_c^2 \tau^2} E_x + \frac{\tau}{1+\omega_c^2 \tau^2} E_y\right) \tag{2.43b}$$

2.6 ホール効果

ここに,
$$\omega_c = \frac{eB_z}{m^*} \tag{2.44}$$

はサイクロトロン角周波数とよばれ,電子が散乱を受けないとき磁界に垂直な面内で回転運動をするときの角周波数である.電流密度は電子の密度を n とすると,$\boldsymbol{J} = n(-e)\boldsymbol{v}$ であるから,

$$J_x = \frac{ne^2}{m^*}\left(\frac{\tau}{1+\omega_c^2\tau^2}E_x - \frac{\omega_c\tau^2}{1+\omega_c^2\tau^2}E_y\right) \tag{2.45a}$$

$$J_y = \frac{ne^2}{m^*}\left(\frac{\omega_c\tau^2}{1+\omega_c^2\tau^2}E_x + \frac{\tau}{1+\omega_c^2\tau^2}E_y\right) \tag{2.45b}$$

$$J_z = \frac{ne^2\tau}{m^*}E_z \tag{2.45c}$$

を得る.

ホール効果を測定するためには,電流を x 方向に流し,磁界を z 方向に印加して,電流と磁界に垂直な方向に発生するホール電界 E_y を測定する.つまり,y 方向には電流を流してはならないから $J_y = 0$ である.このとき式 (2.45b) より,次の式を得る.

$$E_y = \omega_c\tau E_x = -\frac{e\tau}{m^*}B_zE_x = -\frac{1}{ne}B_zJ_x \equiv R_H B_z J_x \tag{2.46}$$

ここに,式 (2.15) と式 (2.16) の関係 $J_x = \sigma E_x = ne\mu E_x = (ne^2\tau/m^*)E_x$ を用いた.半導体試料の厚さを t とし,ホール電解方向 (y 方向) の幅を w とすると,全電流は $I_x = J_x wt$ となるから,ホール電圧 $V_H (= E_y \cdot w)$ は,

$$V_H = R_H \frac{I_x B_z}{t} \tag{2.47}$$

$$R_H = \frac{tV_H}{I_x B_z} = -\frac{1}{ne} \tag{2.48}$$

となる.式 (2.46) と式 (2.48) は式 (2.39a),(2.39b) とまったく同じである.また,式 (2.47) と式 (2.48) は実験データを解析するのに都合のよいように,実測するホール電圧を V_H,流した電流を I_x,印加した磁界 B_z と試料の磁界方向の厚み t で表してある.これらを式 (2.48) に代入すればただちに電子密度が得られる.なお,p 型半導体の場合,キャリアは正電荷をもつ正孔であるから,

図 2.5(b) のように n 型と反対方向に起電力を発生する．正孔密度を p とすると同様にしてホール係数は，

$$R_\mathrm{H} = +\frac{1}{pe} \tag{2.49}$$

となる．半導体の導電率は式 (2.16) で与えられるように，$\sigma = ne\mu$ であるから，式 (2.48) に代入して，

$$|R_\mathrm{H}|\sigma = \mu (= \mu_\mathrm{H}) \tag{2.50}$$

の関係を得る．このようにしてホール効果から求めた移動度のことをホール移動度とよび，μ_H と記し，厳密にはドリフト移動度 μ_d と区別する．これはホール係数が式 (2.48) のように単純な式とならないからである．その理由は，半導体中の伝導電子は種々のエネルギーをもったものの集団で，付録 A で述べるよ

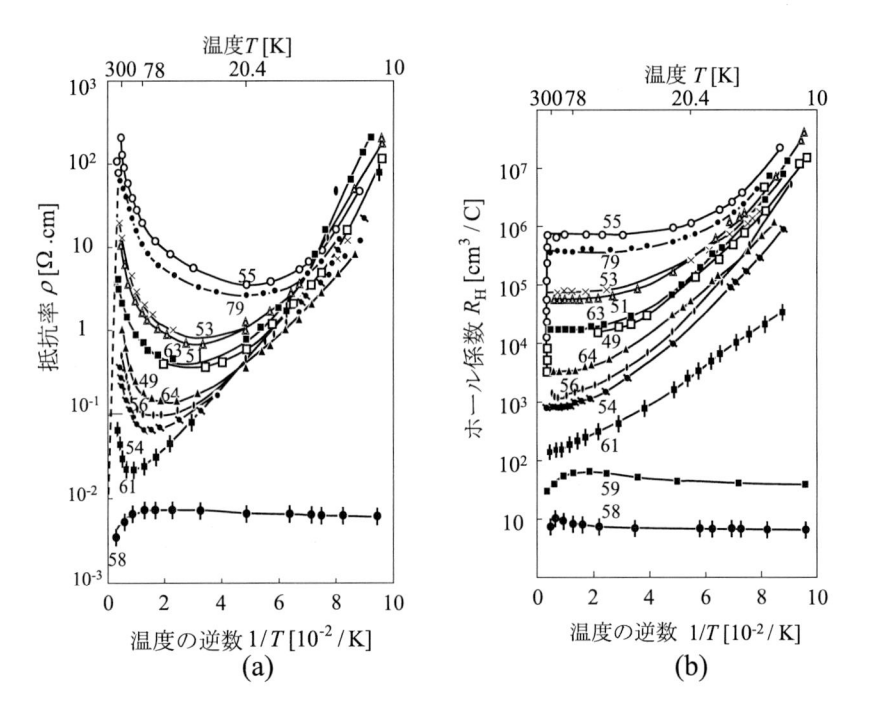

図 2.6 As をドープした n–Ge のホール効果測定結果
(a) 抵抗率 ρ，(b) ホール係数 R_H を温度の逆数でプロットしたもの．

うに緩和時間 τ は一般に伝導電子のエネルギーに依存するため，式 (2.45a)〜(2.45c) は電子の分布関数を考慮して平均したものを用いる必要がある．その結果は伝導電子の散乱過程に依存して，式 (2.48) や式 (2.49) の分子が 1 でなく 1 に近いある定数となるからである．しかし通常は，ドリフト移動度とホール移動度の間の差は無視し，厳密な吟味なしに安易にホール移動度を用いることが多い．

　ホール効果の測定で歴史的に有名な実験結果を図 2.6(a), (b) と図 2.7(a), (b) に示す．これはデバイ (Debye) とコンウェル (Conwell) によるもの [9] で，半導体の電子統計と移動度に関する重要な情報がほとんど含まれている．図 2.6(a) は As をドープした種々の n–Ge(試料番号がドーピングの違いを表す) の抵抗率 $\rho (= 1/\sigma)$ を温度の逆数に対してプロットしたもので，試料 55 では温度上昇とともに一度減少し極小を通過してふたたび増大するが，300K を越えたところで急激に減少する．この急激な減少は真性領域に入ったことを示すものである．図 2.6(b) はホール係数の温度依存性で，$R_\mathrm{H} = -1/ne$ の関係が

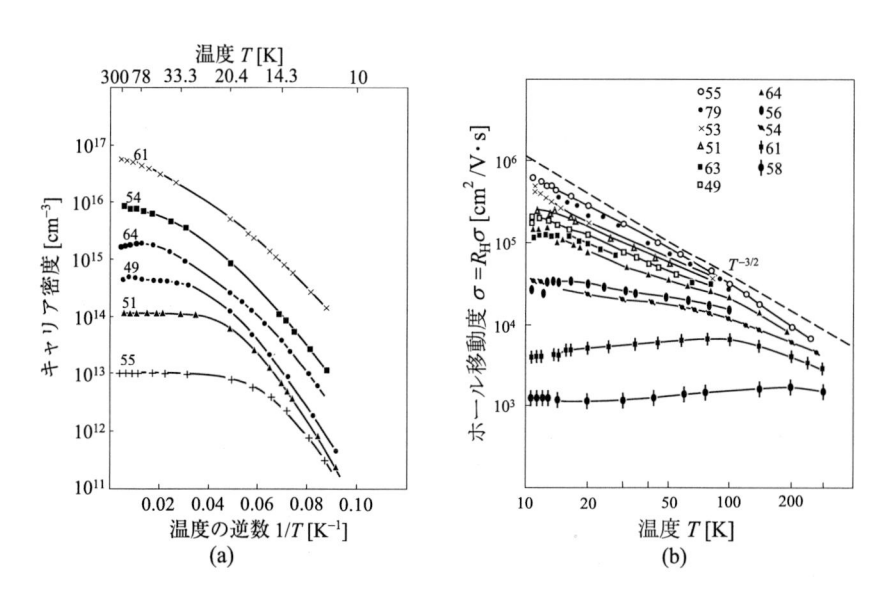

図 **2.7**　図 2.6 より求めた (a) 電子密度 n と (b) ホール移動度 μ_H の温度依存性 (As ドープ Ge)

明らかなように，逆数をとれば電子密度に比例する．このようにして求めた電子密度の温度依存性を図 2.7(a) に示す．試料 55 は 1.6 節で述べた n 型半導体の電子密度の温度依存性をみごとに再現している．ホール移動度は $|R_\mathrm{H}|/\rho$ から求まり，これを温度に対してプロットしたのが図 2.7(b) である．純度のよい (図 2.7(a) では電子密度の低い) 試料 55 などでは，移動度はほぼ $T^{-3/2}$ に比例している．これは電子が音響型格子振動によって主に散乱されることによるもので，式 (A.2) より $\mu \propto T^{-3/2}$ の関係を導くことができる．

第3章

pn 接合型デバイス

　pn 接合の原理と，これを用いた整流器やバイポーラトランジスタについて解説する．これらの電子デバイスでは少数キャリアがその電気特性に重要な働きをする．

3.1　pn 接合と電位障壁

　半導体の一方が p 型領域で，他方が n 型領域である構造を pn 接合とよぶ．わかりやすくするため図 3.1(a) のように孤立した p 型半導体と n 型半導体を考える．これを接触させるとエネルギー帯図は図 3.1(b) のようになる．平衡状態では，フェルミエネルギーは結晶内で一定である．実際の pn 接合は，n 型 (p 型) 基板にアクセプタ (ドナー) を熱拡散してつくられる．p 型領域のアクセプタ密度を N_A，n 型領域のドナー密度を N_D とする．接合面を $x=0$ とすれば，$x<-x_p$ (電気的中性領域) ではイオン化したアクセプタ密度 N_A と正孔密度 p_p はほぼ等しい (出払い領域)．この p 型領域の電子密度を n_p とすると，式 (1.77) より，

$$n_i^2 = n_p p_p \simeq n_p N_A \tag{3.1}$$

が成り立つ．n_i は式 (1.77) または式 (1.78) で与えられる真性電子密度である．一方，n 型領域 $x > x_n$ (電気的中性領域) の電子および正孔の密度を n_n, p_n と

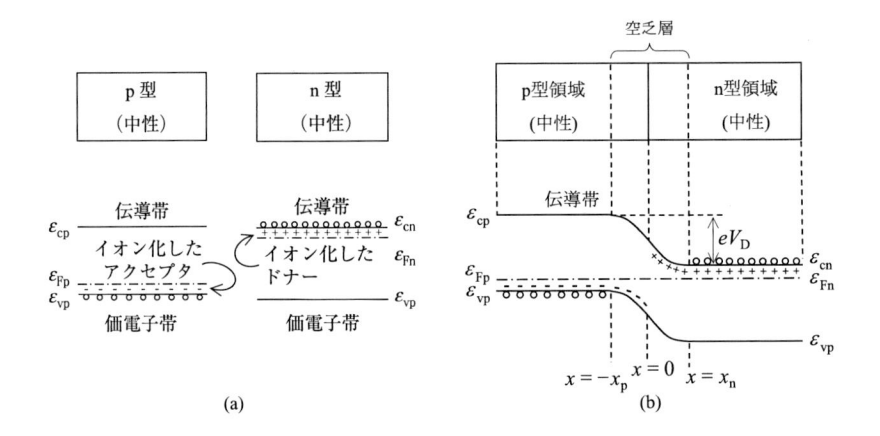

図 3.1 pn 接合
(a) 孤立した p 型と n 型半導体はそれぞれが電気的に中性である.
(b) 接合によりフェルミ準位が一致し，空乏層と電位障壁が現れる.

すると，

$$n_i^2 = n_n p_n \simeq p_n N_D \tag{3.2}$$

が成立する.

$-x_p < x < x_n$ の領域では，電子と正孔はともに少なく，空乏層 (depletion layer) 領域とよばれている．この空乏層中では，イオン化したドナーとアクセプタが電気的に中和されないので，電位差が発生する．これを電位障壁あるいは拡散電位とよぶ (右側の n 型領域の電子はこの電位障壁のため左側への流れが止められる．正孔についても同様である)．熱平衡状態では，この電位障壁を V_D とすると，

$$\frac{n_p}{n_n} = \frac{p_n}{p_p} = \exp\left(-\frac{eV_D}{k_B T}\right) \tag{3.3}$$

となるが，式 (3.1), (3.2) の関係を用いると，

$$eV_D \simeq k_B T \ln\left(\frac{N_D N_A}{n_i^2}\right) \tag{3.4}$$

となる.

空乏層領域内の電子と正孔の濃度はドナーやアクセプタ濃度に比べて無視できるものとすると,電気的中性条件より (ドナー,アクセプタはステップ状分布とする),

$$N_A x_p = N_D x_n \tag{3.5}$$

が成り立つ.接合面 $x = 0$ における電位を 0 とすると,$x > 0$ の領域での電位分布 $V(x)$ はポアソン (Poisson) の方程式

$$\frac{d^2 V}{dx^2} = -\frac{eN_D}{\kappa \epsilon_0} \tag{3.6}$$

より求まる.ここに $\kappa \epsilon_0$ ($\epsilon_0 = 8.85 \times 10^{-12} \mathrm{F/m}$) は半導体の誘電率である.

式 (3.6) を 1 回積分し,$x = x_n$ で電界 $E_x = -dV/dx = 0$ とすると,次のようになる.

$$\frac{dV}{dx} = -\frac{eN_D}{\kappa \epsilon_0}(x - x_n) \tag{3.7}$$

さらに,1 回積分して,$x = 0$ で $V = 0$ とおくと,

$$V(x) = -\frac{eN_D}{2\kappa \epsilon_0}(x - 2x_n)x \quad (0 \le x \le x_n) \tag{3.8}$$

となる.まったく同様にして p 型領域では,

$$\frac{dV}{dx} = \frac{eN_A}{\kappa \epsilon_0}(x + x_p) \tag{3.9}$$

$$V(x) = \frac{eN_A}{2\kappa \epsilon_0}(x + 2x_p)x \quad (-x_p \le x \le 0) \tag{3.10}$$

$x = x_n$ と $x = -x_p$ における電位の差は,

$$V_D = V(x_n) - V(-x_p) = \frac{e}{2\kappa \epsilon_0}(N_D x_n^2 + N_A x_p^2) \tag{3.11}$$

となる.これと式 (3.5) を用いると空乏層の厚さ d は,

$$d = \left[\frac{2\kappa \epsilon_0 V_D}{e N_D N_A}(N_D + N_A) \right]^{1/2} \tag{3.12}$$

と見積もられる.空乏層の厚さ $d = x_n + x_p$ は式 (3.5) から明らかなように,電気的中性条件を満たすため不純物密度の小さい方が支配的となる ($N_D > N_A$ なら $x_n < x_p$).

3.2 少数キャリアの注入と pn 接合の整流特性

図 3.2 に pn 接合の模式的な説明を示している．外部電圧をかけず熱平衡状態にあるときには (図 3.2(a))，p 型領域に正孔が，n 型領域に電子が存在し，空乏層領域には電子も正孔もほとんど存在しない．また，電位障壁のため接合面を通しての正味の電流は 0 である．この pn 接合の p 型領域が正，n 型領域が負になるような電圧を加えると，電子は n 型領域から p 型領域に注入され，正孔は p 型領域から n 型領域に注入される (図 3.2(b))．空乏層の外側（電気的中性領域，$x < -x_\mathrm{p}, x > x_\mathrm{n}$）では電界は無視できるほど小さいから，これら

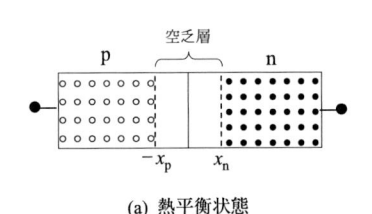

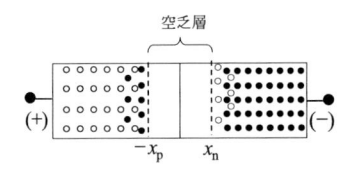

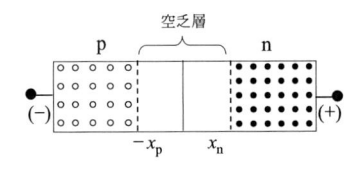

図 3.2　pn 接合の模式的説明

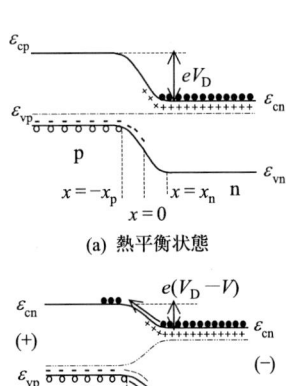

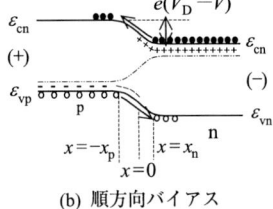

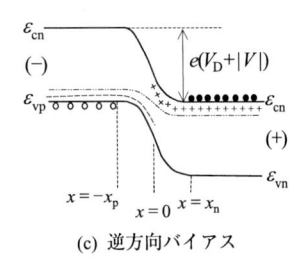

図 3.3　エネルギー帯図による pn 接合の整流特性の説明

の注入された電子や正孔は拡散電流となって流れる．また，p 型領域では電子は少数キャリアであるから，この注入を少数キャリアの注入とよぶ．また，このように p 型から n 型の方向に電流を流す電圧印加を順方向バイアスとよぶ．逆に，p 型を負に n 型領域を正とする電位を印加すると，図 3.2(c) に示すように正孔は左に電子は右にひかれ，空乏層の幅が増える．この方向の印加電圧を逆方向バイアスとよぶ．

図 3.3(a), (b), (c) は図 3.2(a), (b), (c) に対応するエネルギー帯図である．縦軸は電子に対するエネルギーであり，正孔に対しては下の方がエネルギーが高い．熱平衡状態では電位障壁 eV_D により電子と正孔の流れは阻止される．これに順方向バイアス V を印加すると図 3.3(b) のように，n 型領域が p 型領域に対して持ち上げられ，電位障壁は $(V_D - V)$ に減少する．その結果，n 型領域の電子が p 型領域へ，p 型領域の正孔が n 型領域に注入され，大きな電流が流れる．反対に図 3.3(c) に示すように逆方向バイアスを印加すると，電位障壁は $(V_D + |V|)$ に増加し，これを乗り越えて注入される少数キャリアは大幅に減る．このときの電界方向から明らかなように，左の p 型領域のごく少数の電子 n_p が n 型領域へ，右の n 型領域のごく少数の正孔 p_n が p 型領域に注入される．以下では pn 接合の整流特性を基本式から導く．

空乏層の領域を $-x_p \leq x \leq x_n$ とする．図 3.3(b) のように順方向電圧 V を印加すると電位障壁は $(V_D - V)$ に減少するから，$x = x_n$ における正孔密度 $p(x_n)$ は，

$$p(x_n) = p_p \exp\left[-\frac{e(V_D - V)}{k_B T}\right] = p_n \exp\left(\frac{eV}{k_B T}\right) \tag{3.13}$$

となる．同様にして $x = -x_p$ における電子密度 $n(-x_p)$ は，

$$n(-x_p) = n_n \exp\left[-\frac{e(V_D - V)}{k_B T}\right] = n_p \exp\left(\frac{eV}{k_B T}\right) \tag{3.14}$$

となる．上式の導出にあたっては式 (3.3) を利用した．このように順方向バイアス V を印加すると，n 型領域と p 型領域の少数キャリアは，p_n と n_p からそれらの $\exp(eV/k_B T)$ 倍に増加する．これが少数キャリアの注入とよばれている現象である．

外部から印加した電圧のほとんどは空乏層の領域にかかり，中性の n 型およ

び p 型領域の電界はきわめて小さい．つまり，注入された少数キャリアは電気的中性領域 ($x < -x_\mathrm{p}, x > x_\mathrm{n}$) で拡散により流れる．このとき，正孔と電子の電流は次式で与えられる．

$$J_\mathrm{h} = -eD_\mathrm{h}\frac{\partial p}{\partial x} \tag{3.15a}$$

$$J_\mathrm{e} = eD_\mathrm{e}\frac{\partial n}{\partial x} \tag{3.15b}$$

式 (2.31) に式 (3.15a) を代入すると，次式が得られる．

$$\frac{\partial p}{\partial t} = -\frac{p - p_\mathrm{n}}{\tau_\mathrm{p}} + D_\mathrm{h}\frac{\partial^2 p}{\partial x^2} \tag{3.16}$$

上式の定常状態 ($\partial p/\partial t = 0$) における解は，

$$p(x) = C_1 \exp\left(-\frac{x - x_\mathrm{n}}{L_\mathrm{h}}\right) + C_2 \exp\left(\frac{x - x_\mathrm{n}}{L_\mathrm{h}}\right) \tag{3.17}$$

で与えられるが，$x = \infty$ で $p = p_\mathrm{n}$ となるためには $C_2 = 0$ でなければならない．また，$x = x_\mathrm{n}$ における正孔密度 $p(x_\mathrm{n})$ に対して式 (3.13) の関係を用いると，

$$p(x) = p_\mathrm{n}\left[\exp\left(\frac{eV}{k_\mathrm{B}T}\right) - 1\right]\exp\left(-\frac{x - x_\mathrm{n}}{L_\mathrm{h}}\right) + p_\mathrm{n} \tag{3.18}$$

となる．ここで $L_\mathrm{h} = \sqrt{D_\mathrm{h}\tau_\mathrm{p}}$ は正孔の拡散距離である．この正孔の注入の様子を図 3.4 に示す．この結果を式 (3.15a) に代入すると，n 型領域に注入された正孔による電流 (拡散電流) は次のようになる．

$$J_\mathrm{h}(x) = \frac{eD_\mathrm{h}p_\mathrm{n}}{L_\mathrm{h}}\left[\exp\left(\frac{eV}{k_\mathrm{B}T}\right) - 1\right]\exp\left(-\frac{x - x_\mathrm{n}}{L_\mathrm{h}}\right) \tag{3.19a}$$

同様にして p 型領域に注入された電子による拡散電流は，

$$J_\mathrm{e}(x) = \frac{eD_\mathrm{e}n_\mathrm{p}}{L_\mathrm{e}}\left[\exp\left(\frac{eV}{k_\mathrm{B}T}\right) - 1\right]\exp\left(\frac{x + x_\mathrm{p}}{L_\mathrm{e}}\right) \tag{3.19b}$$

となる．ここに D_e は電子の拡散係数，$L_\mathrm{e} = \sqrt{D_\mathrm{e}\tau_\mathrm{n}}$ は電子の拡散距離である．空乏層中での電子や正孔の再結合を無視すれば，接合面 $x = 0$ での正孔および電子の電流密度はそれぞれ $J_\mathrm{h}(x_\mathrm{n})$ と $J_\mathrm{e}(-x_\mathrm{p})$ となる．したがって，全電流密度は，

$$J = J_\mathrm{h}(x_\mathrm{n}) + J_\mathrm{e}(-x_\mathrm{p}) = e\left(\frac{D_\mathrm{h} p_\mathrm{n}}{L_\mathrm{h}} + \frac{D_\mathrm{e} n_\mathrm{p}}{L_\mathrm{e}}\right)\left[\exp\left(\frac{eV}{k_\mathrm{B}T}\right) - 1\right]$$
$$\equiv J_\mathrm{s}\left[\exp\left(\frac{eV}{k_\mathrm{B}T}\right) - 1\right] \tag{3.20}$$

となる．ただし，飽和電流密度 J_s は式 (3.3) を用いて次のように表される．

$$\begin{aligned}
J_\mathrm{s} &= e\left(\frac{D_\mathrm{h} p_\mathrm{n}}{L_\mathrm{h}} + \frac{D_\mathrm{e} n_\mathrm{p}}{L_\mathrm{e}}\right) = e\left(\frac{D_\mathrm{h} p_\mathrm{p}}{L_\mathrm{h}} + \frac{D_\mathrm{e} n_\mathrm{n}}{L_\mathrm{e}}\right)\exp\left(-\frac{eV_\mathrm{D}}{k_\mathrm{B}T}\right) \\
&\simeq e\left(\frac{D_\mathrm{h} N_\mathrm{A}}{L_\mathrm{h}} + \frac{D_\mathrm{e} N_\mathrm{D}}{L_\mathrm{e}}\right)\exp\left(-\frac{eV_\mathrm{D}}{k_\mathrm{B}T}\right) \\
&= e\left(\frac{D_\mathrm{h} N_\mathrm{A}}{L_\mathrm{h}} + \frac{D_\mathrm{e} N_\mathrm{D}}{L_\mathrm{e}}\right)\frac{n_\mathrm{i}^2}{N_\mathrm{A} N_\mathrm{D}}
\end{aligned} \tag{3.21}$$

ここに最後の二つの関係式は式 (3.4) を用いて導いた．なお，n_i は真性電子密度である．pn 接合の電流–電圧特性 (図 3.5) は，式 (3.20) で表される．

以上の計算では空乏層での電子と正孔の再結合による電流 (再結合電流) を無視している．n 型と p 型領域から注入される正孔と電子は，空乏層で再結合して消滅するが，これも素子を流れる電流である．再結合の割合は付録 D に示すようにショックレー・リード・ホール (Shockley–Read–Hall) の式で与えられ

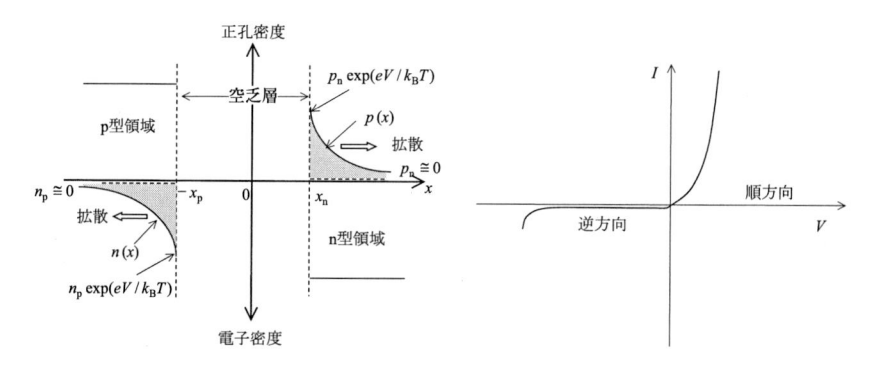

図 3.4 pn 接合における正孔と電子の注入斜線部が注入された少数キャリア

図 3.5 pn 接合ダイオードの整流特性

る．再結合のレートは

$$R = \frac{np - n_{\mathrm{i}}^2}{\tau(n + p + 2n_{\mathrm{i}})} \tag{3.22}$$

ここに，τ は再結合寿命である．順方向電圧 V を印加すると，空乏層中では次式が成り立つ．

$$np = n_{\mathrm{i}}^2 \exp\left(\frac{eV}{k_{\mathrm{B}}T}\right) \tag{3.23}$$

空乏層中の電子と正孔の密度がほぼ等しい領域で，式 (3.22) の再結合レートは最大となる．そのとき，

$$n \simeq p = n_{\mathrm{i}} \exp\left(\frac{eV}{2k_{\mathrm{B}}T}\right) \tag{3.24}$$

とおけるので，

$$R^{\max} = \frac{n_{\mathrm{i}}}{2\tau}\left[\exp\left(\frac{eV}{2k_{\mathrm{B}}T}\right) - 1\right] \tag{3.25}$$

となる．したがって，再結合電流は，次式で与えられる．

$$J_{\mathrm{R}} \approx ed_{\mathrm{eff}} R^{\max} = \frac{ed_{\mathrm{eff}} n_{\mathrm{i}}}{2\tau}\left[\exp\left(\frac{eV}{2k_{\mathrm{B}}T}\right) - 1\right]$$

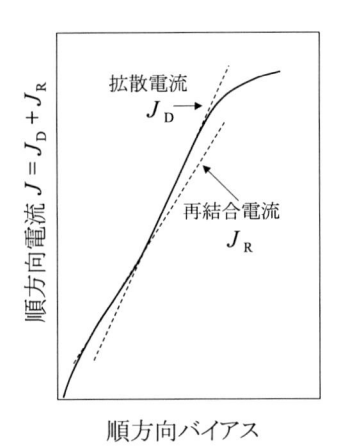

図 3.6 pn 接合に順方向バイアスを印加した場合の電流 拡散電流 J_{D} と再結合電流 J_{R} の和で与えられる．

$$= J_\mathrm{r} \left[\exp\left(\frac{eV}{2k_\mathrm{B}T} \right) - 1 \right] \tag{3.26}$$

これより式 (3.20) で与えられる拡散電流を加えて，全電流密度は次のようになる．

$$J = J_\mathrm{s} \left[\exp\left(\frac{eV}{k_\mathrm{B}T} \right) - 1 \right] + J_\mathrm{r} \left[\exp\left(\frac{eV}{2k_\mathrm{B}T} \right) - 1 \right] \tag{3.27}$$

これらの結果を図 3.6 にまとめて図示した．

3.3 トンネルダイオード

pn 接合の不純物密度を非常に大きくするとキャリア密度は増加し，図 3.7(a) のようにフェルミ準位が p 型領域では価電子帯中に，n 型領域では伝導帯中に位置するようになる[注1]．このような状態を縮退した状態とよぶ．この pn 接合の順方向特性は図 3.8 のようにピークと谷をもつ特異な形となる．これは図 3.7(b) に示す図を用いて説明できる．少し順方向バイアスを印加すると p 領域の価電子帯中の空き準位と n 領域の伝導電子がエネルギー的に等しくなる．高濃度 pn 接合では空乏層が薄く，かつ，遷移先の準位が空いているのでトンネル現象で電子が右から左に遷移して電流が流れる．さらに順方向バイアスを増すと，伝導電子と等しいエネルギーの位置に遷移先の空準位がなくなるため (トンネル効果の遷移ではエネルギーの授受ができない)，通常の電位障壁を越えて流れる電流が支配的となる．このデバイスはその発明者の名前をとってエサキダイオード (Esaki diode) もしくは，トンネルダイオード (tunnel diode) とよばれている．

3.4 バイポーラトランジスタ

半導体基板上に pnp または npn 接合をつくるとバイポーラトランジスタができる．この節では pnp トランジスタを例にとってその動作を考える．図 3.9

[注1] これは図 1.17 において，フェルミエネルギーが上に移動すると同図 (e) の電子密度 n が増大することから理解される．フェルミエネルギーが伝導帯中にある場合を縮退した (degenerate) 半導体とよぶ．アクセプタ密度を増やした場合も同様である．

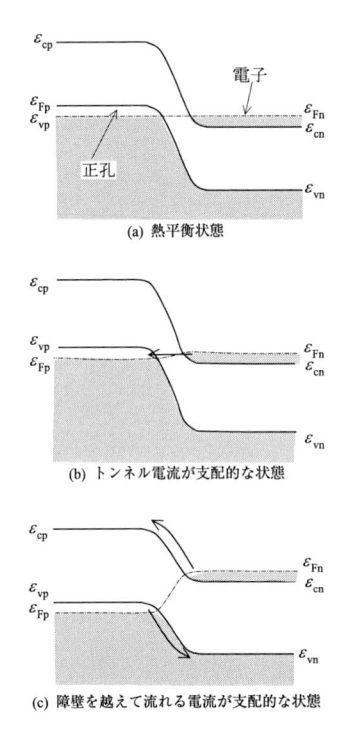

図 3.7 トンネル (エサキ) ダイオードのエネルギー帯図

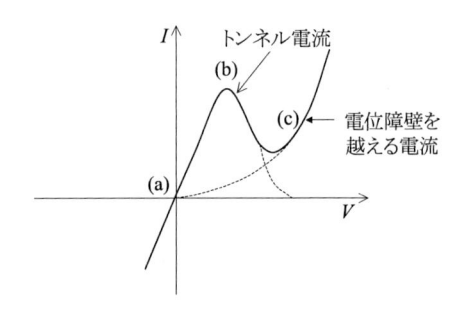

図 3.8 トンネル (エサキ) ダイオードの電流電圧特性 (a), (b), (c) は図 3.7 の (a), (b), (c) に対応する.

は pnp トランジスタの構造を示している．左側の p 領域をエミッタ，中間の n 領域をベース，右側の p 領域をコレクタとよぶ．ベースを接地して，エミッタ・ベース接合に順方向バイアスをかけ，コレクタ接合に逆方向バイアスを印加すると，順バイアスがかかるエミッタ接合には，エミッタの p 領域からベースの n 領域に正孔が注入される．ベースの厚さ W が正孔の拡散距離 L_h よりも十分に小さければ，エミッタから注入された正孔はベース領域で再結合することなくコレクタ接合にまで達し，コレクタ電流となる．

この特性をエネルギー帯図を用いて説明すると次のようになる．図 3.10 は図 3.9 の pnp トランジスタにおいて，エミッタ接合に順バイアス $V_{EB}(>0)$,

3.4 バイポーラトランジスタ

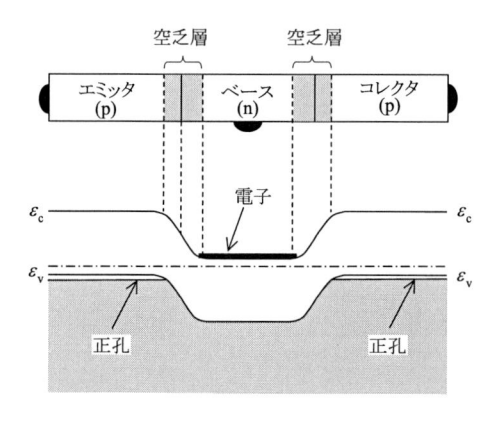

図 3.9 pnp トランジスタとそのエネルギー帯図

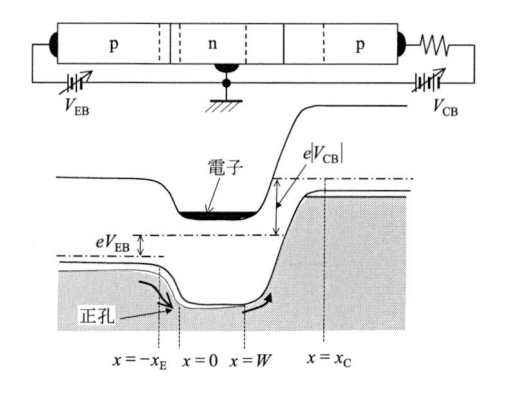

図 3.10 ベース接地 pnp トランジスタのエネルギー帯図

コレクタ接合に逆バイアス $V_{\mathrm{CB}}\,(<0)$ をかけた場合のエネルギー帯図である．ベース領域を $0 \leq x \leq W$ とし，エミッタ接合側を原点にとる．エミッタ，ベースおよびコレクタ領域を添字 E, B, C で示すと，

$$n_{\mathrm{E}} p_{\mathrm{E}} = n_{\mathrm{B}} p_{\mathrm{B}} = n_{\mathrm{C}} p_{\mathrm{C}} = n_{\mathrm{i}}^{2} \tag{3.28}$$

となる．ここに，n_{i} は式 (1.78) で与えられる真性電子密度である．また，pnp トランジスタでは，

$$n_{\mathrm{E}} \ll p_{\mathrm{E}}, \ n_{\mathrm{B}} \gg p_{\mathrm{B}}, \ n_{\mathrm{C}} \ll p_{\mathrm{C}}$$

である．バイアス印加時のベース領域両端の正孔密度 (p) は式 (3.13) より，

$$p(0) = p_\mathrm{B} \exp\left(\frac{eV_\mathrm{EB}}{k_\mathrm{B}T}\right) \tag{3.29}$$

$$p(W) = p_\mathrm{B} \exp\left(\frac{eV_\mathrm{CB}}{k_\mathrm{B}T}\right) \tag{3.30}$$

となる．また，$0 < x < W$ における正孔の密度は式 (3.16) より，

$$-\frac{p - p_\mathrm{B}}{\tau_\mathrm{B}} + D_\mathrm{B}\frac{\partial^2 p}{\partial x^2} = 0 \tag{3.31}$$

を解いて得られる．ここに τ_B はベース領域の正孔の再結合寿命，D_B はベース領域における正孔の拡散係数である．式 (3.31) の解は拡散距離 $L_\mathrm{B} = \sqrt{D_\mathrm{B}\tau_\mathrm{B}}$ を用いて，

$$p(x) - p_\mathrm{B} = C_1 \exp\left(-\frac{x}{L_\mathrm{B}}\right) + C_2 \exp\left(\frac{x}{L_\mathrm{B}}\right) \tag{3.32}$$

で与えられる．これに式 (3.29)，(3.30) の境界条件を用いて，C_1，C_2 を決定することができる．その結果は，

$$p(0) - p_\mathrm{B} = p_\mathrm{B}\left[\exp\left(\frac{eV_\mathrm{EB}}{k_\mathrm{B}T}\right) - 1\right] \equiv p_\mathrm{B}^*(0) \tag{3.33a}$$

$$p(W) - p_\mathrm{B} = p_\mathrm{B}\left[\exp\left(\frac{eV_\mathrm{CB}}{k_\mathrm{B}T}\right) - 1\right] \equiv p_\mathrm{B}^*(W) \tag{3.33b}$$

となる．これらを用いると，

$$p(x) - p_\mathrm{B} = \frac{p_\mathrm{B}^*(0)\sinh\left(\dfrac{W-x}{L_\mathrm{B}}\right) + p_\mathrm{B}^*(W)\sinh\left(\dfrac{x}{L_\mathrm{B}}\right)}{\sinh\left(\dfrac{W}{L_\mathrm{B}}\right)} \tag{3.34}$$

が得られる．このベース領域における正孔の分布を $V_\mathrm{EB} = 0.6\mathrm{V}$，$V_\mathrm{CB} = -1\mathrm{V}$，$W/L_\mathrm{B} = 0.1 \sim 2.0$ の場合についてプロットすると，図 3.11 のようになる．$W/L_\mathrm{B} \ll 1$ では正孔の再結合による減少は無視できて，$p(x)$ はベース領域で直線的に変化するが，$W/L_\mathrm{B} > 1$ となると再結合による正孔の減少が無視できず直線からずれる．

3.4 バイポーラトランジスタ

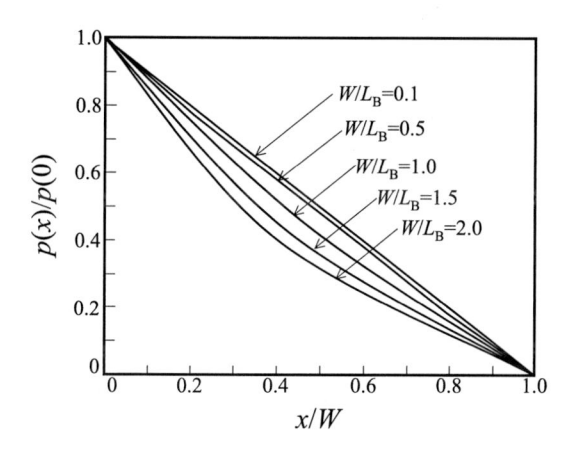

図 3.11 pnp トランジスタのベース領域における正孔の密度分布

図 3.10 に示すエミッタ領域 ($x < -x_E$) とコレクタ領域 ($x > x_C$) における電子密度は，式 (3.18) と同様にして，

$$n(x) = n_E + n_E^*(-x_E) \exp\left(\frac{x + x_E}{L_E}\right) \quad (x < -x_E) \tag{3.35}$$

$$n(x) = n_C + n_C^*(x_C) \exp\left(-\frac{x - x_C}{L_C}\right) \quad (x > x_C) \tag{3.36}$$

となる．ここに，

$$n_E^*(-x_E) = n_E \left[\exp\left(\frac{eV_{EB}}{k_B T}\right) - 1\right] \tag{3.37}$$

$$n_C^*(x_C) = n_C \left[\exp\left(\frac{eV_{CB}}{k_B T}\right) - 1\right] \tag{3.38}$$

L_E, L_C はエミッタとコレクタ領域における電子の拡散距離である．一般にバイポーラトランジスタでは $W \ll L_B$ が成り立っているので，ベース中での正孔濃度はエミッタ接合からコレクタ接合に向けて直線的に減少していると考えてよい．エミッタ電流 J_E を正孔と電子によるものに分けて考えると，

$$J_E = J_{E,p} + J_{E,n}$$

と書ける．ここに，

$$J_{E,p} = J_p(x=0) = -eD_B \left(\frac{\partial p}{\partial x}\right)_{x=0}$$
$$\simeq \frac{eD_B}{W} p_B \exp\left(\frac{eV_{EB}}{k_B T}\right) \tag{3.39}$$

$$J_{E,n} = J_n(-x_E) = eD_E \left(\frac{\partial n}{\partial x}\right)_{x=-x_E}$$
$$= \frac{eD_E n_E}{L_E}(e^{eV_{EB}/k_B T} - 1) \tag{3.40}$$

まったく同様にして，コレクタ電流 J_C を正孔と電子による電流に分けて，

$$J_C = J_{C,p} + J_{C,n} \tag{3.41}$$

と書くと次のようになる．ここで $V_{EB} > 0$，$V_{CB} < 0$ を考慮すると，

$$J_C \simeq J_{C,p} = J_p(W) = -eD_B \left(\frac{\partial p}{\partial x}\right)_{x=W}$$
$$\simeq \frac{eD_B}{W} p_B \exp\left(\frac{eV_{EB}}{k_B T}\right) \tag{3.42}$$

となる．したがって，ベース中の正孔による拡散電流 $J_{B,p}$ は次式で与えられる．

$$J_{B,p} = \frac{eD_B}{W} p_B^*(0) = \frac{eD_B}{W} p_B \left[\exp\left(\frac{eV_{EB}}{k_B T}\right) - 1\right] \tag{3.43}$$

エミッタからベースへの正孔の注入効率 (γ) を次式で定義する．

$$\gamma = \frac{\text{エミッタからの正孔電流}}{\text{全エミッタ電流}} = \frac{J_p(0)}{J_p(0) + J_n(-x_E)}$$
$$\simeq \frac{1}{1 + \dfrac{n_E D_E W}{p_B D_B L_E}} \tag{3.44}$$

次に，電流増幅率を次のように定義する．

$$\alpha_0 = \frac{J_C}{J_E} \simeq \gamma \tag{3.45}$$

$$\beta_0 = \frac{J_C}{J_B} = \frac{J_C}{J_E - J_C} = \frac{\gamma}{1 - \gamma} \tag{3.46}$$

ここに $J_B = J_E - J_C$ はベース電流密度である．

3.4 バイポーラトランジスタ

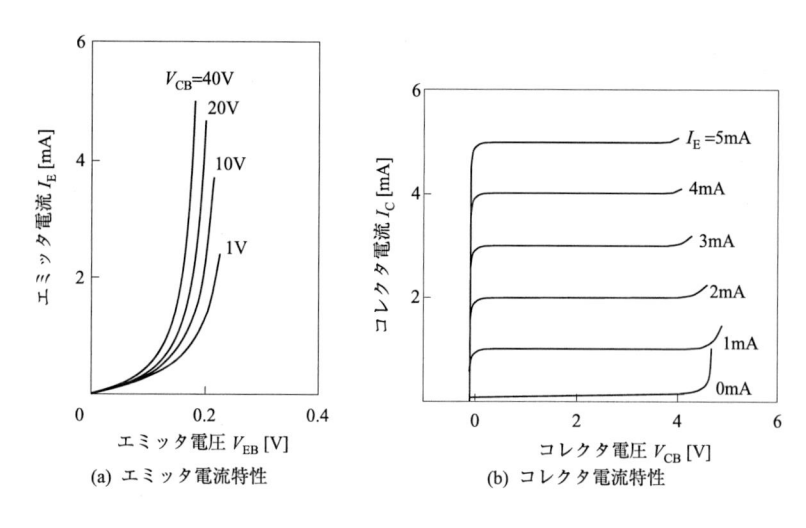

図 3.12 pnp トランジスタ (コモンベース)

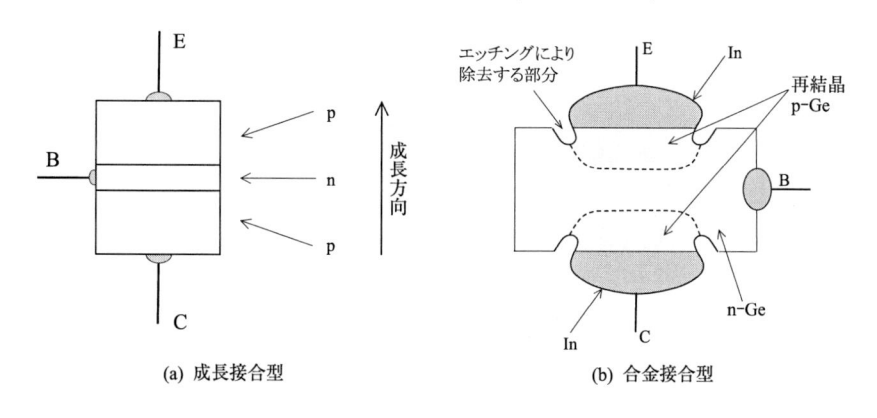

(a) エミッタ電流特性

(b) コレクタ電流特性

図 3.13 初期のゲルマニウムトランジスタ

(a) 成長接合型

(b) 合金接合型

図 3.12 は代表的な Si の pnp トランジスタの特性 (コモンベース) を示している. 図 3.12(a) はエミッタ電圧 V_{EB} (順方向バイアス) に対するエミッタ電流 I_E で, コレクタ電圧 V_{CB} (順方向バイアス) をパラメータにして示してある. また, 図 3.12(b) はコレクタ電流特性で, コレクタ電圧 V_{CB} に対するコレクタ電流 I_C を示している. 図 3.12(b) より明らかなように, コレクタ電流がエミッタ電流にほぼ等しくなって飽和する.

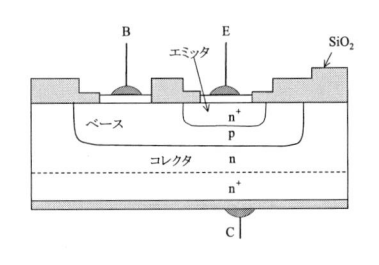

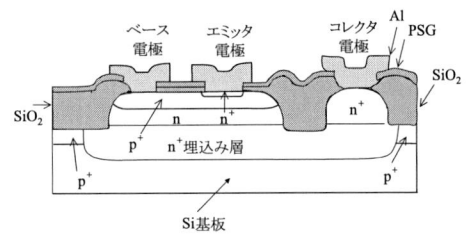

図 3.14 シリコンプレーナ型トランジスタ

図 3.15 バイポーラ集積回路のトランジスタ

　初期のゲルマニウムトランジスタは図 3.13 に示すように，結晶成長時に不純物を投入して pnp(または npn)接合をつくったり，基板の両側に金属を堆積し，それを合金化して pnp，または npn 接合をつくった．その後，シリコン基板の片面から不純物を拡散して上面に電極を配した図 3.14 のようなプレーナ型トランジスタが実用化された．これは現在の集積回路開発の基礎となったものである．現在の集積回路に用いられるトランジスタの構造の一例を図 3.15 に示す．

第4章

界面の物理と電界効果トランジスタ

　第1章から第3章までは，半導体結晶を対象にした固体物理の初歩について詳しく述べてきた．しかし，実際の半導体デバイスには半導体結晶以外にも，半導体と金属との界面や半導体と絶縁膜との界面など，結晶の周期性が途切れた各種の界面が存在する．

　今日，広く利用されている半導体素子の電気的特性を理解するには，界面に関する物性を十分理解しておくことが必要になる．以下ではこのような界面物性をできるだけ平易に説明した後，金属と半導体の界面を利用したショットキー障壁接合ダイオードやMOS型電界効果トランジスタの電気的特性に言及する．

4.1 界面の物性

4.1.1 仕事関数と電子親和力

　金属中の電子が，自由になるために必要な最小のエネルギーについて考えてみよう．

　金属表面付近にいる電子が金属から飛び出すとき，金属中に発生した正の電荷（電磁気学での鏡像に対応）が脱出電子に対する強い引力を発生する．このた

め金属中の電子が自由電子になるには，この静電ポテンシャルに打ち勝つ運動エネルギーが必要となる．金属表面から十分離れた位置でのポテンシャルエネルギーを真空準位 $\mathcal{E}_{vac}$ とよぶ．仕事関数 ψ_M の定義は，金属中のフェルミ準位にある電子が，金属の束縛を離れて自由な電子になるのに必要な最小の運動エネルギーで，次のように定義される．

$$\psi_M = \mathcal{E}_{vac} - \mathcal{E}_F \tag{4.1}$$

ここに，$\mathcal{E}_F$ は金属のフェルミエネルギーである．実験によれば仕事関数 ψ_M は金属の表面状態に敏感で，仕事関数を測定するにはきわめて清浄な金属表面を用いる必要がある．図 4.1 は各種金属の仕事関数を示す．この図から，金属の仕事関数は約 2eV から 6eV の範囲にあり，電気陰性度と正の相関をもっていることがわかる．なかでも，電気陰性度の低いアルカリ金属原素 (Li, Na, K, Rb, Cs) の仕事関数は他の原子の仕事関数に比べて小さい．

さらに詳しい実験によれば，仕事関数は金属結晶の面方位にも依存する．これは仕事関数が単に金属構成原子によって決定されるのではなく，金属結晶表面の電気双極子層の存在によって変わることを意味している．

上に述べたように，金属の仕事関数は真空準位とフェルミ準位との差で定義

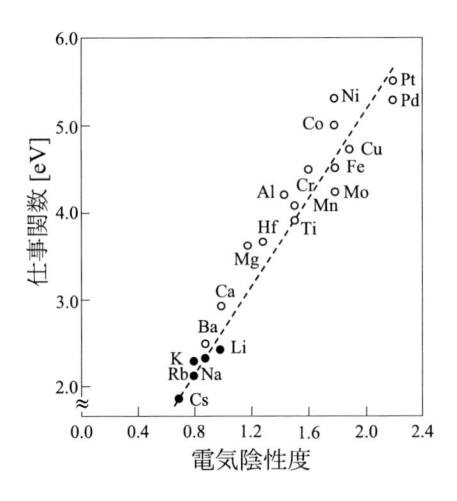

図 4.1 電気陰性度と仕事関数の関係
●印はアルカリ金属元素．

されるが,半導体では不純物原子 (アクセプタ,ドナー) の濃度や温度によってフェルミ準位の位置が異なる.このため半導体ではフェルミ準位 $\mathcal{E}_F$ ではなく,電子親和力 χ を物質固有のパラメータとして用いる.電子親和力は半導体の伝導帯の底にある電子を自由電子にするのに必要なエネルギーで定義され,物質固有の値 (たとえば,Si の場合 $\chi = 4.15\mathrm{eV}$) をもっている.これを用いると,半導体の仕事関数 ψ_S は,

$$\psi_S = \chi + \mathcal{E}_C - \mathcal{E}_F \tag{4.2}$$

ただし,

$$\mathcal{E}_F \approx \mathcal{E}_{F_i} + k_B T \ln\left(\frac{n}{n_i}\right) \quad \text{(n 型)}$$

$$\mathcal{E}_{F_i} - k_B T \ln\left(\frac{p}{n_i}\right) \quad \text{(p 型)}$$

で表される.真性フェルミ準位 $\mathcal{E}_{F_i}$ は式 (1.79) で与えられる.とくに,半導体では,仕事関数は不純物原子密度の関数になる.たとえば,n 型の半導体では $\mathcal{E}_C - \mathcal{E}_F$ の値が小さいので,p 型の半導体に比べて仕事関数は小さい.また,n 型の不純物濃度を増すと,フェルミ準位 $\mathcal{E}_F$ が半導体の伝導帯の底 $\mathcal{E}_C$ に近づき,ますます仕事関数は小さくなる.

4.1.2 金属・半導体接合

図 4.2(a) に示した仕事関数 ($\psi_M > \psi_S$) の異なる金属と,n 型半導体を接触させた場合を考えてみよう.金属と半導体を接触させると,$\psi_M > \psi_S$ の場合には,半導体側から電子が金属に流れ出して金属と半導体のフェルミ準位が一致して,最終的には熱平衡状態となる.このとき,界面近傍の半導体中では,電子が金属に移動することによって空乏層がのびる.すなわち,接合前のフェルミ準位差が補償されるために,正の空間電荷領域ができる.なお,金属・半導体接合面では真空準位が一致することから,界面にポテンシャル障壁

$$\psi_B = \psi_M - \chi \tag{4.3}$$

が現れる.この様子を図 4.2(b) に示す.なお,金属中に入った余分な電子は

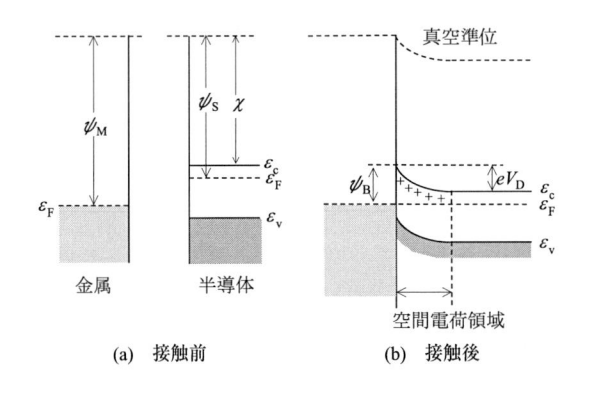

図 4.2 金属・半導体界面近傍のエネルギー帯図

界面からトーマス・フェルミ (Thomas–Fermi) の遮蔽距離[注1](金属中では 0.5 Å 程度) の範囲に局在し，半導体中の正電荷との間には静電的引力が発生する．このとき，半導体中に形成された空間電荷領域の電荷分布とポテンシャル障壁の高さから，空乏層の幅や半導体中の電位分布を計算することができる．

次に，金属・半導体接合の電圧・電流特性について考えてみる．熱平衡状態では，金属側から半導体側に流れ込む電子の数とその逆方向に流れる電子の数が一致して，界面を横切る正味の電流は 0 となる．いま，この半導体に負の電位 V を与えると，半導体側からみた金属・半導体界面のポテンシャル障壁が低くなり，金属側へ流入する電子数が増加する．一方，金属側から半導体に流れ込む電子の数は金属・半導体界面の障壁 (印加電圧によって変化しない) で決まるので，実効的にはその差の電子が半導体側から金属側に流れる．逆に，半導体に正の電圧を印加すると，半導体側から金属に流れる電子の数が急激に減少する (半導体側からみた界面障壁が印加電圧とともに大きくなる) 一方，金属側から界面のポテンシャル障壁を乗り越えて半導体に流れ込む電子の数は不変なので印加電圧に依存しない飽和電流が観測される．

以上の議論は界面の電位障壁 ψ_{B} が正の場合であったが，電位障壁が負の場合には，金属と半導体が接触したときに金属側から電子が半導体側に移り，半

[注1] トーマス・フェルミの遮蔽については文献 [7] の第 6 章および文献 [8] の Chapter 6 を参照されたい．

導体中に電子の蓄積層が形成される．この蓄積層の厚さはデバイ長[注2]程度である．このような負のポテンシャル障壁の場合には，印加電圧の極性を変えても整流特性は示さず，電圧-電流特性は通常のオームの法則に従うので，オーミック接触とよばれている．オーミック接触の場合，外部から印加された電圧は半導体中にかかり，正のポテンシャル障壁の場合にみられた空乏層の伸縮はない．

以上，理論的な金属・半導体界面について述べてきたが，実際の金属・半導体接触では理想的な界面とはかなり異なった状況になっている．たとえば，式 (4.3) によれば界面の電位障壁 ψ_B は金属の仕事関数 ψ_M に比例する．しかし，実際の金属・半導体接合ではこのような傾向は認められない．とくに，共有結合半導体 (Si, Ge, GaAs など) では，ψ_B は金属の仕事関数 ψ_M に対して非常に弱い依存性を示す．バーディーン (Bardeen) はこの原因が界面準位にあることを指摘した．すなわち，半導体結晶の周期性が途絶えた共有結合結晶 (半導体) 界面では未結合ボンド (ダングリングボンド，dangling bond) が金属側にのびて局在（界面）準位を形成している．この界面準位は半導体の禁制帯中に連続的な準位を形成しており，フェルミ準位の位置によって荷電状態が変わる．いま，電子を図 4.3 に示す界面準位の下から順に詰めていき，界面の正味の電荷がちょうど 0 になったときのエネルギー位置を ψ_0 と定義する．電子が ψ_0 の位置まで占有されていない場合には，界面に実効的な正の電荷が現れる．界面準位の数がきわめて多い場合には，半導体中のフェルミ準位が ψ_0 を少しはずれると界面電荷が急増して，金属・半導体界面付近に大きな双極子層が形成される．この双極子層に起因する電位降下によって，実効的なポテンシャル障壁は次式のように固定された状態になる．

$$\psi_B = \mathcal{E}_G - \psi_0 \qquad (4.4)$$

ここで，$\mathcal{E}_G$ は禁制帯の幅である．式 (4.4) は界面障壁の高さが金属の種類にほとんど依存しないことを意味している．一般に，シリコンと金属を接合した界

[注2] デバイ長 (Debye length)：半導体中に点電荷をおいたとき，クーロン・ポテンシャルの影響が及ぶ範囲．半導体のようにマクスウェル・ボルツマン (Maxwell–Boltzmann) 分布をしている自由キャリアによる遮蔽距離をデバイ長と称し，金属のようなフェルミ・ディラック (Fermi–Dirac) 統計に従う自由キャリアに対してはトーマス・フェルミの遮蔽距離とよぶ．文献 [8] Chapter 6 および文献 [7] 第 6 章を参照．

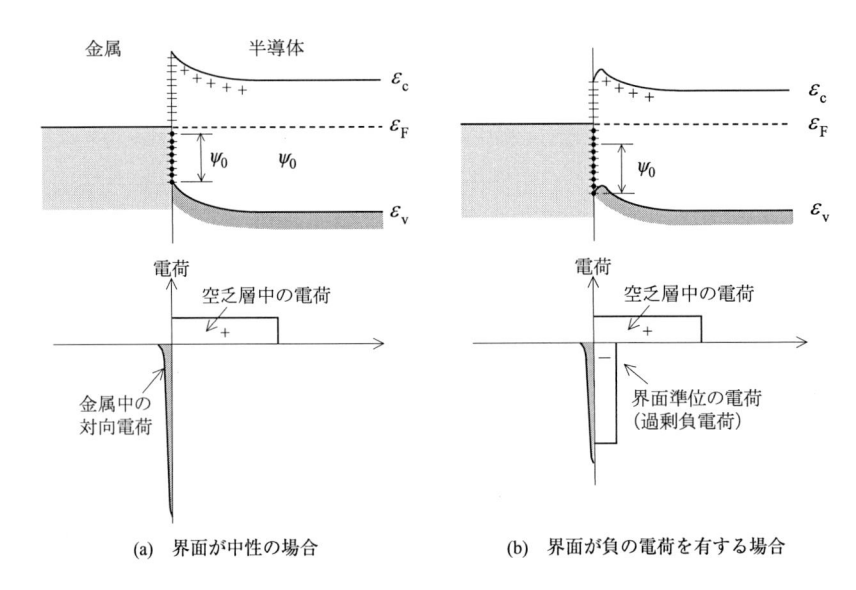

図 4.3 金属と半導体界面付近のエネルギー帯図
界面が負の電荷を有する場合 (b), ψ_0 の位置まで電子が満たされると界面電荷は 0 となる.

面のポテンシャル障壁は式 (4.3) と式 (4.4) の中間で表される.

$$\psi_B = a\psi_M + b \tag{4.5}$$

$a = 1$ の場合が理想的なショットキー障壁である. $a = 0$ の場合がバーディーン障壁に相当する. 現実の金属・シリコン接合界面でのポテンシャル障壁は, ほぼ $a = 0.1$ で表される. 多くの場合, III–V 化合物半導体に対しては $0.1 < a < 0.3$ となる.

さらに, 界面障壁の高さ ψ_B は半導体表面に残った酸化膜などの絶縁膜の有無によっても左右されるので, 金属・半導体接合を製作するときのプロセス条件が障壁の高さを決定する重要な要因になる. 金属をシリコン表面に堆積して熱処理すると金属シリサイド (たとえば, $MoSi_2$ や $TiSi_2$) になることを利用した金属・半導体界面の作製方法もある. この方法では, シリコン・シリサイド界面が金属堆積前のもとのシリコン表面より深い位置にできるので, ポテンシャル障壁高さのプロセス依存性をなくすことができる. こうして形成したシリコ

ン・シリサイド界面のポテンシャル障壁の高さは，式 (4.5) において $a = 0.4$ 程度になっており，理想的な金属・半導体界面にやや近づいている．

4.2 金属・半導体接合の電気的特性

本節では，一定のポテンシャル障壁をもつ金属・半導体界面付近の電気的特性について述べる．金属・半導体接合の電気的特性は三つの基本的なキャリア輸送過程から成り立っている．それらは，①界面障壁を乗り越えて金属および半導体側に流れ込むキャリア，②量子力学的なトンネル効果によるキャリア輸送，③空乏層中でのキャリアの再結合である．図 4.4 にその三つの電流要素を図示する．

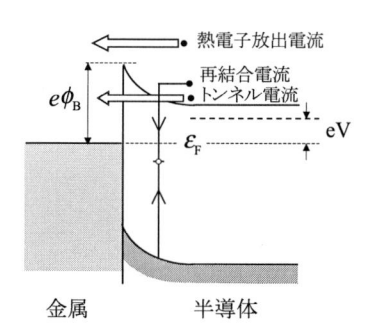

図 4.4 金属・半導体界面 (非オーム接触界面) における電流要素

4.2.1 界面障壁を乗り越えるキャリアによる電流

ここでは，半導体中のキャリアの運動に着目して，キャリア輸送を考える．界面近傍の半導体空乏層中の電界に逆らって，界面に達したキャリアは金属中の空いた準位に放出される．図 4.4 に示す n 型の半導体を例にとると，界面での電子密度 n は次式で与えられる．

$$n = N_\mathrm{C} \exp\left[-\frac{e(\phi_\mathrm{B} - V)}{k_\mathrm{B} T}\right] \tag{4.6}$$

ここで V は印加電圧，N_C は伝導帯の有効密度，$\psi_\mathrm{B} = -e\phi_\mathrm{B}$ である．界面から単位時間当たりに放出される単位断面積当たりの電子密度は，電子の平均速

度を $v_t \, (= \langle |v| \rangle)$ とすると，$nv_t/4$ であるから，半導体側から金属側に流れる電子電流密度は，

$$J_{\mathrm{SM}} = \frac{1}{4} e N_{\mathrm{C}} v_t \exp\left[-\frac{e(\phi_{\mathrm{B}} - V)}{k_{\mathrm{B}} T}\right] \tag{4.7}$$

となる．一方，金属側からみた障壁の高さはバイアス電圧によって変わらないことと，印加電圧が 0 の場合には半導体側から金属側に流れる電流密度 J_{SM} とその逆方向に流れる電流密度 J_{MS} が一致していなければならないので，逆方向電流密度 J_{MS} は，

$$J_{\mathrm{MS}} = \frac{1}{4} e N_{\mathrm{C}} v_t \exp\left(-\frac{e\phi_{\mathrm{B}}}{k_{\mathrm{B}} T}\right) \tag{4.8}$$

で表される．半導体中の電子の運動エネルギーがマクスウェル分布をしている場合，電子の平均速度は熱統計力学により，

$$v_t = \left(\frac{8 k_{\mathrm{B}} T}{\pi m^*}\right)^{1/2} \tag{4.9}$$

である[注3]．

また，有効状態密度 N_{C} は次式で与えられる．

$$N_{\mathrm{C}} = 2 \left(\frac{2\pi m^* k_{\mathrm{B}} T}{h^2}\right)^{3/2} \tag{4.10}$$

金属・半導体界面を横切って流れる電流密度 J は，式 (4.7) 〜 (4.10) より，

$$J = AT^2 \exp\left(-\frac{e\phi_{\mathrm{B}}}{k_{\mathrm{B}} T}\right) \left[\exp\left(\frac{eV}{k_{\mathrm{B}} T}\right) - 1\right] \tag{4.11}$$

となる．A は熱電子放出に対するリチャードソン (Richardson) 定数とよばれている．

$$A = \frac{4\pi m^* e k_{\mathrm{B}}^2}{h^3} \tag{4.12}$$

しかし，実際の金属・半導体界面を流れる電流が式 (4.11) で表されることは比較的まれである．これには以下に述べるいくつかの要因が考えられる．

[注3] マクスウェルの速度分布則は $f(v) = \alpha v^2 \exp(-mv^2/2k_{\mathrm{B}}T)$ で与えられるので，速度 v の絶対値の平均 v_t は $\int_0^\infty v f(v) \mathrm{d}v \Big/ \int_0^\infty f(v) \mathrm{d}v$ となる．

まず，上述の計算では，半導体の伝導帯の等エネルギー面が等方的であることを仮定して電流密度を計算していた．しかし，シリコンのように回転楕円体状の等エネルギー面を有する半導体の場合には，半導体の結晶面方位によって，金属・半導体界面を流れる電流は多少変わる．

また，界面付近にある半導体中の電子は，鏡像の原理によって金属電極に正の電荷を感じて金属にひき寄せられる力を受ける．このため金属・半導体界面付近のポテンシャル障壁は，鏡像効果を含まない場合に比べて低下する．とくに半導体中の不純物濃度が高く，空乏層幅が小さいときにこの効果は顕著になる．図 4.5 に示すように，界面から x の距離にある電子は金属中の $-x$ の位置に正の電荷 (鏡像) を感じるため，電子と鏡像との間に働く引力は，

$$F = \frac{e^2}{4\pi\epsilon_0 \kappa_S (2x)^2} \tag{4.13}$$

となる．式 (4.13) より，半導体中の電子は無限遠のポテンシャルエネルギー，$\psi_i(\infty) = 0$, より，

$$\psi_i(x) = -\frac{e^2}{16\pi\epsilon_0 \kappa_S x} \tag{4.14}$$

だけ低下する．この様子を図の中の点線で示す．さらに半導体中の電界 E による影響を考慮すると，電子に作用する全ポテンシャルエネルギーは，図中の実

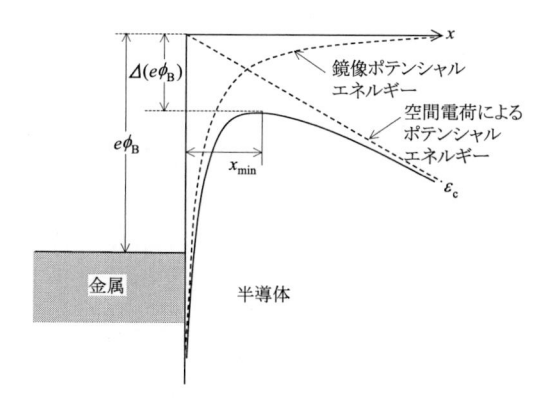

図 4.5 金属・半導体界面のエネルギー帯図．鏡像ポテンシャルエネルギーによるショットキー障壁の低下

線のように界面から離れた $x_{\min}$ の位置で最大になる．このように鏡像を考慮した場合のポテンシャル障壁の低下分 $\Delta\psi_B = \Delta(e\phi_B)$ は，

$$\Delta\psi_B = \left(\frac{eE}{4\pi\epsilon_0\kappa_S}\right)^{1/2} \tag{4.15}$$

となる．なお，$E = 10^5 \mathrm{V/cm}$ の電界に対する仕事関数の低下 $\Delta\psi_B$ は 0.12eV にも及び，高電界ではショットキー障壁の低下は無視できない．

4.2.2 量子力学的なトンネル電流

高濃度に不純物を含む (縮退した[注4]) 半導体と金属との界面を横切る電子電流は，上に述べた熱電子放出電流とは異なる電圧・電流 (トンネル電流) 特性を示す．

このトンネル電流は，高電界下の半導体中では，電子の波動関数が禁制帯内までしみ込んでいることに起因する現象である．トンネル電流は，三角ポテンシャル障壁を通り抜ける電子の確率を計算して求めることができる．トンネル電流と通常の熱電子放出電流の両方を考慮した一般的な電流密度と電圧の関係式は，

$$J = J_S \exp\left(\frac{eV}{E_0}\right) \tag{4.16}$$

$$E_0 = E_{00} \coth\left(\frac{E_{00}}{k_B T}\right) \tag{4.17}$$

$$E_{00} = \frac{eh}{4\pi}\left(\frac{N_D}{m^*\epsilon_0\kappa_S}\right)^{1/2} \tag{4.18}$$

で表される．J_S は障壁高さ，温度，半導体物質定数などの複雑な関数であるが，印加電圧依存性は小さい．E_{00} は熱電子放出電流とトンネル電流の寄与率を示す指標で，E_{00} が $k_B T$ よりかなり大きい (低温の) 場合には，式 (4.17) より $E_0 = E_{00}$ となり，温度に依存しないトンネル電流が流れる．一方，温度が

[注4] 縮退した半導体：半導体に含まれるドーパント濃度が $10^{19}\mathrm{cm}^{-3}$ (シリコンの場合) 以上になると，伝導帯中の電子が古典的なマクスウェル・ボルツマン分布ではなく，フェルミ・ディラック分布に従うようになる．このような場合，半導体中のキャリア輸送に対して古典的な取扱いができなくなる．

高くなると $E_0 = k_\mathrm{B} T$ となり，熱電子放出による電流が支配的になる．シリコン結晶の場合には，不純物原子濃度が $10^{18}\mathrm{cm}^{-3}$ 以下では熱電子放出電流が支配的になり，$10^{20}\mathrm{cm}^{-3}$ 以上ではトンネル電流が支配的となる．

4.2.3 空乏層中でのキャリアの発生・再結合

　ショットキー（金属・半導体）接合に電圧を外部から印加しない場合には，空乏層の中にある正孔と電子の濃度は熱平衡状態にある．すなわち，空乏層中での電子-正孔対の発生速度がその再結合速度とバランスして，正味の電子-正孔対の発生はない．このとき，電子濃度 n と正孔濃度 p との積は n_i^2 である．しかし，外部から電圧を印加してこのバランスを崩すと，pn 積が n_i^2 から外れて，正味の再結合または発生電流が観測される．たとえば，ショットキー接合に逆バイアスを印加すると，空乏層中の pn 積が n_i^2 に比べて非常に小さくなるので，空乏層中で発生した正孔と電子が外部に電流として観測される．なお，空乏層中の発生・再結合中心の準位が禁制帯の中央部にあると，発生・捕獲の効率がよくなる．この空乏層中でのキャリアの発生・再結合電流 I_R は式 (3.26) より，次式で与えられる．

$$I_\mathrm{R} = I_0 \left[\exp\left(\frac{eV}{2k_\mathrm{B}T} \right) - 1 \right] \tag{4.19}$$

$$I_0 = \frac{eSn_\mathrm{i}W}{2\tau} \tag{4.20}$$

S はショットキー接合面積，W は空乏層の幅，n_i は真性キャリア密度，τ は空乏層中における少数キャリアの寿命である．キャリア寿命は半導体中にある深い準位の密度や結晶欠陥の量に左右されるため，良好なショットキー接合特性を得るには，汚染や欠陥の少ない半導体基板上に接合を形成しなければならない．

　実際のショットキー (金属・半導体) 接合ダイオードでは，上に述べた三つの要素 (熱放出電流，トンネル電流，発生・再結合電流) の和で端子電流が決まる．

4.3 MOS 構造の物理

金属と半導体との接合面の間に絶縁膜を挟んだ構造を MIS (Metal Insulator Semiconductor) 構造とよぶ．このうち絶縁膜 (I) が酸化膜のものを MOS (Metal Oxide Semiconductor) 構造とよぶ．シリコン (Si) 半導体基板の場合，優れた絶縁特性をもつシリコン酸化膜が広く用いられているが，最近では，絶縁膜としてシリコン窒化膜や高誘電率膜を利用するようになっている．本節では，p 型シリコン基板を例にとって MOS 構造の電気的特性を説明する．

4.3.1 MOS 構造の基礎

MOS 構造は図 4.6 に示すように，金属 (ゲート) 電極と半導体との間に絶縁膜 (SiO_2) が挟まれた構造 (MOS ダイオード構造) をしている．酸化膜の絶縁体が導電物質の間に挟まれていると，界面に垂直な方向への電子の流れはないが，ゲート電極に電圧を印加することによって，半導体界面近傍に電子を集めて界面に平行な方向に移動させることができる．これが MOS 型電界効果トランジスタ (MOSFET, MOS Field Effect Transistor) である．また，この MOS

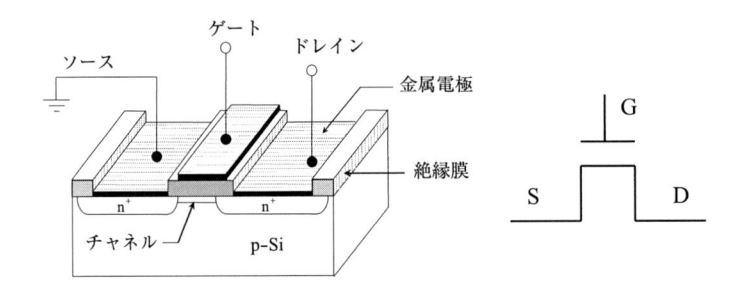

図 4.6 MOS 型電界効果トランジスタ (MOSFET) の構造
p–Si 基板上に，酸化膜 (絶縁体膜) を形成し，その上に金属電極膜をつけゲート電極とする．ソース電極とドレイン電極は，p–Si 基板に n^+ 不純物を拡散しオーミックな金属電極を形成している．ゲート電極に正の電圧を印加するとゲート下に電子の n チャネルが形成され，ソース・ドレイン間を電流が流れる．右図は MOSFET の回路表示記号．

4.3 MOS 構造の物理

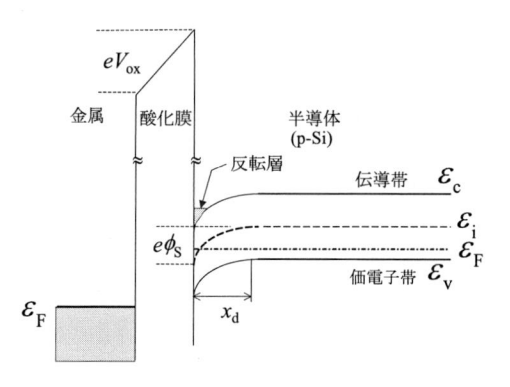

図 4.7 図4.6のMOSFETにおいてゲートに正の電圧を印加した場合のエネルギー図

半導体 (p–Si) と絶縁体膜の界面近傍に電子の反転層が形成される．この電子は界面と平行な方向にのみ動き二次元的な振舞いをする．p–Si 基板のバンドが曲がる界面近傍ではアクセプタが x_d の距離だけむき出しとなり，これ以上では正孔とアクセプタの数は等しく，電気的中性条件を保っている．

構造における電子エネルギーを図 4.7 に示すが，詳細な解析は後に述べる．

MOS 構造のゲート電極に印加した電圧 V_G は酸化膜にかかる電圧 V_{ox} と半導体の空乏層にかかる電圧 (表面電位) ϕ_s ($= -\psi_s/e$; ψ_s は表面でのエネルギー) とに分圧される．いま，半導体界面および酸化膜中に電荷がなく，しかも半導体と金属との仕事関数差などを無視すると，次式が成り立つ．

$$V_G = V_{ox} + \phi_s \tag{4.21}$$

ここで，半導体の空乏層に誘起された表面電荷 Q_s と酸化膜部分のキャパシタンス C_{ox} ($= \kappa_{ox}\epsilon_0/x_{ox}$) を用いて上の式を変形すると，

$$V_G = V_{ox} + \phi_s = -\frac{Q_s}{C_{ox}} + \phi_s \tag{4.22}$$

となる．金属電極に誘起した電荷を Q_G とすれば，MOS 構造の等価的なキャパシタンス C は式 (4.22) を用いて，

$$C = \frac{dQ_G}{dV_G} = -\frac{dQ_s}{dV_G} = -\frac{dQ_s}{\left(-\dfrac{dQ_s}{C_{ox}} + d\phi_s\right)} \tag{4.23}$$

となる．空乏層の容量を $C_\mathrm{s}\,(= -dQ_\mathrm{s}/d\phi_\mathrm{s})$ と定義すれば，上式は次のようになる．

$$C = \frac{1}{\dfrac{1}{C_\mathrm{ox}} + \dfrac{1}{C_\mathrm{s}}} = \frac{C_\mathrm{ox} C_\mathrm{s}}{C_\mathrm{ox} + C_\mathrm{s}} \tag{4.24}$$

このことから MOS 構造は，酸化膜の容量 C_ox と半導体の空乏層の容量 C_s とが直列に接続された構造であることがわかる．

MOS 構造にバイアス電圧 V を印加すると，半導体と酸化膜の界面に電子や

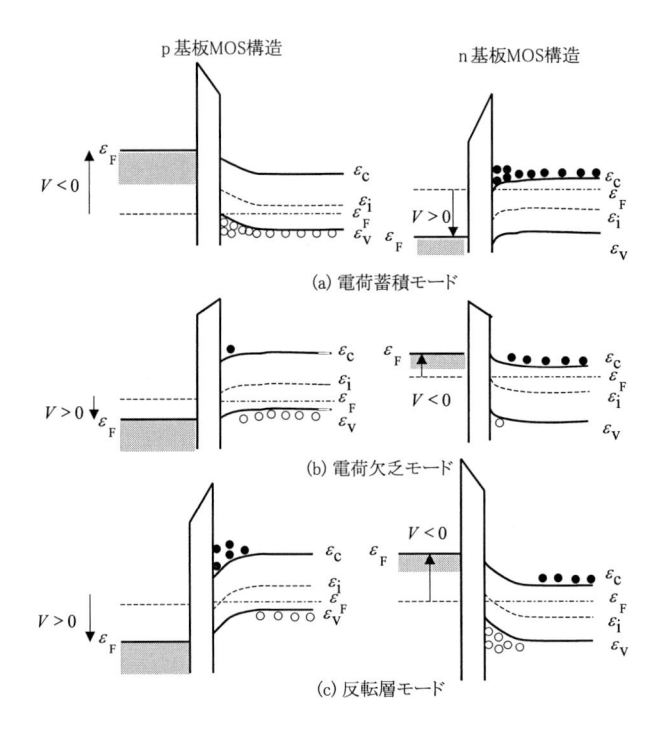

図 4.8　バイアス電圧 V を印加したときの p 基板 MOS 構造 (左) と n 基板 MOS 構造 (右) におけるエネルギー帯構造
p 基板 MOS 構造では $V < 0$ の電圧印加で界面に正孔が蓄積されるが，$V > 0$ を印加すると界面に電子が誘起されて，反転層が形成される．n 基板 MOS では $V > 0$ の電圧で，界面に誘起された電子が蓄積層を形成し，$V < 0$ の電圧では界面に誘起された正孔が反転層を形成する．

正孔が誘起される．図 4.8 の左側は p 基板 MOS 構造でのエネルギーバンド図である．n 基板 MOS 構造にバイアス電圧を印加したときに誘起されるキャリアの様子を図の右側に模式的に示す．p 基板 MOS 構造では $V<0$ の電圧印加で界面に正孔が蓄積されるが，$V>0$ を印加すると界面に誘起された電子が，反転層を形成する．一方，n 基板 MOS では $V>0$ の電圧で，界面に誘起された電子が蓄積層を形成し，$V<0$ の電圧では界面に誘起された正孔が反転層を形成する．

図 4.9(a) と図 4.9(b) はそれぞれ n 基板 MOS 構造と p 基板 MOS 構造における容量のバイアス依存性を示したものである．以下では n 基板 MOS 構造を例にとって，ゲート電圧と容量の関係を説明する．式 (4.24) に示したように，MOS ダイオードの静電容量 C は，酸化膜部分の C_{ox} と半導体基板の空乏層の容量 C_{s} の直列接続である．いま，$V_{\mathrm{G}}>0$ で V の大きい領域から考えると，基板表面に電子の蓄積層ができており，この部分の容量がきわめて大きい．式 (4.24) より，全容量 C はほとんど酸化膜容量 C_{ox} に等しい（$C_{\mathrm{s}} \to \infty$ とした場合に相当）．V を次第に減少させると C_{s} が減少する．$V_{\mathrm{G}}=0$ を過ぎ，$V_{\mathrm{G}}<0$ の空乏層を生じる電圧領域になれば，C_{s} は減少し，それに応じて全容量 C も減少する．しかし，$V_{\mathrm{G}}<0$ で p 型反転層を形成するようになると空乏層幅は最大に達し，代わって表面に誘起した正孔による反転容量が現れるのでふたたび容量 C は増大する．この反転容量は反転層の形成の時間応答によって異なる．測定周波数に反転層の形成が追従できなければ，図 4.9(a) の $V_{\mathrm{G}}<0$ の領

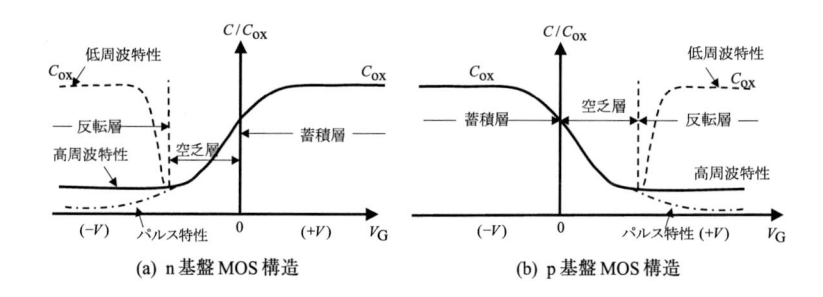

図 4.9 MOS キャパシタンスのゲート電圧依存性
ゲート電圧 V_{G} とゲート容量 C との関係を，低周波領域と高周波領域で模式的に表している．

域で容量は実線のようになる．十分遅い周波数で測定した場合，$V_\mathrm{G} < 0$ の領域で容量 C の増大がみられる．

4.3.2 表面ポテンシャルと表面電荷

図 4.10 に示す p 型半導体を考え，表面ポテンシャルを $e\phi_\mathrm{s}$ で表す．ポテンシャル $e\phi$ は半導体バルクの真性フェルミ準位 $\mathcal{E}_\mathrm{i}$ を基準にする．表面ポテンシャルは表面から右側 (x 方向) の反転電子密度や空乏層の密度によって決まる．界面に固定電荷が存在しない場合，ガウスの定理から半導体の誘電率を $\kappa_\mathrm{s}\epsilon_0$ とおくと

$$\kappa_\mathrm{s}\epsilon_0 E_\mathrm{s} = 0 \tag{4.25}$$

となる．このとき表面には電界が存在しない（フラットバンド）．図 4.10 の例では絶縁体上の電極に印加した電圧で半導体中に負の電荷を誘起している．

いま，電位 $\phi(x)$ における電子と正孔の密度 n と p を，バルクの中の密度 n_0 と p_0 を用いて表すと次式のようになる．

$$n = n_0 \exp(\beta\phi), \qquad p = p_0 \exp(-\beta\phi) \tag{4.26}$$

$$\beta = \frac{e}{k_\mathrm{B}T} \tag{4.27}$$

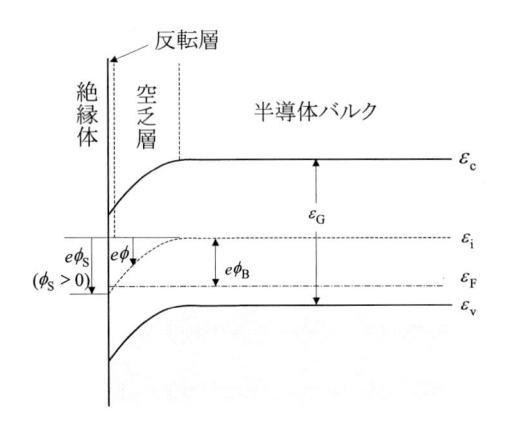

図 4.10　p 型半導体表面のエネルギー図

また，真性電子密度 n_i を用いて，次の関係が成立する．

$$n_0 p_0 = n_i^2 \tag{4.28}$$

$$n_0 = n_i \exp(-\beta \phi_B), \qquad p_0 = n_i \exp(\beta \phi_B) \tag{4.29}$$

ここに，ϕ_B は真性フェルミ準位 $\mathcal{E}_i$ とバルクのフェルミ準位 $\mathcal{E}_F$ の差である．

$$\phi_B = \frac{\mathcal{E}_i - \mathcal{E}_F}{e} \tag{4.30}$$

イオン化したドナーとアクセプタの密度を N_D^+, N_A^- とすると，半導体中の電荷密度 $Q(x)$ は

$$Q(x) = e(N_D^+ - N_A^- + p - n) \tag{4.31}$$

となる．バルク中では電気的に中性であるから

$$N_D^+ - N_A^- + p_0 - n_0 = 0 \tag{4.32}$$

が成立する．式 (4.32) を式 (4.31) に代入すると，

$$Q(x) = e(p - p_0 - n + n_0) \tag{4.33}$$

の関係を得る．表面近傍での電位分布 $\phi(x)$ はポアソンの式

$$\frac{d^2 \phi}{dx^2} = -\frac{Q(x)}{\kappa_s \epsilon_0} \tag{4.34}$$

より求まる．式 (4.33) を式 (4.34) に代入して，式 (4.26) を用いれば次式が得られる．

$$\frac{d^2 \phi}{dx^2} = -\frac{e}{\kappa_s \epsilon_0} \left[p_0 \left(e^{-\beta \phi} - 1 \right) - n_0 \left(e^{\beta \phi} - 1 \right) \right] \tag{4.35}$$

上の式の両辺に $(d\phi/dx)dx = d\phi$ をかけ

$$\frac{d\phi}{dx} \frac{d^2 \phi}{dx^2} dx = \frac{d\phi}{dx} \frac{d}{dx} \left(\frac{d\phi}{dx} \right) dx = \frac{d\phi}{dx} d\left(\frac{d\phi}{dx} \right) \tag{4.36}$$

の関係を用い，半導体内部 $(d\phi/dx = 0)$ から表面まで積分すると

$$\int_0^{d\phi/dx} \frac{d\phi}{dx} d\left(\frac{d\phi}{dx} \right) = -\frac{e}{\kappa_s \epsilon_0} \int_0^{\phi} \left[p_0 \left(e^{-\beta \phi} - 1 \right) - n_0 \left(e^{\beta \phi} - 1 \right) \right] d\phi \tag{4.37}$$

となる．上式を積分し電界 $E = -\mathrm{d}\phi/\mathrm{d}x$ を用いると次式が得られる．

$$E = \pm \frac{2k_\mathrm{B}T}{eL_\mathrm{D}} F(p_0, n_0, \phi) \tag{4.38}$$

$$F(p_0, n_0, \phi) = \left[\left(\mathrm{e}^{-\beta\phi} + \beta\phi - 1\right) + \frac{n_0}{p_0} \left(\mathrm{e}^{\beta\phi} - \beta\phi + 1\right) \right]^{1/2} \tag{4.39}$$

$$L_\mathrm{D} = \sqrt{\frac{2\kappa_\mathrm{s}\epsilon_0 k_\mathrm{B}T}{p_0 e^2}} \tag{4.40}$$

式 (4.38) で $+$ は $\phi > 0$ に，$-$ は $\phi < 0$ に対応し，L_D は多数キャリア（正孔）に対するデバイ長である．

式 (4.38) で $\phi = \phi_\mathrm{s}$ とおけば表面の電界 E_s が得られる．この表面電界 E_s によって誘起された表面電荷密度 Q_s はガウスの定理より

$$Q_\mathrm{s} = -\kappa_\mathrm{s}\epsilon_0 E_\mathrm{s} = \mp \frac{2\kappa_\mathrm{s}\epsilon_0 k_\mathrm{B}T}{eL_\mathrm{D}} F(p_0, n_0, \phi_\mathrm{s}) \tag{4.41}$$

となる．$N_\mathrm{A} = 4 \times 10^{15}$ cm^{-3} の p–Si における表面電荷密度 Q_s を表面ポテンシャル ϕ_s の関数として図 4.11 に示す．図に示した蓄積，空乏，弱反転と強反転の五つの領域は次のように理解される．

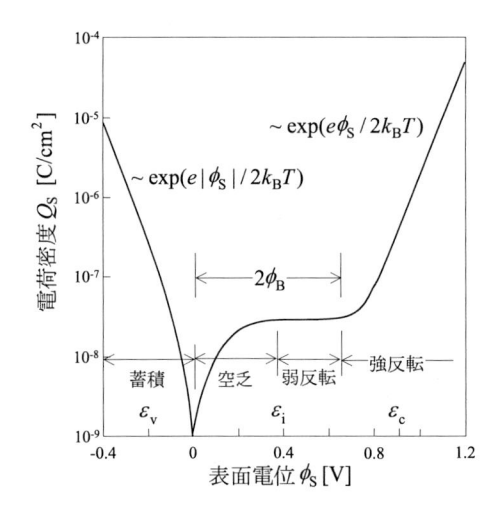

図 4.11 $N_\mathrm{A} = 4 \times 10^{15}$ cm^{-3} の p–Si 基板での表面電位 ϕ_s と電荷密度 Q_s の関係

(i) 電荷蓄積領域 ($\phi_s < 0$)

$p_0 \gg n_0$, $\exp(-\beta\phi_s) \gg |\beta\phi_s - 1|$ であるから，Q_s は式 (4.39) の第 1 項が支配的となり，次式で近似される．

$$Q_s = \frac{2\kappa_s\epsilon_0 k_B T}{eL_D} \exp\left(\frac{e|\phi_s|}{2k_B T}\right) \tag{4.42}$$

(ii) フラットバンド条件 ($\phi_s = 0$)

$$Q_s = 0 \tag{4.43}$$

(iii) 空乏領域 ($0 < \phi_s < \phi_B$)

次の弱反転領域と同様に近似できる．また，$\phi_s = \phi_B$ で $n = p = n_i$ となる．

(iv) 弱反転領域 ($\phi_B < \phi_s < 2\phi_B$)

式 (4.39) の右辺 [ ] 内第 2 項の $\beta\phi_s$ が支配的となり，次式が得られる．

$$Q_s = -\frac{2\kappa_s\epsilon_0}{L_D}\left(\frac{k_B T}{e}\right)^{1/2}\sqrt{\phi_s} \tag{4.44}$$

上式において $\phi_s = 2\phi_B$ のとき，

$$Q_s = -2\sqrt{e\kappa_s\epsilon_0 N_A \phi_B} \tag{4.45}$$

となる．ただし，$p_0 = N_A$ とおいた．

(v) 強反転領域 ($\phi_s > 2\phi_B$)

このとき式 (4.39) の右辺 [ ] 内第 4 項の $(n_0/p_0)\exp(\beta\phi_s)$ が支配的となり Q_s は次式で近似される．

$$Q_s = -\frac{2\kappa_s\epsilon_0 k_B T}{eL_D}\left(\frac{n_0}{p_0}\right)^{1/2}\exp\left(\frac{e\phi_s}{2k_B T}\right) \tag{4.46}$$

この領域に入ると表面電荷密度を変えても表面ポテンシャル ϕ_s はほとんど変化しない．すなわち，$\phi_s \simeq 2\phi_B$ とみなすことができる．この領域では表面ポテンシャルを少し上げても空乏層（図 4.7 中の x_d）はほとんどのびない．

4.4 MOS 構造の静電容量

MOS 構造の静電容量のうち，半導体の容量は式 (4.41) を ϕ_s で微分し

$$C_s = \left|\frac{dQ_s}{d\phi_s}\right| = \frac{\kappa_s \epsilon_0}{L_D}\left|\frac{1-\exp(-\beta\phi_s)+(n_0/p_0)[\exp(\beta\phi_s)-1]}{F(p_0,n_0,\phi_s)}\right| \quad (4.47)$$

で与えられる．したがって，各領域での容量は表面ポテンシャル ϕ_s と次の関係が成立する．

(i) 電荷蓄積領域 ($\phi_s < 0$)

$$C_s = \frac{\kappa_s \epsilon_0}{L_D}\exp\left(\frac{e|\phi_s|}{2k_B T}\right) \gg C_{\text{ox}} \quad (4.48)$$

(ii) フラットバンド条件 ($\phi_s = 0$)

$$C_s = \frac{\sqrt{2}\kappa_s \epsilon_0}{L_D} \quad (4.49)$$

(iii),(iv) 空乏領域および弱反転領域

$$C_s = \frac{\kappa_s \epsilon_0}{L_D}\left(\frac{k_B T}{e}\right)^{1/2}\frac{1}{\sqrt{\phi_s}} \ll C_{\text{ox}} \quad (4.50)$$

(v) 強反転領域

$$C_s = \frac{\kappa_s \epsilon_0}{L_D}\left(\frac{n_0}{p_0}\right)^{1/2}\exp\left(\frac{e\phi_s}{2k_B T}\right) \gg C_{\text{ox}} \quad (4.51)$$

この強反転領域の静電容量は少数キャリアの応答による．表面電位 ϕ_s が変化すると，少数キャリアの発生や再結合が起こり，容量 C_s が変化する．この少数キャリア (反転電子) 密度の変化は低周波でのみ応答できることはすでに述べた．高周波領域ではこの反転電子の応答がないから，空乏層中のイオン化アクセプタ ($N_A^- \simeq N_A$ または $N_A^- - N_D^+ \simeq N_A - N_D$) による容量が観測される．空乏層容量 C_s は次式で与えられる．

$$C_s = \sqrt{\frac{eN_A \kappa_s \epsilon_0}{2\phi_s}} \ll C_{\text{ox}} \quad (4.52)$$

式 (4.22) に示したように印加電圧 V_G は絶縁体膜に V_ox, 半導体に ϕ_s 分圧される. 図 4.11 に示したように ϕ_s は $2\phi_\mathrm{B}$ をこえると空乏層の幅 x_d は $\phi_\mathrm{s} = 2\phi_\mathrm{B}$ で最大値 x_dmax となる. このときの容量 C_m は式 (4.52) より

$$x_\mathrm{dmax} = \sqrt{\frac{4\kappa_\mathrm{s}\epsilon_0\phi_\mathrm{B}}{eN_\mathrm{A}}} \tag{4.53}$$

$$C_\mathrm{m} = \frac{\kappa_\mathrm{s}\epsilon_0}{x_\mathrm{dmax}} = \sqrt{\frac{eN_\mathrm{A}\kappa_\mathrm{s}\epsilon_0}{4\phi_\mathrm{B}}} \tag{4.54}$$

となる. 式 (4.47)～(4.54) の関係を用いて, 式 (4.24) を求めると図 4.9(b) の C–V の特性が得られる.

4.4.1 実際の MOS 構造

前節までは理想的な MOS 構造を仮定してその電気的容量について説明したが, 実際 MOS の構造では, ①ゲート電極材料と半導体材料の仕事関数の違いにより, バイアス電圧を印加しなくても酸化膜中や半導体中に電界が生じたり, ②酸化膜中や半導体・酸化膜界面に存在する電荷により, MOS の電気的特性が理想的なものと異なる. 後者の電荷に関しては, 酸化膜中に捕獲された正孔や電子, 酸化膜中の可動イオン, 酸化膜・半導体界面付近にある固定電荷や界面の捕獲電荷などがある. 以下ではそれらの原因について述べる.

(1) 仕事関数差の影響

前節で述べたように, 仕事関数は材料に固有な値をもっている. いま, ゲート電極の仕事関数を ψ_M, 半導体の仕事関数を ψ_S とする ($\psi_\mathrm{M} \neq \psi_\mathrm{S}$) と, 半導体表面をフラットバンド ($E_\mathrm{s} = 0$) にするには, ゲート電極にフラットバンド電圧 V_FB を印加しなければならない. この値は式 (4.2) を用いて次式で与えられる.

$$V_\mathrm{FB} = \frac{\psi_\mathrm{M} - \psi_\mathrm{S}}{e} = \frac{\psi_\mathrm{M} - \chi - \mathcal{E}_\mathrm{G}/2 \pm k_\mathrm{B}T\ln(n/n_\mathrm{i})}{e} \tag{4.55}$$

上の式における符号は p 基板に対しては $+$, n 基板に対しては $-$ である. この仕事関数差による影響は単に C–V 曲線を電圧軸方向に平行移動させるにすぎない.

(2) 酸化膜および界面における電荷の影響

酸化膜中に存在する電荷密度分布を $\rho(x)$ とする．x 軸の原点を酸化膜と金属ゲートとの界面に設定すると，x と $x+\mathrm{d}x$ との間の電界強度の変化分 δE_{ox} は，ガウスの定理から，

$$\delta E_{\mathrm{ox}} = \frac{\rho(x)}{\epsilon_0 \kappa_{\mathrm{ox}}}\mathrm{d}x \tag{4.56}$$

と表される．半導体側をフラットバンドにするには，酸化膜中の電荷をすべてゲート電極側で受け持たなければならない．このとき，ゲート電極に印加すべき電圧 δV_{FB} は，

$$\delta V_{\mathrm{FB}} = -\frac{\rho(x)x}{\epsilon_0 \kappa_{\mathrm{ox}}}\mathrm{d}x \tag{4.57}$$

となる．したがって，半導体・酸化膜界面をフラットバンドにするゲート電圧 V_{FB} は，式 (4.57) を積分して，

$$V_{\mathrm{FB}} = -\int_0^{x_{\mathrm{ox}}} \frac{\rho(x)x}{\epsilon_0 \kappa_{\mathrm{ox}}}\mathrm{d}x \tag{4.58}$$

で表される．この式から，酸化膜とゲート電極との界面付近に存在する電荷は V_{FB} にほとんど影響しないが，酸化膜と半導体界面付近の電荷の影響は大きいことがわかる．なお正味のフラットバンド電圧 V_{FB} は式 (4.55) と式 (4.58) の和で表される．

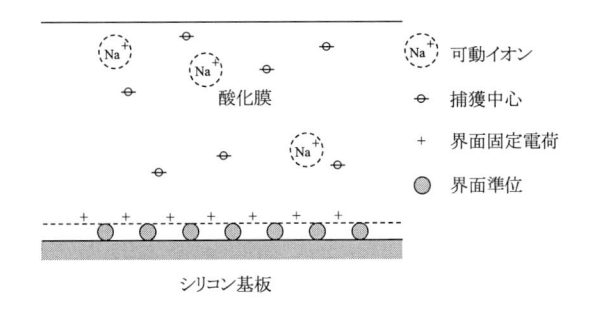

図 4.12 酸化膜および界面の電荷

(3) 界面および酸化膜中にある各種電荷の微視的構造

(i) 可動イオン　酸化膜中に可動イオンが含まれていると，ゲート電極に印加する電圧の極性を変えるとイオンが移動する．式(4.58)によれば，移動したイオンの分布によりフラットバンド電圧が変動するので，MOS素子の特性が不安定になる．酸化膜中の可動イオンの代表例はアルカリ金属原子である．とくにナトリウムイオンは汗，空気や水の中に多量に含まれており，MOS素子の製作過程でナトリウムイオンで汚染される危険性が高い．このためMOS素子はきわめて清浄な環境のもとで製造される．1960年代後半に可動イオンの原因が解明されて以来，アルカリ金属原子の汚染を防止する方法や，酸化膜中に取り込まれたアルカリ金属原子をゲッター[注5]する方法などが開発され，最近では可動イオンに起因する素子特性の不安定性はほとんど問題視されていない．

(ii) 界面準位・界面固定電荷　高温酸化によって形成した酸化膜・シリコン界面には多数の構造欠陥が存在する．とくに，シリコン基板側からのびた不飽和結合手は界面準位として働く．一方，酸化膜中にある不飽和結合手は界面の固定電荷(正の電荷)や電子の捕獲中心として作用することが知られている．これらの欠陥の密度は酸化条件に依存するが，酸化膜形成後に非酸化性雰囲気中で熱処理すると，構造欠陥は大幅に減少する．このようにMOS型集積回路の製造工程では酸化膜中や界面の構造欠陥と不飽和ボンドの生成などを抑制して，最終的な界面準位密度を$10^{10} \mathrm{cm}^{-2}$オーダーにしている．

(iii) 酸化膜中の捕獲中心　捕獲中心の原因は酸化膜中の構造欠陥である．一般に，酸化膜中には自由キャリアは存在しないのでこのような捕獲中心にトラップされる現象は観測されないが，酸化膜とシリコンの界面から高エネルギー電子を注入すると，捕獲中心に電子がトラップされる．捕獲中心の微視的構造としては上に述べた不飽和シリコン原子のほか，酸化膜と水分が反応して形成されたシラノール基(SiOH)などが考えられている．

[注5]　ゲッター：半導体や酸化膜中に取り込まれた有害な不純物原子を特定の場所に収集する技術．酸化膜中のアルカリ金属は高濃度にリンを含むシリコン酸化膜(ガラス)中に取り込まれやすい性質をもっている．

4.5 MOSFET の基本動作特性

　この節では，いままで述べてきた MOS 構造の物理をもとに，実際の MOSFET の動作原理を説明する．以下で対象とする MOSFET は p 型シリコン基板上に作製した n チャネルの MOSFET である．p チャネル MOSFET に対しては，ここで導かれた式の極性を入れ替えることで対応することができる．

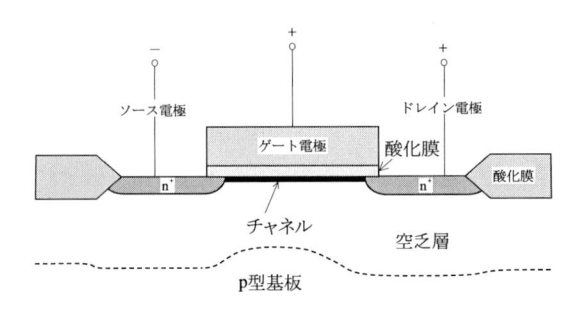

図 4.13 n チャネル MOSFET の断面構造
n^+ は高濃度 n 型領域．

　MOSFET (MOS Field Effect Transistor) は，図 4.13 に示すように p 型半導体の一部に高濃度 n 型半導体層を設け，そこにオーミック電極を形成した構造をしている．この n 型層は自由電子の供給源として働き，ソース (source) とよばれている．さらにソースから流れ出る自由電子の量を制御するために，ソースの横に酸化膜を介して設けた制御用のゲート (gate) がある．このゲート直下のシリコンと酸化膜の界面には自由電子の通過する狭い溝（反転層），すなわち，チャネル (channel) があり，そこを通った自由電子はドレイン (drain) とよばれる排出口からはき出されていく構造になっている．図では p 型基板上に二つの n 型領域を設けた MOSFET の例を取り上げたが，逆に n 型基板上に二つの p 型領域（ソース，ドレイン）をつくることも可能である．前者の場合，チャネルを流れるキャリア（電子）の符号が負 (negative) であることから，n チャネル MOSFET とよばれている．また，後者は正孔 (positive charge) がチャネル内を移動するので，p チャネル MOSFET とよばれている．

　図 4.13 に示した，自由電子の存在する三つの領域（ソース，チャネル，ドレ

4.5 MOSFET の基本動作特性

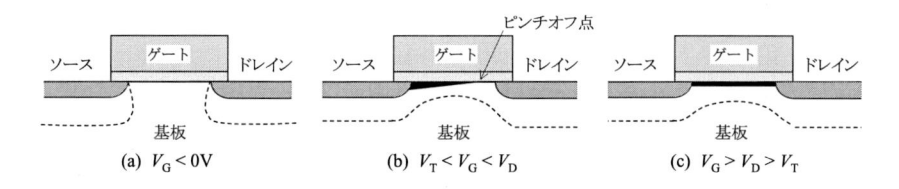

(a) $V_G < 0V$ (b) $V_T < V_G < V_D$ (c) $V_G > V_D > V_T$

図 4.14 n チャネル MOSFET の反転層形成状況

イン) は p 型半導体基板との間に存在する拡散電位障壁によって，電気的に基板から絶縁されている．さらに，ゲート電極も酸化膜によって基板から絶縁されているため，電流はソースとドレインの間にのみ流れる．

MOSFET のチャネルを流れる電流 (ドレイン電流 I_D) は，ゲート電位によって大きく三つに分類できる．ゲート電圧が負のとき，p 型基板中にある正孔がシリコンと酸化膜の界面に集まり，ソースとドレインは電気的に分離される．次第にゲート電位を上げていくと，界面に集まっていた正孔は基板側に押し出され，界面付近には p 型基板中のアクセプタ不純物 (負の電荷を有する) による空間電荷層 (空乏層) が形成される．さらにゲート電位を上げると，ソース側に形成された反転層がドレイン側にのびていく．ゲート電圧 V_G がドレイン電圧 V_D より低い場合には，ドレイン近傍ではシリコン・酸化膜界面に反転層はできない (図 4.14(b))．このとき，図 4.14(b) にみられる反転層の先端をピンチオフ点とよぶ．ソースからチャネルを通ってピンチオフ点にまで達した電子は，そのピンチオフ点を越えてさらにポテンシャルの低いドレインに向かって空間電荷層内を走行する．ゲート電圧を引き続き上げて，ドレイン電圧より高くすると，ドレイン近傍にも反転層が形成され，ソースとドレインが反転層でつながる (図 4.14(c))．以下では上に述べた MOSFET の物理的な描像をもとに，その電気的特性を表す式を導く．

4.5.1 強反転領域での電気的特性

表面電荷 Q_s は電気伝導に寄与する反転電子密度 Q_n と電気伝導に関与しない空乏層の電荷 Q_B の和で与えられる．

$$Q_s = Q_n + Q_B \tag{4.59}$$

反転層が形成されたとき Q_B は式 (4.53) を用いると，

$$Q_B = -eN_A x_{\mathrm{dmax}} = -2\sqrt{e\kappa_s\epsilon_0 N_A \phi_B} \tag{4.60}$$

となる．この反転チャネルの形成開始電圧をしきい値電圧 (threshold voltage)(ゲートしきい値電圧) とよび V_T と書く．ゲート電圧 V_G が V_T に等しいとき，$\phi_s = 2\phi_B$ となるから，式 (4.22) と式 (4.60) より次の関係を得る．

$$V_T = -\frac{Q_B}{C_{\mathrm{ox}}} + \phi_s = -\frac{Q_B}{C_{\mathrm{ox}}} + 2\phi_B \equiv \sqrt{4e\kappa_s\epsilon_0 N_A \phi_B}\,\frac{x_{\mathrm{ox}}}{\kappa_{\mathrm{ox}}\epsilon_0} + 2\phi_B \tag{4.61}$$

$V_G > V_T$ では式 (4.22) より

$$Q_n = Q_s - Q_B(x_{\mathrm{dmax}}) = -C_{\mathrm{ox}}(V_G - \phi_s) - Q_B(x_{\mathrm{dmax}}) \tag{4.62}$$

となる．V_T 以上のゲート電圧は Q_n の誘起に使われる．式 (4.62) において，$V_G = V_T$ で $Q_n = 0$ とおくと，次式が得られる．

$$-C_{\mathrm{ox}}(V_T - \phi_s) - Q_B = 0 \tag{4.63}$$

上式を式 (4.62) に代入すると，チャネル中の反転電荷密度 Q_n は次式で表される．

$$Q_n = -C_{\mathrm{ox}}(V_G - V_T) \tag{4.64}$$

図 4.15 に示す MOSFET のチャネルを流れるドレイン電流密度 J_D は

$$J_D = -e\mu_e n(x,y)\left(-\frac{\mathrm{d}V}{\mathrm{d}y}\right) \tag{4.65}$$

となる．$n(x,y)$ はチャネル内の点 (x,y) における電子密度である．チャネルを流れるドレイン電流 I_D はチャネル幅 W に比例する．

$$I_D = -W\int_0^{x_c} e\mu_e n(x,y)\left(-\frac{\mathrm{d}V}{\mathrm{d}y}\right)\mathrm{d}x \tag{4.66}$$

一方，$x = 0$ は Si/SiO$_2$ 界面，x_C はチャネルの反転層厚である．

$$Q_n = \int_0^{x_c} -en(x,y)\mathrm{d}x \tag{4.67}$$

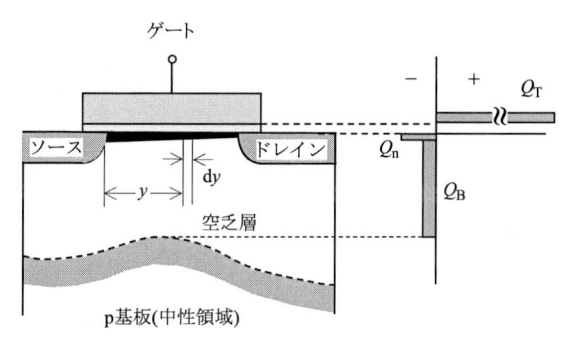

4.5 MOSFET の基本動作特性

(a) n-チャネル MOSFET の断面図 　(b) ソースから距離 y の部分での電荷分布

図 4.15 n-チャネル MOSFECT の電荷分布
ゲート電極の電荷 Q_T に対応する反転電荷 Q_n と，空乏層中のアクセプタイオン電荷 Q_B がシリコン基板側に誘起される．

を用いて式 (4.66) は

$$I_\mathrm{D} = -W\mu_\mathrm{e} Q_\mathrm{n} \frac{dV}{dy} \tag{4.68}$$

となる．式 (4.22) と式 (4.59) より次式が得られる．

$$V_\mathrm{G} = -\frac{Q_\mathrm{n}(y) + Q_\mathrm{B}(y)}{C_\mathrm{ox}} + \phi_\mathrm{s}(y) \tag{4.69}$$

$$\phi_\mathrm{s}(y) = \phi_\mathrm{s}(0) + V(y) \tag{4.70}$$

式 (4.69) で $Q_\mathrm{B}(y)$ は反転条件下では式 (4.60) で与えられる．式 (4.61) を導いた関係を用いると

$$V_\mathrm{G} = -\frac{Q_\mathrm{n}(y)}{C_\mathrm{ox}} + V_\mathrm{T} + V(y) \tag{4.71}$$

となる．式 (4.71) を式 (4.68) に代入し，両辺を積分すると

$$I_\mathrm{D} \int_0^{y=L} dy = W\mu_\mathrm{e} C_\mathrm{ox} \int_0^{V_\mathrm{D}} [V_\mathrm{G} - V_\mathrm{T} - V(y)] dV \tag{4.72}$$

より

$$I_\mathrm{D} = \frac{W}{L} \mu_\mathrm{e} C_\mathrm{ox} \left[(V_\mathrm{G} - V_\mathrm{T}) V_\mathrm{D} - \frac{1}{2} V_\mathrm{D}^2 \right] \tag{4.73}$$

が得られる．$V_D = V_G - V_T$ でドレイン電極近傍での反転層電子は 0 となり，チャネルがピンチオフする．V_D がピンチオフ電圧以上 $(V_D \geq V_G - V_T)$ になるとドレイン電流は飽和する．

$$I_D = \frac{W}{2L}\mu_e C_{ox}(V_G - V_T)^2 \tag{4.74}$$

以上の結果を模式的に示すと図 4.16 のようになる．

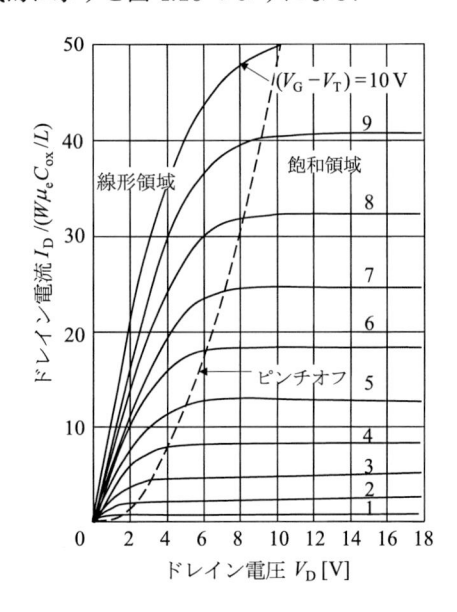

図 4.16 MOSFET のドレイン電流 I_D とドレイン電圧 V_D の関係

4.5.2 弱反転領域での電気的特性

上に述べた MOSFET の特性は，ゲート電圧 (V_G) がしきい値電圧 (V_T) 以上の場合を想定していたが，実際のデバイスではしきい値電圧以下のゲート電圧でも，微小電流がソース・ドレイン間に流れる．高集積デジタル回路ではこの漏れ電流による発熱 (ジュール熱) が消費電力の増加につながる．したがって，しきい値電圧以下のゲート電圧印加時における電気的特性を正確に見積もることが回路設計上重要である．

MOSFET の弱反転領域における電気的特性を議論する場合，ソース，弱反

4.5 MOSFET の基本動作特性

転チャネル，ドレインをそれぞれバイポーラ素子のエミッタ，ベース，コレクタに見たてることができる．これは，①チャネル中のキャリア密度が低く，②チャネル全体の表面電位 (ドレイン近傍は除く) はゲート電圧によって一意的に定まるからである．この場合，チャネル内の電子は拡散によってドレインに運ばれる電流は，バイポーラ素子のベース領域の電流解析と同様に，

$$I_\mathrm{D} = -AeD_\mathrm{n}\frac{dn}{dy} = \frac{AeD_\mathrm{n}[n(0)-n(L)]}{L} \tag{4.75}$$

で与えられる．A は電流経路の断面積，$n(0)$ および $n(L)$ はそれぞれチャネルのソース端およびドレイン端における電子密度 (界面に垂直な方向の平均値) で，下記の式で表される．

$$n(0) = n_\mathrm{p} \exp\left(\frac{e\phi_\mathrm{S}}{k_\mathrm{B}T}\right) \tag{4.76}$$

$$n(L) = n_\mathrm{p} \exp\left[\frac{e(\phi_\mathrm{S}-V_\mathrm{D})}{k_\mathrm{B}T}\right] \tag{4.77}$$

n_p は熱平衡状態での p 型基板中の電子密度である．なお，電流経路 (チャネル部) の断面積はチャネル幅 W と実効的な弱反転層厚 d との積で与えられる．弱反転層の厚さ d は，電子密度が $1/e$ に低下するシリコン・酸化膜界面からの距離と考えれば，

$$d = \frac{k_\mathrm{B}T}{e\epsilon_0 \kappa_\mathrm{S} E_\mathrm{S}} = \frac{k_\mathrm{B}T}{e}\sqrt{\frac{\epsilon_0 \kappa_\mathrm{S}}{2eN_\mathrm{A}\phi_\mathrm{S}}} \tag{4.78}$$

となる．式 (4.75)～(4.78) より，弱反転層領域でのドレイン電流は次式で表される．

$$I_\mathrm{D} = \frac{W}{L}k_\mathrm{B}TD_\mathrm{n}n_\mathrm{p}\sqrt{\frac{\epsilon_0 \kappa_\mathrm{S}}{2eN_\mathrm{A}\phi_\mathrm{S}}}\exp\left(\frac{e\phi_\mathrm{S}}{k_\mathrm{B}T}\right)\left[1-\exp\left(\frac{-eV_\mathrm{D}}{k_\mathrm{B}T}\right)\right] \tag{4.79}$$

ただし，ゲート電圧 V_G と界面電位 ϕ_S との関係は次式で与えられる．

$$V_\mathrm{G} = V_\mathrm{FB} + \phi_\mathrm{S} + \frac{\sqrt{2\epsilon_0 \kappa_\mathrm{S} eN_\mathrm{A}\phi_\mathrm{S}}}{C_\mathrm{ox}} \tag{4.80}$$

次に，弱反転領域におけるドレイン電流のゲート電圧依存性を調べるために，上の式を弱反転領域 ($\phi_\mathrm{B} < \phi_\mathrm{S} < 2\phi_\mathrm{B}$) 内の中間電位 $\phi_\mathrm{S} = 1.5\phi_\mathrm{B}$ の付近で展

開し，ϕ_S の 1 次の項までとる．

$$V_G = V_G^0 + \left(\frac{dV_G}{d\phi_S}\right)^0 (\phi_S - 1.5\phi_B) \tag{4.81}$$

V_G^0, $(dV_G/d\phi_S)^0$ の添字 0 は $\phi_S = 1.5\phi_B$ のときの値である．なお，式 (4.80) より $dV_G/d\phi_S$ は，次式で表される．

$$\frac{dV_G}{d\phi_S} = 1 + \frac{C_D}{C_{ox}} \tag{4.82}$$

C_D は空乏層容量である．これらの式を使って式 (4.79) を書き換えると，

$$I_D = I_D^0 \exp\left(\frac{eV_G}{mk_BT}\right)\left[1 - \exp\left(-\frac{eV_D}{k_BT}\right)\right] \tag{4.83}$$

となる．ただし，$m = (dV_G/d\phi_S)^0$ である．式 (4.83) からわかるように，弱反転領域におけるドレイン電流はゲート電圧 V_G を増すと指数関数的に増加するが，ドレイン電圧 V_D 依存性はほとんどない．すなわち，弱反転領域におけるドレイン電流は，ソース・弱反転層間のポテンシャル障壁を乗り越える電子数で律速されている．

ここで，弱反転領域特性を表すパラメータとして，サブスレショルド係数 (subthreshold voltage swing) S を導入する．これは図 4.17 に示すように，ド

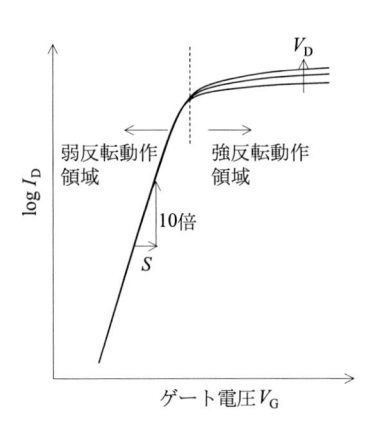

図 4.17 MOSFET の弱反転領域でのドレイン電流とゲート電圧の関係

レイン電流を1桁変化させるのに必要なゲート電圧で定義され，

$$S = \frac{dV_\mathrm{G}}{d\log I_\mathrm{D}} = \ln 10 \frac{k_\mathrm{B}T}{e}\left(1 + \frac{C_\mathrm{D}}{C_\mathrm{ox}}\right) \tag{4.84}$$

と表すことができる．MOSFETが良好なスイッチング特性を示すには，このサブスレシホールド係数 S ができるだけ小さいことが望ましい．このためには酸化膜厚を薄くして C_ox を大きくし，しかも，低不純物濃度基板で C_D の値を小さくすると効果的である．また，S パラメータは動作温度の関数であり，室温では 57mV/decade がその下限値である．

4.6 短チャネルMOSFET特有の問題点

最近，LSIシステムの機能と素子密度を高めるために，MOSFETのチャネル長が 0.1μm 以下にもなっている．このような寸法のデバイスでは上に述べた素子特性のモデルが成り立たず，以下の各種の補正を加える必要がある．

4.6.1 ゲートしきい値電圧の低下

前節で導出したゲートしきい値電圧 V_T は，簡単な MOSFET モデルを仮定して，チャネル下の空乏層内の電荷 Q_B とフラットバンド電圧 V_FB などから求めた．しかし，チャネル長が 0.1μm 以下になると，チャネル下の空乏層の中のアクセプタイオンに終端する電気力線の多くは，ソースとドレインの拡散領域から始まっている．この様子は長チャネル MOSFET の場合に，ほとんどの電気力線がゲート電極から始まっているのと対照的である．したがって，短チャネル MOSFET では，ゲート電極が分担する単位ゲート面積当たりの電荷量が実効的に減少し，ゲートしきい値電圧 (V_T) が低下する．図 4.18 はゲート電極による電荷の分担状況を示す．斜線で示した領域中の電荷は，実効的にゲート電極が分担する空間電荷 Q_BS を表している．一方，長チャネル MOSFET の単位面積当たりのゲート電極が分担する空間電荷を Q_B とすれば，電荷分担係数 F は，

$$F = \frac{Q_\mathrm{BS}}{Q_\mathrm{B}} \tag{4.85}$$

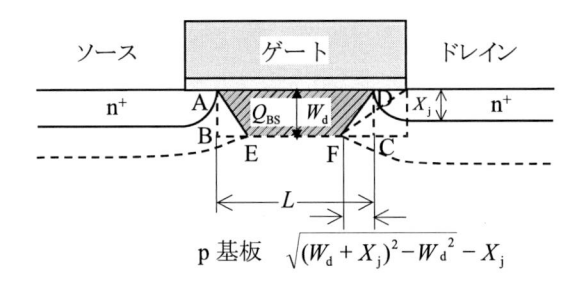

図 4.18 短チャネル MOSFET における空間電荷の分担
ゲート電極は斜線部分の電荷を分担.

となる.図 4.18 の各領域の面積を計算して,整理すると,

$$F = 1 - \left(\sqrt{1 + \frac{2W_d}{X_j}} - 1\right)\left(\frac{X_j}{L}\right) \tag{4.86}$$

となる.式 (4.86) より,短チャネル MOSFET のゲートしきい値電圧 V_T は次式で表される.

$$V_T = V_{FB} + 2\phi_F + \frac{Q_B}{C_{ox}}\left[1 - \left(\sqrt{1 + \frac{2W_d}{X_j}} - 1\right)\left(\frac{X_j}{L}\right)\right] \tag{4.87}$$

この式から,ゲートしきい値電圧はゲート長 L の減少とともに低下することがわかる.この様子を図 4.19 に示す.

上に述べた例では低いドレイン電圧を仮定していたが,高いドレイン電圧では,反転層チャネル端(ピンチオフ点)がソース電極側に移動して,実効的に

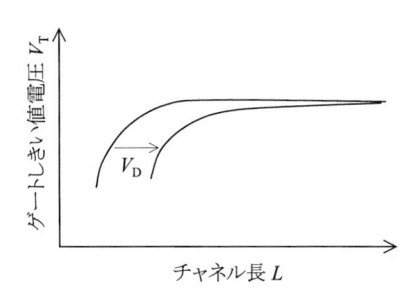

図 4.19 ゲートしきい値電圧のチャネル長依存性

チャネル長 L が短くなるチャネル長変調効果が観測される．したがって，短チャネル素子を高いドレイン電圧で動作させると，電荷分担によるゲートしきい値電圧の低下とチャネル長変調との相乗効果により，ドレイン電流は急激に増大する．このしきい値電圧の低下を防止する方法として，

① シリコン基板中の不純物濃度を上げて，空乏層の厚さ W_d を狭くする．
② ソース・ドレイン領域の拡散層深さ X_j を浅くし，ソース・ドレインからゲート下の空乏層に及ぼす影響を小さくする．
③ ゲート酸化膜厚 t_{ox} を薄くして，ゲート直下の空乏層領域にゲート電位が直接影響するようにする．

などが考えられる．

これらの三つの条件はどれも，素子構造の縦と横の寸法を小さくする方向に作用している．このように縦，横，深さの寸法をすべて同一の比率で縮小する方法を比例縮小の原理とよび，実際の素子微細化のガイドラインとして利用されている．

4.6.2 パンチスルー現象

短チャネルの MOSFET では，ドレイン電圧を高くするとドレイン電界がソース付近にまで影響し，ソース近傍の拡散電位障壁が低下する．このため，拡散電位障壁によって流出が抑えられていたソース (n^+) 中の電子はソースから多量に流出し，ポテンシャルの谷間をたどってドレインに達する．これがパンチスルーとよばれる現象である．MOSFET がオフの状態 ($V_G = 0V$) でも流れるこのパンチスルー電流は，スイッチング動作を基本としているディジタル回路では致命的な問題となる．

パンチスルーを防止するには，ソース・ドレイン接合深さ付近に基板と同種の不純物原子をイオン注入で導入する方法が用いられる．

4.6.3 キャリア速度の飽和と MOSFET 特性

MOSFET のチャネル長が短い場合には，この長さに応じて電源電圧を下げないと，チャネル内部の電界強度は素子の微細化に伴って大きくなる．とくに，最近のサブミクロン素子では，チャネル内部の平均電界が数十 kV/cm にも達しており，通常のキャリア輸送モデル (オームの法則) が適用できない．

シリコン中の電子に高電界 (40kV/cm 以上) を印加すると，電子のドリフト速度は印加電界とは無関係な一定の値 (v_d = 約 1×10^7cm/s) になる．この現象はキャリア速度の飽和とよばれており，シリコン中のフォノン散乱がその原因である．

速度飽和がみられる MOSFET の特性は，前節で述べたモデル (ドリフト速度が電界に比例するオーミック伝導の仮定) とは異なる．

MOSFET の寸法がサブミクロンになって，チャネル内部の電界が 40kV/cm 以上になると，反転層内の電子は飽和速度で動く．すなわち，ドレイン電流密度 J_D は，ドレイン電圧の大きさにかかわらず次式で与えられる (式 (4.65) と比較するとよい)．

$$J_D = -en(x,y)v_s \tag{4.88}$$

ここで，v_s は電子の飽和速度である．この場合，飽和ドレイン電流は前節で述べた $(V_G - V_T)$ の 2 乗に比例するのではなく，チャネル内の反転電子濃度 (式 (4.64)) に比例する．すなわち，短チャネル MOSFET のドレイン飽和電流は $(V_G - V_T)$ の 1 乗に比例する．

4.6.4 インパクトイオン化現象と素子特性

MOSFET を高電界下 ($E > 10^5$V/cm) で動作させると，電界からエネルギーを得たキャリアが格子構成原子と衝突電離して，正孔と電子を発生する．これがインパクトイオン化現象である．たとえば，n–チャネル MOSFET では新しく発生した電子は (ポテンシャルの低い) ドレイン領域に引き込まれていくが，逆に正孔は基板に流れて基板電流となる．基板電流が大きいと基板電位の上昇を引き起こし，ソース・基板間が順方向にバイアスされて，ソース・基

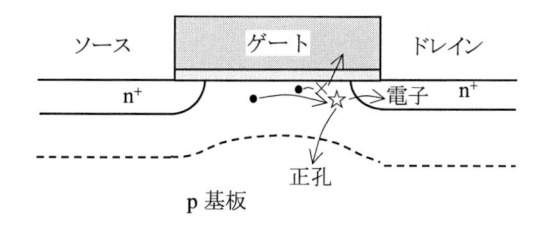

図 4.20 高電界印加時にみられるインパクトイオン化現象と酸化膜中へのキャリア注入現象の模式図
☆は衝突によるイオン化を，×は酸化膜へのキャリア注入過程を模式的に示したものである．これらの現象が頻繁に起こると MOSFET 特性が経時変化する．

板・ドレイン間で寄生バイポーラトランジスタ動作をすることもある．このような状態では，ドレイン電流をゲート電圧で制御することはできず，もはや本来のトランジスタとしての機能を失う．

また，インパクトイオン化が生じるような高電界下では，電子の運動エネルギーが通常の熱エネルギー ($\sim k_\mathrm{B} T$) と比較して大幅に大きくなるため，電界で加速された電子の一部はシリコン・酸化膜界面のポテンシャル障壁 (3.2eV) を越して，酸化膜中に注入される．この電子は酸化膜中の捕獲中心にトラップされて，ゲートしきい値電圧を正の方向にシフトさせる．すなわち，電子が酸化膜中に捕獲されると，それを補償するための正の余分な電荷をゲート電極につけ加える必要があり，ゲートしきい値電圧は高くなる．

このように，MOSFET の素子構造が微細化されると，信頼性が低下する．MOSFET の信頼性低下を回避するには，印加電圧を下げるか，次に述べるような新たな素子構造による電界の低減が必須である．

4.7 各種 MOSFET の構造

前節で述べた基本的な MOSFET 構造以外に特殊用途の MOSFET が開発されている．

LDD–MOSFET

LDD とは Lightly Doped Drain の略である．この MOSFET は素子を微細

化したとき，ドレイン近傍の電界強度を緩和するために，ドレイン近傍のチャネル領域の一部を p 型から低濃度 n 型に変えたものである．この低不純物濃度の n 型領域を n⁻ 領域と称し，高濃度不純物領域の n⁺ 領域と区別している．実際の集積回路にこの LDD 構造の MOSFET を取り入れることにより，電源電圧を下げることなく微細化できる利点がある．図 4.21(a) に LDD–MOSFET の構造を示す．

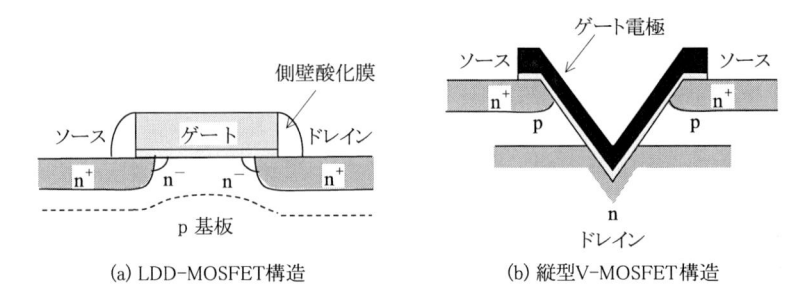

図 4.21 各種 MOSFET の構造

(a) LDD-MOSFET構造　(b) 縦型V-MOSFET構造

V–MOSFET

シリコン基板に図 4.21(b) のような V 字型の溝につくった縦型の MOSFET を V–MOS という．V 型溝の斜面にある p 型領域に形成された上部の n⁺ 領域 (ドレイン) から底部の n⁺ 領域 (ソース) に向かって電流は流れる．

また，同一基板上に多くの U 字溝を掘り，そこに MOSFET を並列に配置したパワー素子も広く用いられている．

4.8　基板バイアス効果

電子回路を設計する際，ドレイン電流 I_D を規定するしきい値電圧 V_T を正確に制御することが重要となる．ここではしきい値電圧の制御方法について述べる．

すでに述べたように MOSFET のしきい値電圧 V_T は式 (4.61) より

$$V_T = V_{FB} + 2\phi_B + \frac{|空乏層電荷密度|}{C_{ox}} \equiv V_{FB} + 2\phi_B + \frac{|Q_B|}{C_{ox}} \tag{4.89}$$

4.8 基板バイアス効果

で与えられる．式 (4.89) は，フラットバンド電圧 V_{FB} とシリコン表面を反転させるのに必要な電圧 $2\phi_B$，その表面電位を確保するために酸化膜に印加する電圧 $V_{ox}(=|Q_B|/C_{ox})$ から成り立っている．その様子を図 4.22 に模式的に示す．まず，図 4.23(a) に示すように基板に負電位 $-V_{sub}$ を印加した MOSFET のしきい値電圧 V_T を求める．シリコン基板に $-V_{sub}$ を印加すると基板のポテンシャルは eV_{sub} だけ上昇する．$V_{sub} = 0\,\text{V}$ の場合の表面反転層を形成する表面電位 ϕ_s は $\phi_s = 2\phi_B$ であるが，基板バイアス $-V_{sub}$ のときには表面電位を $\phi_s = 2\phi_B + V_{sub}$ にすれば反転層が形成される．言い換えると基板バイアス分だけ表面電位 ϕ_s が大きくなり，反転層を形成するには図 4.23(c) のように大きくバンドを曲げた空間電荷層を表面付近につくらなければならない．

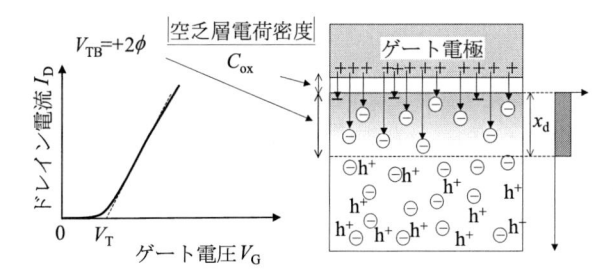

図 4.22　MOSFET におけるしきい値電圧

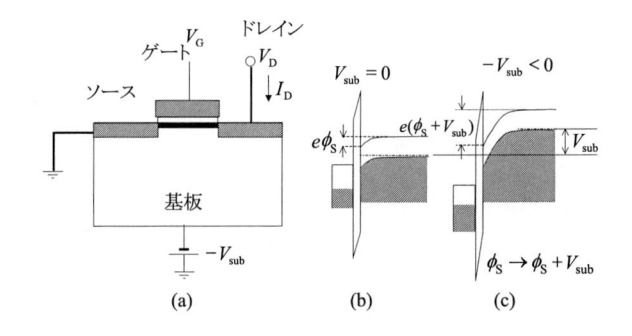

図 4.23　MOSFET における基板バイアス効果

基板バイアス $-V_{sub}$ を印加したときのしきい値電圧 V_T は

$$V_T = V_{FB} + 2\phi_B + \frac{\sqrt{2\epsilon_s e N_A (2\phi_B + V_{sub})}}{C_{ox}} \tag{4.90}$$

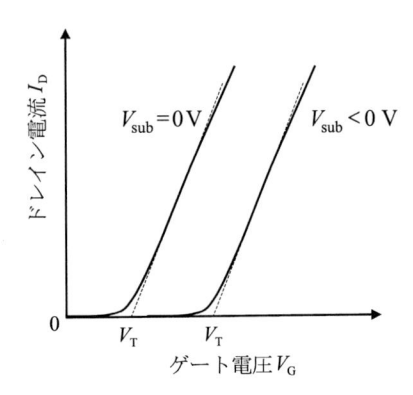

図 4.24 基板バイアス V_sub によるしきい値電圧 V_T の変化

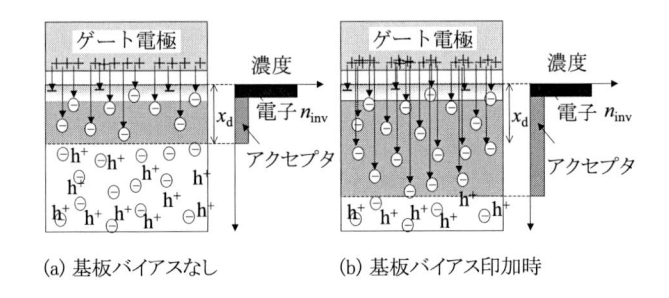

図 4.25 基板バイアス V_sub によるしきい値電圧 V_T の変化を図で説明したもの

となる．

　式 (4.90) から，しきい値電圧 V_T は基板バイアスを印加すると大きくなる．このため，式 (4.74) から，ゲート電圧 V_G 一定の下では，飽和ドレイン電流は基板バイアス $(-V_\mathrm{sub})$ とともに低下することがわかる．このように基板電位を変えるとゲート電圧を変えたときと同様にドレイン電流が変化するので，シリコン基板をバックゲートともいう．基板バイアス印加によるしきい値電圧の変化を図 4.24 に示す．図 4.25(a)，(b) は基板バイアス電圧の有無によるチャネル電荷 Q_inv と表面空乏層との形成状況を示す．基板バイアスを印加するとその分だけ表面電位 ϕ_s を上げて図 4.25(b) のように空乏層を余分に伸ばす必要がある．空乏層が伸びるとゲート酸化膜に過剰な電圧が必要となるので，結

局しきい値電圧 V_T は高くなる．このことは基板バイアスを印加した場合図 4.25(b) に示すように，表面を反転させるためにプラス電荷がゲート電極に余計に必要となることからも理解できる．

4.9 電荷転送素子 (CCD)

電荷転送素子の概念は 1969 年に提案された．その後，数多くの改良が加えられて，最近ではビデオカメラ，ディジタルカメラなどの撮像素子やファクシミリの一次元センサなどとして一般に普及している．電荷転送素子は MOSFET と同様，MOS キャパシタがその基本構造であるが，非定常状態でのキャリア輸送を利用しているためその動作解析は複雑である．以下では CCD の動作原理を定性的に述べた後，簡単なモデルを使って CCD の動作原理について説明する．

4.9.1 電荷転送素子の基本動作原理

CCD 素子は MOS キャパシタを高密度に集積した構造をしている．図 4.26 に 3 相，n チャネル CCD 素子の断面図を示す．入力信号として pn 接合に入った電荷 (少数キャリア，図 4.26 では電子) は，横方向に並んだ MOS キャパシタのゲート電極電位を 3 相で変化させると順次左から右へ転送され，最終段の pn 接合から電荷を取り出すことができる．図 4.26 には電子に対する表面ポテンシャル分布と電荷の移動状況を示した．この図から，それぞれの転送ゲート下に蓄えられた電荷が，ゲート電極への電圧印加状況を変えることによって左から右へ移動していく様子がわかる．通常の動作では，転送ゲートは常に正もしくは零電位にバイアスされているので，半導体表面は空乏化 (少数キャリアのない状態) もしくは反転した (少数キャリアの蓄積) 状態にある．このため，転送速度がきわめて遅い場合には，空乏層中で発生した電子が界面に収集されて，入力側から入った信号電荷以外の電荷 (雑音) として出力される．市販の CCD では，空乏層中の電子発生量が無視できる程度に高い周波数で電荷を転送している．

一つの転送ゲート下の反転層中に蓄えられる電荷量 Q_S は 10fC = 10^{-14}C 程

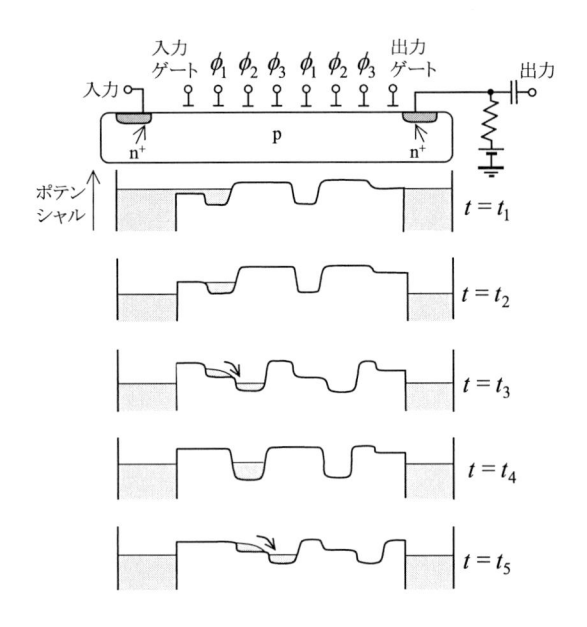

図 4.26 電荷転送素子の断面構造と表面ポテンシャルの時間的変化および電荷転送の様子

度で，電子の個数としては十万個以下の数となる．このように少ないキャリアを効率よく転送するには，隣接した転送ゲート間での積み残し電荷量を減らすことが重要である．とくに，CCD 画像センサなどでは，1000 段もの電荷転送素子が直列に並んでいるので，各電荷転送素子でのキャリアの積み残しが 0.01%（積み残し電子数は数十個）であったとしても全体の転送効率は 10% 程度にまで低下する．電荷転送効率を上げる一つの手法としては，転送ゲート間で電子に対する表面ポテンシャル障壁をなくす素子構造にする．このような CCD 構造による転送効率の低下以外にもいくつかの転送効率を低下させる要因がある．

4.9.2　電荷転送効率

(1) 転送電荷の影響

前節で述べた MOS キャパシタの物理では，キャリアが熱平衡状態にあることを仮定していたが，CCD では，非平衡状態にあるキャリア密度とゲート電

圧の関係を定量的に取り扱う．以下ではこの非平衡状態におけるキャリア密度と表面電位との関係を導く．いま，基板電位を0に設定し，ゲート電極に電圧 V_G を印加すると，表面電位 ϕ_S は，

$$\phi_\mathrm{S} = \frac{eN_\mathrm{A}W_\mathrm{d}^2}{2\epsilon_0\kappa_\mathrm{S}} \tag{4.91}$$

となる．ここで，W_d は空乏層の幅である．また，界面に蓄積電子密度 n を仮定すると，シリコン・酸化膜界面における酸化膜中の電界 E_ox は，

$$E_\mathrm{ox} = \frac{e(n + N_\mathrm{A}W_\mathrm{d})}{\epsilon_0\kappa_\mathrm{S}} \tag{4.92}$$

となる．したがって，

$$V_\mathrm{G} = V_\mathrm{FB} + \frac{t_\mathrm{ox}e(n + N_\mathrm{A}W_\mathrm{d})}{\epsilon_0\kappa_\mathrm{S}} + \phi_\mathrm{S} \tag{4.93}$$

で表される．ここで，右辺第2項は酸化膜中での電圧降下，右辺第3項はシリコン基板中での電圧降下を示している．さらに $C_\mathrm{ox} = \epsilon_0\epsilon_\mathrm{S}/t_\mathrm{ox}$ を用いて上の式を変形すると，

$$V_\mathrm{G} - V_\mathrm{FB} = \frac{en}{C_\mathrm{ox}} + \frac{\sqrt{2\epsilon_0\kappa_\mathrm{S}eN_\mathrm{A}\phi_\mathrm{S}}}{C_\mathrm{ox}} + \phi_\mathrm{S} \tag{4.94}$$

となる．実際のデバイス構造では，右辺第2項が第3項に比べて無視できるので，一定ゲート電圧の下で，蓄積電荷の有無による表面電位と蓄積電子密度との関係は次のようになる．

$$\phi_\mathrm{S} = \phi_\mathrm{S}^0 - \frac{en}{C_\mathrm{ox}} \tag{4.95}$$

ここで，ϕ_S^0 は蓄積電荷がない場合の表面電位である．ここで注意すべき点は，転送ゲート下の自由キャリア密度 n によって表面電位が変化することである．

図4.27のように隣接する転送ゲートを考え，$t=0$ でゲート電極Bを0Vから高電位（ゲート電極Aより高くする）にすると，転送ゲートAに蓄えられていた電荷は，図に示すように転送ゲートBの方に移動する．この様子を定性的に説明しよう．

ゲート電極Bの電位を変化させると，転送ゲートAに蓄えられた電荷はゲートBに流出するので，転送ゲートAのなかでキャリアの濃度勾配が発生する．

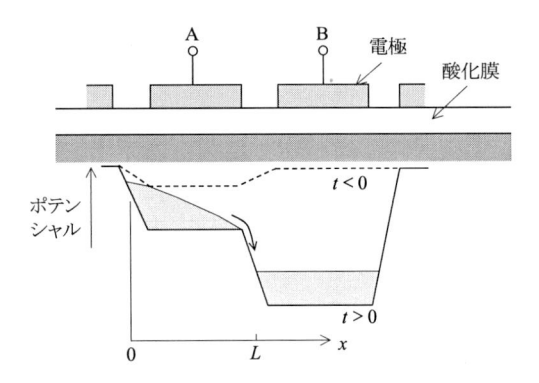

図 4.27 電荷転送素子の断面構造と表面ポテンシャル分布

このキャリア濃度の勾配によって生じる横方向の電界 E_S $(= -\partial \phi_S / \partial x)$ は,式 (4.95) より,次のように与えられる.

$$E_S = \frac{e}{C_{ox}} \frac{\partial n}{\partial x} \tag{4.96}$$

ここで,電子電流密度はドリフト電流と拡散電流との和であることを考慮すれば,

$$J = -e\mu n E_S - eD \frac{\partial n}{\partial x} = -e \left(\frac{\mu e n}{C_{ox}} + D \right) \frac{\partial n}{\partial x} \tag{4.97}$$

となる.上の式から明らかなように転送ゲートに蓄えられた電荷量が多い場合には,上式の ( ) 内の第 1 項が第 2 項に比べて非常に大きいので,隣接するゲートに流れ込む電流量はきわめて大きくなる.しかし,転送ゲート A 内の電荷量が減ると第 1 項の寄与が小さくなり,転送ゲート A から流出する電荷の量も急激に減ってくる.このことは転送クロック時間が短い場合には積み残し電荷が生じることを示唆しており,転送効率を上げるためには転送速度を適度に遅くすることが必要である.

(2) 界面準位の影響

上に述べた転送効率の見積もりでは,転送周波数が低ければほとんど積み残しなく電荷を転送することができる.しかし,実際のデバイスで転送効率を 99.999% にまで上げることは非常に難しい.これは転送されるべき電荷が界面準位に捕獲されて転送効率が低下するからである.

4.9 電荷転送素子 (CCD)

実際の素子では，転送ゲートの界面に蓄積された電荷の一部は Si/SiO$_2$ 界面に存在する準位に捕獲される．捕獲電子以外の蓄積電子が隣接する転送ゲートに移動しはじめると，捕獲電子の一部は伝導帯に再放出されて隣接ゲート領域に入っていく．この再放出速度の大きな界面準位の場合には，電荷の転送効率は低下しないが，電荷転送後しばらくして再放出される電荷 (再放出速度の遅い準位に捕獲された電子) は積み残し電子となり，電荷転送効率の低下につながる．

いま，界面準位密度を N_S，その界面準位に捕獲されている電子の密度を n_S とすれば，電子の捕獲と放出を表す速度方程式は次のようになる．

$$\frac{dn_S}{dt} = v_{\text{th}}\sigma(N_S - n_S)n - v_{\text{th}}\sigma N_C n_S \exp\left(-\frac{\mathcal{E}}{k_B T}\right) \tag{4.98}$$

ここで n は伝導帯にある電子の密度，v_{th} は熱電子速度，σ は捕獲断面積である．また，$\mathcal{E}$ は捕獲された電子を界面準位から伝導帯に励起するのに要するエネルギーである．ゲート電極下に蓄積された電荷が十分長い間留まっている場合を考えると，$dn_S/dt = 0$ が成り立つので，捕獲された電子の密度は，

$$n_S = \frac{N_S}{1 + \left(\dfrac{N_C}{n}\right)\exp\left(-\dfrac{\mathcal{E}}{k_B T}\right)} \tag{4.99}$$

となる．n_S を δn_S だけ変化させるときの時間変化は式 (4.98) より

$$\frac{d\delta n_S}{dt} = -\left[v_{\text{th}}\sigma n + v_{\text{th}}\sigma N_C \exp\left(-\frac{\mathcal{E}}{k_B T}\right)\right]\delta n_S$$

と表されるので，δn_S が 0 に戻るときの時定数 τ_c は次のようになる．

$$\frac{1}{\tau_c} = v_{\text{th}}\sigma n + v_{\text{th}}\sigma N_C \exp\left(-\frac{\mathcal{E}}{k_B T}\right) \tag{4.100}$$

新しい電荷が転送ゲートに送り込まれてくると，界面準位は電子の捕獲を開始し，時定数 τ_c のオーダーの時間で定常状態に落ち着く．界面準位のエネルギーが伝導帯付近 ($\mathcal{E} \approx 0$) にあると，式 (4.100) の右辺第 2 項が支配的となり，τ_c はピコ秒程度となる．一方，禁制帯の深い位置に界面準位があると，第 2 項の寄与は低下し，時定数は長くなる．

さて，隣接ゲートに電荷が転送された後に捕獲されていた電子が放出される速度は式 (4.98) において $n=0$ とおいて，

$$\frac{dn_\mathrm{S}}{dt} = -v_\mathrm{th}\sigma N_\mathrm{C} n_\mathrm{S} \exp\left(-\frac{\mathcal{E}}{k_\mathrm{B}T}\right) \tag{4.101}$$

となるので，捕獲電子の放出に対する時定数 τ_e は，

$$\frac{1}{\tau_\mathrm{e}} = v_\mathrm{th}\sigma N_\mathrm{C} \exp\left(-\frac{\mathcal{E}}{k_\mathrm{B}T}\right) \tag{4.102}$$

となる．したがって，捕獲に対する時定数は再放出に対する時定数よりも短くなる ($\tau_\mathrm{c} < \tau_\mathrm{e}$)．とくに，禁制帯の中央付近の界面準位では，$\tau_\mathrm{c} \ll \tau_\mathrm{e}$ なので，蓄積電荷が転送された後しばらくたって残りの電荷が再放出されるため，転送効率が低下する．

(3) 暗電流による影響

CCD の転送ゲートに電荷が蓄積されていない場合でも，電荷転送のために加えられたゲート電圧によって空乏層が形成されている．このようなとき，転送ゲート下には次式で表される割合で反転電子 n が収集される．

$$\frac{dn}{dt} = \frac{n_\mathrm{i}W_\mathrm{d}}{2\tau} + \frac{Dn_\mathrm{i}^2}{LN_\mathrm{A}} + \frac{Sn_\mathrm{i}}{2} \tag{4.103}$$

ここで，W_d は空乏層の幅，L は少数キャリアの拡散距離，S は表面での少数キャリア発生速度である．右辺の第 1 項は空乏層中で発生する電荷，第 2 項は空乏層の端 (基板) から流れ込んでくる拡散電流，第 3 項は界面で発生する電荷を表している．転送ゲート電極の面積を A とし転送時間を T とすれば，入力が出力されるまでに CCD 中で発生する電荷量は，

$$n_\mathrm{T} = ANT\left(\frac{dn}{dt}\right) \tag{4.104}$$

となる．これが CCD の中を電荷が移動するときに，新たに発生する電荷である．この暗電荷量が転送電荷と同程度になると，S/N が低下することになるので，できるかぎりこの暗電荷の発生を抑える必要がある．具体的には，基板の少数キャリアの寿命 τ を低下させる主要因である重金属汚染や結晶欠陥を除き，しかも，界面における電荷の発生速度 S と直接関係している界面準位の発生を抑制しなければならない．

4.9.3 CCD撮像素子

ここでは，CCDが実際の素子の中でどのように利用されているかを知るために，CCD撮像素子の動作原理を説明する．CCD撮像素子は図4.28のように光検出素子，電荷転送回路，出力回路および電荷転送用制御回路などから構成されている．以下ではそれぞれの部分を簡単に解説する．

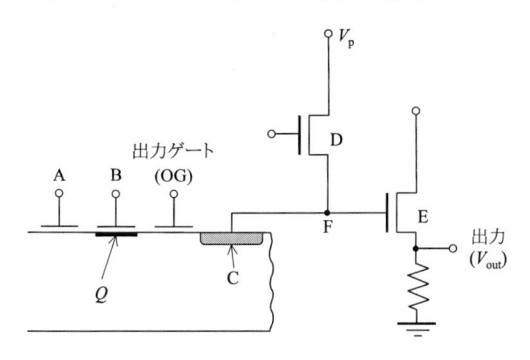

図 4.28 CCDの電荷検出回路

(1) 光検出素子

光強度を電荷に変えるセンサとしてpn接合フォトダイオードが使われている．フォトダイオード型素子では，入射光(フォトン)によって空乏層中に発生した電子–正孔対のうちの少数キャリアを収集する方式を採用している．現在の撮像素子としてのCCDでは，光センサ部と電荷転送部とは分離した構造がとられている．光センサ部に蓄えられた電荷は，内部クロック信号に同期してトランスファーゲート(MOSFETで構成)を経て，電荷転送回路に移される．

(2) 電荷転送回路

転送レジスタに移された電荷の転送原理はすでに述べた．ただ，撮像素子の場合には，光センサから転送用CCDに移された電荷量が，CCDの各転送ゲートの電荷許容量を越えると，ゲート領域から電荷が溢れ出して隣接する転送ゲートに影響を与える．これは部分的に明るく照射された被写体の映像がにじんだようになるブルーミング現象とよばれるものである．これを避けるために，実際の素子では，転送チャネルの横にオーバーフロードレインを設けて過剰電荷を吸収している．また，CCDの電荷転送部は光照射を受けないように

アルミ膜で遮蔽している．

(3) 電荷検出回路

CCDの転送ゲートを伝わって出力段にまで到達した電荷を検出する方法としてはフローティングゲート法がある．

出力段の素子構成を図 4.28 に示す．転送ゲート B にある電荷 Q を検出するには，まず，出力トランジスタ E のゲート電圧を一定の電圧に設定する必要がある．そこで，プリセットトランジスタ D のゲートに高い電圧を印加して，プリセット電圧 V_p をトランジスタ E のゲートに加える．次に，プリセットトランジスタを OFF にした後，出力ゲート (OG) を開けて，セル B にあった電荷をノード F に流し込む．このとき，ノード F の電位変化 $\varDelta V_\mathrm{F}$ はトランジスタ E のゲート容量とノード F の拡散層容量などの和 C_F を用いて，

$$\varDelta V_\mathrm{F} = \frac{Q}{C_\mathrm{F}} \tag{4.105}$$

となる．この $\varDelta V_\mathrm{F}$ の値を出力トランジスタ E で検知して V_out から出力することができる．

第5章

光電効果デバイス

　半導体の光学的性質を利用したデバイスが種々考案，実用化されている．光を検出するフォトダイオード，フォトトランジスタ，光起電力を利用する太陽電池，発光を利用する発光ダイオード (LED) や半導体レーザ (LD) などである．本章では，これらのデバイスの動作原理を理解するための基礎について述べる．

5.1 光吸収

　半導体の禁止帯幅が $\mathcal{E}_\mathrm{G}$ で，入射光のエネルギー $\hbar\omega$ が $\hbar\omega \geq \mathcal{E}_\mathrm{G}$ のとき，図 5.1(a) のように価電子帯の電子を伝導帯に励起し，光 (フォトン) が吸収される．この過程を光吸収とよぶ．半導体は図 5.1(b) に示すように，価電子帯の頂上の上に伝導帯の底がある直接遷移型と，図 5.1(c) にあるように，価電子帯の頂上と伝導帯の底が k 空間で離れている間接遷移型がある．光吸収はフォトンと電子の相互作用で，エネルギーと運動量が保存されなければならない．禁止帯幅 1eV 程度の半導体を考えると，これに相当するフォトンの波数ベクトルはブリルアン領域の大きさ $2\pi/a$ に比べ非常に小さい．したがって，図 5.1(b) のような遷移ではほとんど垂直遷移と考えてよい．また，図 5.1(c) のような遷移では，電子とフォトンのみの相互作用では波数ベクトルの保存則が成り立たず，それ以外のもの，つまりフォノン (音子) の関与が必要となる．この場合，価電子帯の電子はフォトンと同時にフォノンと相互作用して伝導帯の底 (近く)

に遷移することになるので間接遷移とよばれる．間接遷移は，量子力学的には直接遷移に比べ高次の摂動となるため，その確率は低い．

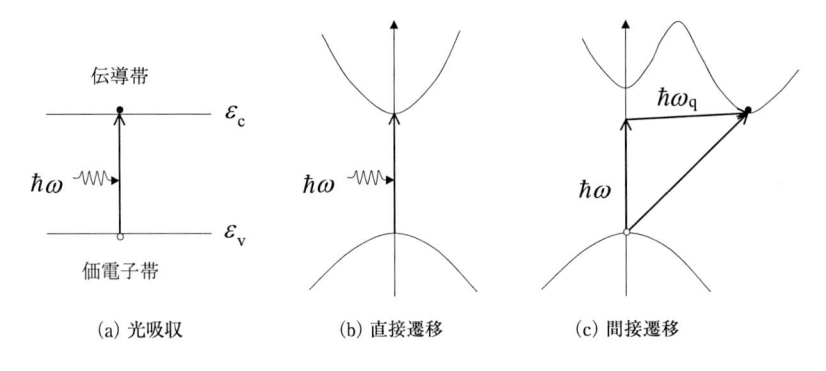

(a) 光吸収　　**(b) 直接遷移**　　**(c) 間接遷移**

図 5.1　半導体における光学遷移

光吸収を電磁気学を用いて表現する場合，吸収係数とよばれる量を定義する．場所 x におけるフォトン束の強さを $I(x)$ とすると，x から dx 進む間に吸収される量 $dI(x)$ は，x 点におけるフラックスの強さ $I(x)$ と進む距離 dx の積に比例するから，

$$dI(x) = -\alpha I(x) dx \tag{5.1}$$

と書ける．ここで，$x=0$ におけるフォトン束の強さを I_0 とおくと，

$$I(x) = I_0 \exp(-\alpha x) \tag{5.2}$$

を得る．この係数 α のことを光の吸収係数とよぶ．

真空中の光速を c とすると，屈折率 n_r の媒質中での光速は c/n_r となる．光を角周波数 (ω)，波数ベクトル (k) を用いて平面波で表すと，

$$E = E_0 \exp[i(kx-\omega t)] = E_0 \exp\left[-i\omega\left(t - \frac{k}{\omega}x\right)\right] \tag{5.3}$$

と書け，$\omega/k = c/n_r$ を用いると，

$$E = E_0 \exp\left[-i\omega\left(t - \frac{n_r}{c}x\right)\right] \tag{5.4}$$

5.1 光吸収

となる．これは，吸収のない媒質中での電磁波 (光) の伝搬を与える式で，比誘電率を κ とすると，

$$n_\mathrm{r} = \sqrt{\kappa} \tag{5.5}$$

の関係がある．一般に，媒質に吸収がある場合には，複素誘電率 $\kappa_1 + \mathrm{i}\kappa_2$ を用いて表される．このとき，屈折率も複素量となり，式 (5.5) の代わりに，

$$(n^*)^2 = (n_\mathrm{r} + \mathrm{i}k_0)^2 = \kappa_1 + \mathrm{i}\kappa_2 \tag{5.6}$$

となる．ここに，n_r は屈折率，k_0 は消衰係数とよばれる．この n^* を式 (5.4) の n_r の代わりに用いると，

$$E = E_0 \exp\left[-\mathrm{i}\omega\left(t - \frac{n_\mathrm{r}}{c}x\right)\right] \exp\left(-\frac{\omega k_0}{c}x\right) \tag{5.7}$$

を得る．フォトン束 I は電界 E の平方 (E^2) に比例するから，

$$I(x) = I_0 \exp\left(-\frac{2\omega k_0}{c}x\right) \tag{5.8}$$

となり，式 (5.2) と比較すると，光の吸収係数は，

$$\alpha = \frac{2\omega k_0}{c} = \frac{\omega k_2}{cn_\mathrm{r}} \tag{5.9}$$

で与えられる．真空と屈折率 n^* の媒質との境界での光の反射率は次式で与えられる．

$$R = \frac{(n_\mathrm{r} - 1)^2 + k_0^2}{(n_\mathrm{r} + 1)^2 + k_0^2} \tag{5.10}$$

図 5.1 を用いて説明したように，光吸収は入射フォトンにより価電子帯中の電子を伝導帯に遷移させる過程で，フォトンの吸収のみの遷移を直接遷移，フォトンとフォノンが同時に関与する遷移を間接遷移とよんだ．それぞれの場合の吸収係数を計算した結果を示すと次のようになる．直接遷移の場合，入射フォトンエネルギーを $\hbar\omega$ とすると，

$$\alpha(\omega) = \frac{e^2 P_\mathrm{cv}^2}{2\pi\epsilon_\mathrm{r} m^2 cn_\mathrm{r}\omega} \left(\frac{8\mu_1\mu_2\mu_3}{\hbar^6}\right)^{1/2} \sqrt{\hbar\omega - \mathcal{E}_\mathrm{G}} \tag{5.11}$$

で与えられる．$P_{\mathrm{cv}} = \langle c\boldsymbol{k}|\boldsymbol{e}\cdot\boldsymbol{p}|v\boldsymbol{k}\rangle$ は，価電子帯 $|v\boldsymbol{k}\rangle$ と伝導帯 $|c\boldsymbol{k}\rangle$ の間の運動量の行列要素で，$\boldsymbol{e}$ は入射光の偏向方向の単位ベクトル，$\boldsymbol{p}$ は運動量オペレーターである[注1]．$\mathcal{E}_{\mathrm{G}}$ はエネルギー禁止帯幅で，μ_j は還元質量 (reduced mass) で，伝導帯の電子および価電子帯の正孔の有効質量の j 方向成分をそれぞれ $m_{\mathrm{c}j}$ および $m_{\mathrm{v}j}$ とすると，$1/\mu_j = 1/m_{\mathrm{c}j} + 1/m_{\mathrm{v}j}$ である．

間接遷移による光の吸収係数は，

$$\alpha(\omega) = A\frac{(\hbar\omega + \hbar\omega_{\mathrm{q}} - \mathcal{E}_{\mathrm{G}})^2}{\exp(\hbar\omega_{\mathrm{q}}/k_{\mathrm{B}}T) - 1} + B\frac{(\hbar\omega - \hbar\omega_{\mathrm{q}} - \mathcal{E}_{\mathrm{G}})^2}{1 - \exp(-\hbar\omega_{\mathrm{q}}/k_{\mathrm{B}}T)} \tag{5.12}$$

となる．第 1 項は電子がフォノンを吸収，第 2 項は電子がフォノンを放出して行う遷移を示している．A, B は有効質量と運動量の行列要素を含む定数 ($A \simeq B$) で，$\hbar\omega_{\mathrm{q}}$ はフォノンのエネルギーである[注2]．

直接遷移型と間接遷移型半導体の吸収係数と入射光波長の関係を図 5.2 に示す．直接遷移では，吸収端で急激に立ちあがり，一挙に $\alpha \simeq 10^4 \sim 10^5 \mathrm{cm}^{-1}$ となるのに対し，間接遷移では，吸収端近傍でも $\alpha \simeq 1 \sim 20 \mathrm{cm}^{-1}$ と非常に小さい．これは，間接遷移では光による励起と同時にフォノンの吸収または放出が起こらなければならない (このことは量子力学的な摂動が高次となるため，その遷移確率が小さくなるとして説明されている) ことによる．光吸収を波長の関数として測定することは，半導体の禁止帯幅の値を正確に与え，また，直接遷移か間接遷移かを教えてくれる．

[注1] 電磁界をベクトルポテンシャル $\boldsymbol{A}(\boldsymbol{k},\omega)$ を用いて表すと，$\boldsymbol{E} = -\partial\boldsymbol{A}/\partial t = i\omega\boldsymbol{A}$ の関係がある．電子の運動量ベクトルを $\boldsymbol{p} = m\boldsymbol{v}$ とすると，量子力学的には $\boldsymbol{p}$ はオペレーターで $\boldsymbol{p} = -i\hbar\mathrm{grad}$ で表される．電磁界中の電子の運動量は $\boldsymbol{p} + e\boldsymbol{A}$ で与えられる．このときのハミルトニアンは $\mathcal{H} = (1/2m)(\boldsymbol{p} + e\boldsymbol{A})^2 + V(\boldsymbol{r})$ ($V(\boldsymbol{r})$ は結晶の周期ポテンシャル) と表されるから，

$$\mathcal{H} = \frac{1}{2m}p^2 + \frac{e}{2m}(\boldsymbol{p}\cdot\boldsymbol{A} + \boldsymbol{A}\cdot\boldsymbol{p}) + \frac{e^2}{2m}A^2 + V(\boldsymbol{r})$$

となり，右辺第 2 項は $\boldsymbol{p}\cdot\boldsymbol{A} = \boldsymbol{A}\cdot\boldsymbol{p}$ を用いて $(e/m)e\boldsymbol{A}\cdot\boldsymbol{p}$ となる．また第 3 項は，通常の光吸収などの実験で用いられる光の電界強度は弱く，第 2 項に比べ無視できる．そこで，右辺第 2 項を摂動項と考えて，電子の遷移確率を計算すると P_{cv}^2 に比例し，最終的に式 (5.11) の関係式が得られる (文献 [7] 第 4 章，文献 [8] Chapter 4 を参照)．

[注2] 文献 [7] 第 4 章，文献 [8] Chapter 4 を参照．

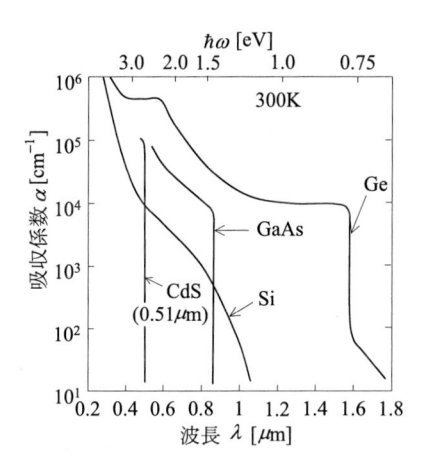

図 5.2 種々の半導体の光吸収係数

5.2 発光ダイオード (LED)

　伝導帯に励起された電子が価電子帯の正孔と再結合するとき発光を伴う場合がある．これは再結合発光とよばれ，光吸収の逆の過程に対応している．電子-正孔対をつくるための励起源として光を用いたときには，この再結合発光はフォトルミネッセンスとよばれ，電界の印加により励起された場合には，エレクトロルミネッセンスとよばれる．励起されたキャリアが格子振動 (フォノン) と相互作用しながら熱平衡状態にもどる過程は，非輻射再結合とよばれる．

　半導体からの発光のうち最も重要なものは，伝導帯の電子と価電子帯の正孔の再結合によるもので，その発光波長 λ[nm] と禁止帯幅 $\mathcal{E}_G$[eV] の間には次の関係がある．

$$\lambda = \frac{1.2398}{\mathcal{E}_G[\text{eV}]} \times 10^3 \quad [\text{nm}] \tag{5.13}$$

したがって，発光波長は半導体の種類によって決まってしまう．つまり，禁止帯幅の温度依存性を用いても，ほんのわずかの領域でしか波長を変えることができない．この困難を解決する方法として混晶を用いることと，適当な不純物準位をつくることが考えられる．たとえば，GaAs と AlAs の混晶である $Al_xGa_{1-x}As$ や，GaAs と GaP の混晶である $GaAs_{1-y}P_y$ などがその例である．

GaAs は直接遷移型で $\mathcal{E}_G = 1.43$eV,AlAs と GaP は間接遷移型で,それぞれ $\mathcal{E}_G \simeq 2.16$eV と 2.26eV である.これらの混晶系の一例として,$Al_xGa_{1-x}As$ のエネルギー禁止帯幅を混晶比 (x) に対してプロットしたのが図 5.3 である.この混晶系では x の値を増すと,直接遷移型から間接遷移型に変わることがわかる.付録 E および付録 F で示すように再結合の確率 $r_{21}(sp)$ は吸収の確率 $r_{12}(ab)$ に等しいので,直接遷移型ではその吸収係数は $10^4 \sim 10^5 cm^{-1}$ となり,間接遷移型の約 $10 cm^{-1}$ に比べ約 10^4 倍大きい.つまり,再結合確率も直接型の方が間接型よりも 10^4 倍程度大きいといえる.このようなことから,発光ダイオードをつくるには,直接遷移型半導体でなければならないと考えられていた.しかし,後で述べるように不純物の作用で,間接遷移型半導体でも高効率で発光するダイオードがつくられるようになった.

GaAs の室温での禁止帯幅は約 1.43eV であるから,約 870nm の光波長に相当するが,GaAs の発光ダイオード (LED) の発光スペクトルは 940nm に中心をもつ比較的ブロードなもの (図 5.4) となっている.GaP は間接型半導体でその発光強度はきわめて弱いが,不純物を添加することにより強い赤色と緑色の発光が得られる.p 型 GaP 結晶に Zn と O を添加すると,O はドナーとして,Zn は浅いアクセプタとして働く.これらが隣接した格子点に入り Zn·O のペア

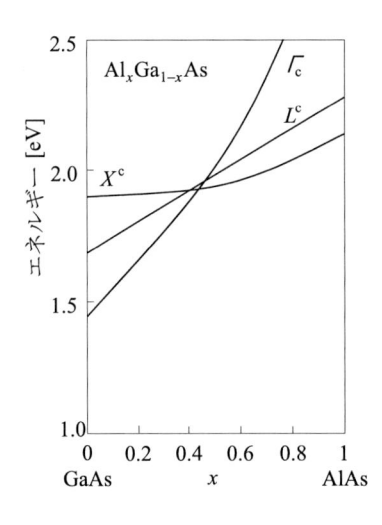

図 5.3 混晶 $Al_xGa_{1-x}As$ のエネルギー禁止帯幅

5.2 発光ダイオード (LED)

(a) 発光出力–電流特性

(b) 相対発光スペクトル

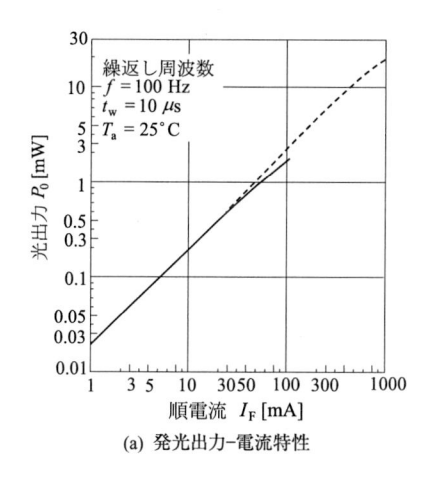

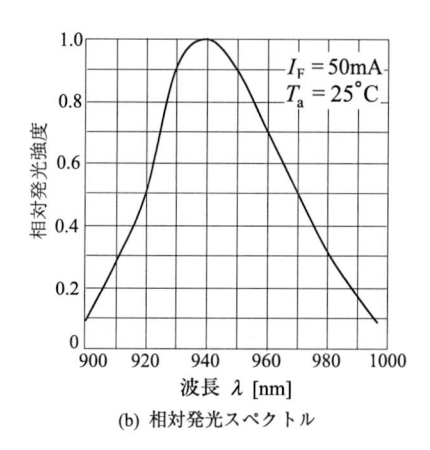

図 5.4 GaAs 発光ダイオードの特性

をつくると，この複合準位は遠くの電子からみると電気的に中性であるが，近くの電子に対しては Zn よりも O の方が電子を引きつける力 (電気陰性度) が大きいので，結合エネルギーが約 0.3eV の電子トラップとして働く．この Zn·O 複合準位に電子がトラップされると負に帯電するから，クーロン力で正孔が引きつけられ，励起子[注3]を形成し，この電子–正孔対の再結合による発光が起こる．この発光のピークは約 1.8eV にあり赤色発光となっている．

GaP 中の P 原子を N で置換すると，P と N は周期表で同族であることから，N も中性となる．しかし，N の近傍にきた電子に対しては，電気陰性度差により引力を及ぼし電子トラップとなる．このようなトラップは，同族元素であることから，アイソエレクトロニックトラップ (isoelectronic trap) とよぶ．この N が電子をとらえ負に帯電すると，そのクーロン力により正孔を引きつけ励起子を形成する．この励起子は空間的に局在しており，ハイゼンベルグ (Heisenberg) の不確定性原理[注4]でその運動量 (波数ベクトル) のぼけは非常に大きく，価電子帯の頂上近くでも占有確率を有する (図 5.5)．したがって，格子

[注3] 電子と正孔がクーロン力で結ばれた状態を励起子 (exciton) とよぶ．不純物を介在しない励起子のエネルギーは禁止帯幅よりほんのわずか小さい．

[注4] ハイゼンベルグの不確定性原理は，運動量の不確定さを $\Delta p_x = \hbar \Delta k_x$ とし位置の不確定さを Δx とすると，$\Delta p_x \cdot \Delta x \geq h$ で与えられる．ここに，h はプランク定数である．

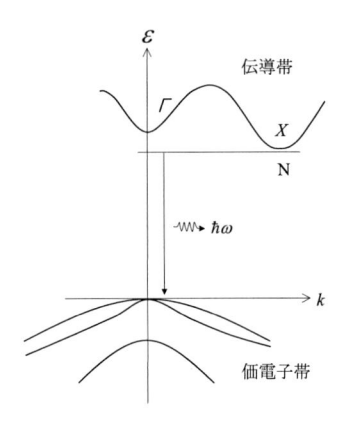

図 5.5 GaP 結晶のアイソエレクトロニックトラップにとらえられた電子 (励起子) のエネルギー状態

振動の助けなしに再結合発光をし，その発光波長は禁止帯幅に近い緑色となる．

その他，発光ダイオード材料として用いられているものには $Al_xGa_{1-x}As$, $GaAs_yP_{1-y}$, InGaAsP や ZnS, ZnSe などがある．混晶の単結晶を成長させるには，基板となる半導体単結晶の格子定数と同じ格子定数となるような混晶比を選ばなければならない．これを格子整合条件という．たとえば，$Al_xGa_{1-x}As$ はほとんどの x 値に対して GaAs の格子定数と一致するため，GaAs 基板上に質のよい単結晶の成長が可能である．InGaP は GaAs と格子整合がとれる組成領域が狭いが，GaAs 基板を用いた InGaP(InGaP/GaAs) などは実用的に用いられる．また，GaAsP/GaP, InGaAsP/InP, AlGaInP/GaAs なども発光ダイオードの候補材料として考えられている．

発光ダイオードは一種の pn 接合で，順方向にバイアスを印加すると，図 5.6 のように n(p) 型領域から p(n) 型領域に電子 (正孔) が注入され，正孔 (電子) と再結合するときにエネルギーをフォトンとして放出している．したがって，はじめに述べたように，直接遷移型半導体でのバンド間遷移では発光効率が高く，間接遷移型半導体では不純物を導入することによりはじめて発光効率の向上がはかられる．

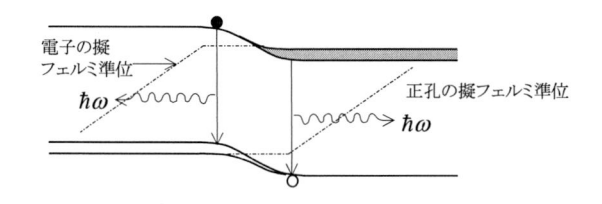

図 5.6 pn 接合における再結合発光

電流が流れていない熱平衡状態ではフェルミ準位は結晶全体で一定であるが，外部電圧が印加され電流が流れるとフェルミ準位は場所によって異なる．フェルミ分布関数を用いて各場所のキャリア密度を与えるように定義したフェルミ準位を擬フェルミ準位とよぶ．

5.3 半導体レーザ

この節では半導体レーザの基本的原理と半導体レーザ導波路の解析について解説する．レーザの原理と実際の発振は 1960 年代に気体レーザとして実現された．レーザの発振原理を理解するには分布反転と誘導放出の概念が必要不可欠である．この節ではこれらの原理の解説を行うが，発振の詳細な機構については付録 E と付録 F を参照されたい．

半導体レーザの発振原理は，図 5.6 に示すように，pn 接合に順方向バイアスを印加して，接合部で電子の分布反転 (電子と正孔の注入を増やして接合部の伝導帯に多数の電子を，価電子帯に多数の正孔を注入した状態) をつくることにより，誘導放出を起こさせることである．電流が流れていない熱平衡状態ではフェルミ準位は結晶全体で一定であるが，外部電圧が印加され順方向電流が流れるとフェルミ準位は図 5.6 に示すように場所によって異なる．フェルミ分布関数を用いて各場所のキャリア密度を与えるようにして定義したフェルミ準位を擬フェルミ準位とよぶ．

半導体レーザの両端面が平行かつ鏡面になるように加工して共振器を形成する．このときの放出光が共振器内に閉じ込められ，誘導放出の方が吸収による損失を上回るようにすればレーザ発振が可能となる．

いま，図 5.7 に示すような共振器を考える．放出される電磁波を $E\exp(\mathrm{i}kx)$ とすると，その光の出力は電界強度の平方 $E^2\exp(2\mathrm{i}kx)$ に比例する．共振器

図 5.7 の上部（図中ラベル）:

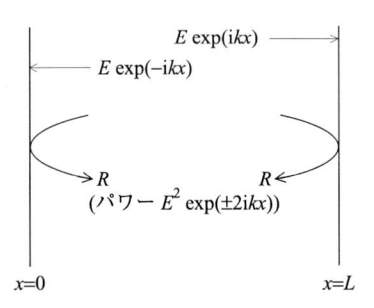

$E\exp(ikx)$
$E\exp(-ikx)$
$R \qquad R$
(パワー $E^2\exp(\pm 2ikx)$)
$x=0 \qquad x=L$

図 5.7 反射係数 R の光共振器

の長さを L とし，その端面での反射率を R とすると，一往復することにより光が増幅される条件は次のようになる．

$$R\exp(2ikL)\cdot R\exp(2ikL)\geq 1 \tag{5.14}$$

つまり，

$$\exp(2ikL)\geq \frac{1}{R} \tag{5.15}$$

媒質中で電磁波が吸収減衰するのは屈折率が実数でなく複素数の虚数部をもつためである．あるいは伝搬定数 (波数) k が複素数 (複素伝搬定数) となるともいえる．上式で k が複素数であれば，虚数部が減衰を表すことは明らかである．いま，複素屈折率 ($n^{*}=n_\mathrm{r}+ik_0$) を用いると，媒質中での複素波数 k は $\omega n^{*}/c$ (c は真空中の光速) とおけるから，上式は

$$\exp(2ikL)=\exp\left(\mathrm{i}\frac{2n_\mathrm{r}\omega}{c}L-\frac{2k_0\omega}{c}L\right)\geq \frac{1}{R} \tag{5.16}$$

となる．これを位相と振幅の項 (虚数部と実数部) に分けると，次式を得る．

$$\frac{2n_\mathrm{r}\omega}{c}L=2\pi M \qquad (M: 整数) \tag{5.17}$$

$$\left|\frac{2k_0\omega}{c}L\right|\geq \ln\frac{1}{R} \tag{5.18}$$

式 (5.18) において $2k_0\omega/c$ は電磁波が $\exp(-2k_0\omega x/c)\equiv \exp(-\alpha x)$ のように伝搬距離 x に対して指数関数的に減衰することを示しているので，通常の状態では $\alpha=2k_0\omega/c$ は減衰定数と定義される．α は光吸収の場合の吸収係数を与

える. 誘導放出は負の吸収係数 (正の増幅係数) をもつ場合に限られ, 誘導放出による増幅係数を g とすると, $2k_0\omega/c = \alpha - g$ において $\alpha < g$ でなければならない. これを用いると, 式 (5.18) は次のようになる.

$$g \geq \alpha + \frac{1}{L} \ln \frac{1}{R} \tag{5.19}$$

半導体における増幅係数 g の導出については付録 E に詳しく述べてある.

増幅係数 g は注入するキャリア密度つまり電流密度に比例するので, $g = \beta J$ とおくと, 発振を起こさせるための最小電流密度, すなわち, しきい値電流密度 $J_{\rm th}$ は次のようになる.

$$\beta J_{\rm th} \geq \alpha + \frac{1}{L} \ln \frac{1}{R} \tag{5.20}$$

結晶端面における反射率は $R = (n-1)^2/(n+1)^2$ で, GaAs では $n = 3.6$ であるから $R = 0.32$ となる. 式 (5.20) の関係の正当性は図 5.8 に示すように, しきい値電流を共振器長の逆数でプロットすれば直線的な関係が得られることから確かめられる. レーザ発振の波長は禁止帯幅に対応したものより長波長側にずれる. これは伝導帯と価電子帯の底が単純な放物線でなく, 禁止帯中にすそをもっていることによる. 伝導帯の底が禁止帯中にしみ出すバンドテイル効果 (band tailing effect)[10] による. また, 損失あるいは吸収となる α は伝導帯と価電子帯間の再吸収よりも, 自由電子キャリア吸収がその主な原因であることがわかっている.

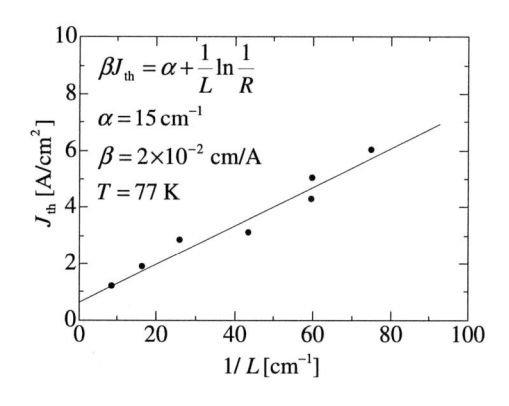

図 5.8 半導体レーザにおけるしきい値電流の共振器長 L 依存性

しきい値電流 I_{th} 前後の GaAs レーザの発光スペクトルを図 5.9 に，また次に述べる二重ヘテロ構造レーザの発光出力と注入電流の関係を図 5.10 に示してある．注入電流がしきい値電流を越えると，その発光スペクトルは急峻となり，発光出力も急激に増大しレーザ発振が実現されていることがわかる．

ところで，式 (5.17) は波数ベクトルを k とすると，波長は $\lambda = 2\pi/k = \pi c/n_r\omega$ で与えられるので，波長の整数倍が共振器長に等しい条件 $M\lambda = L$ を与えるので，レーザ光が共振器内で打ち消し合わない条件を与える．つまり，増幅されるのはある波長のみとなることを意味している．

レーザ発振は誘導放出光を空洞共振器内で起こさせることによって実現される．誘導放出の起こる領域は pn 接合部であるから，放出光がその活性領域から広がって伝搬すると効率が低下する．光導波においては屈折率の違いにより，屈折率の高い発光層に光が閉じ込められ屈折率の低い外部層にわずかしか侵入しないのでこの効果を用いることによって，高い発光効率を得ることができる．通常の半導体 pn 接合では活性層の屈折率は他の領域に比べ 0.1 〜 1% ほど高く，このわずかな屈折率の差によって光は活性層に閉じ込められる．この屈折率差を大きくすればするほど，光の閉じ込め効果がよくなる．この効

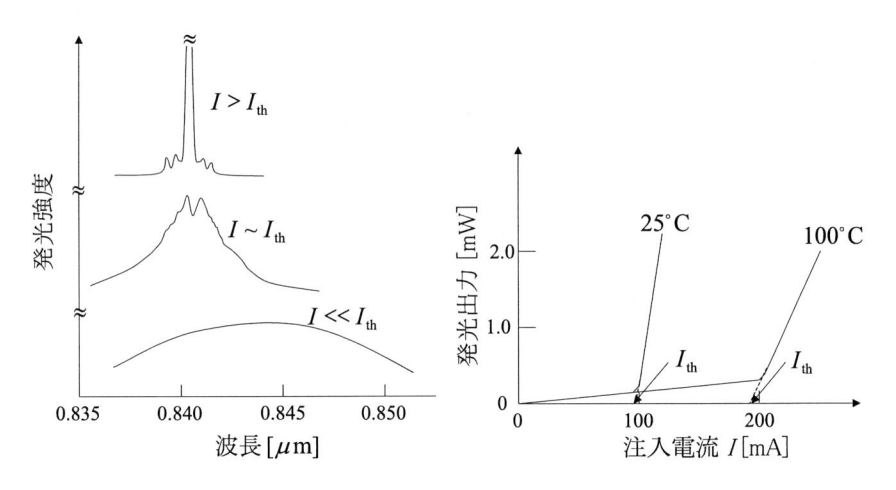

図 5.9 GaAs レーザの 77K における発光スペクトル

図 5.10 GaAs–Al$_x$Ga$_{1-x}$As ヘテロ構造レーザの注入電流と発振光出力の関係

果をうまく利用したのが二重ヘテロ構造 (DH) レーザで，その構造，エネルギー帯図，屈折率と光の分布 (閉じ込め効果) を図 5.11 に模式的に示した．つまり，p–$Al_xGa_{1-x}As$, p–GaAs と n–$Al_xGa_{1-x}As$ の接合をつくり，GaAs と $Al_xGa_{1-x}As$ の屈折率の違いを用い，かつエネルギー帯幅の違いによりキャリアを GaAs 層内に閉じ込めるなどの効果で，発光効率が一段と向上した．

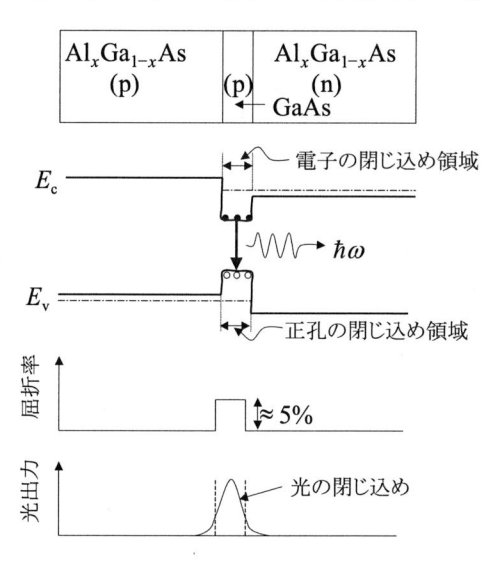

図 5.11　半導体二重ヘテロ構造レーザの原理の模式図

ところで，半導体における屈折率と禁止帯幅との間の関係について述べる．一般に屈折率の平方と入射フォトンエネルギー $\hbar\omega$ との間には

$$n^2 - 1 = \frac{\mathcal{E}_0 \mathcal{E}_d}{\mathcal{E}_0^2 - (\hbar\omega)^2} \tag{5.21}$$

の関係が成立するといわれている．これは文献 [7, 8] に導出されている誘電率の実数部 $\kappa_1 = n^2$ の近似と考えてよい．たとえば，励起子効果が強い場合か，吸収をドルーデ (Drude) モデルで近似した場合には上の式に近い形で与えられる．文献 [7, 8] の励起子効果による誘電関数の項をみれば

$$\kappa_1 - 1 = n^2 - 1 \simeq \frac{C''_{\text{ex}} \omega_{\text{ex}}^2}{\omega_{\text{ex}}^2 - \omega^2} \tag{5.22}$$

で与えられることがわかる．ここに，C''_{ex} は定数で，$\hbar\omega_{\text{ex}}$ は励起子のエネ

ギー準位である．これらの関係を半経験的に求めたものとして用いる研究者が多い．また，これらの関係からフォトンエネルギーを一定にすると禁止帯幅が小さくなりフォトンエネルギーに近づくほど屈折率は大きくなる．GaAs よりも $Al_xGa_{1-x}As$ の方が禁止帯幅が大きいので，レーザ発光波長に対して屈折率は GaAs 層の方が大きいことがわかる．このことは図 5.12 に示すような結果を見ればよくわかる．図 5.12 では

$$n_r^2 = \frac{C_0 \mathcal{E}_G^2}{\mathcal{E}_G^2 - \mathcal{E}^2} \tag{5.23}$$

において，$C_0 = 1.14$，$\mathcal{E}_{G1} = 1.5$ eV，$\mathcal{E}_{G2} = 2.0$ eV とおいて屈折率 n_r を計算したもので，1.4eV 近傍では禁止帯幅が小さい物質の方が屈折率が大きくなることをよく示している．

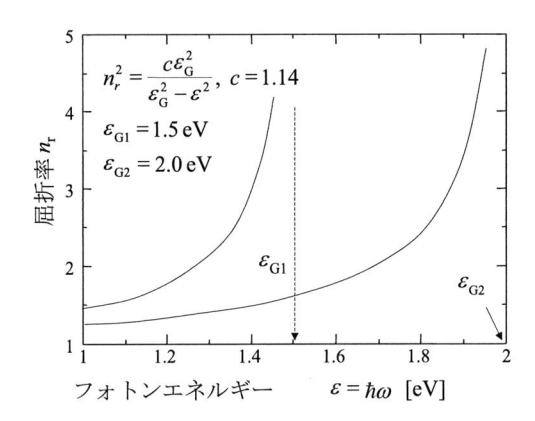

図 5.12 半導体レーザにおける屈折率と入射フォトンエネルギーの模式的関係

禁止帯幅 $\mathcal{E}_{G1}$ より小さいエネルギーでは禁止帯幅の小さい方が屈折率が大きい．

5.4 光検出デバイス

5.4.1 光導電セル

半導体に禁止帯幅よりも大きいエネルギーをもった光を照射すると，電子-正孔対がつくられるが，伝導帯に励起された電子，または価電子帯につくられた正孔が(あるいは両者ともに)電気伝導に寄与する場合には，導電率が増加する．この導電率の増加を利用するデバイスが光導電セルである．遠赤外光の検出には，半導体の浅い不純物準位から電子を伝導帯に励起することにより，導電率を変化させる方法を用いる．光を照射しない場合の導電率を，

$$\sigma_0 = e(n\mu_e + p\mu_h) \tag{5.24}$$

と書く．光照射により電子密度が $n + \Delta n$ に，電子移動度が $\mu_e + \Delta \mu_e$ に変化し，正孔についても同様な変化が起こる場合には，導電率の増加分 $\Delta\sigma$ は，

$$\begin{aligned}\Delta\sigma = \sigma - \sigma_0 &= e(\mu_e \Delta n + \mu_h \Delta p) + e(n\Delta\mu_e + p\Delta\mu_h) \\ &\simeq e(\mu_e \Delta n + \mu_h \Delta p)\end{aligned} \tag{5.25}$$

と書ける．ここに，移動度の変化分はキャリア密度の変化分に比べ小さいと仮定した(実際に移動度の変化分は小さい)．

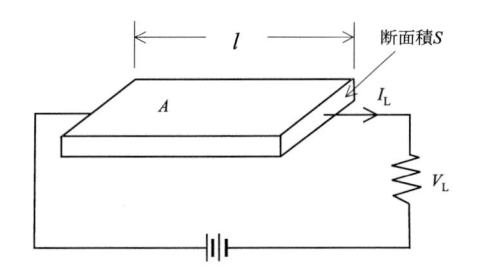

図 5.13 光電流感度を導くための図

いま，図5.13のように断面積 S の半導体素子にフォトン束 (F) が入射したとする．1個のフォトンにより η 個の電子-正孔対がつくられるものとすると[注5]，

[注5] η を量子効率とよび，単位体積中，単位時間当たりにつくられる電子-正孔対は ηF となる．

電子の変化量は,

$$\frac{\mathrm{d}\Delta n}{\mathrm{d}t} = \eta F - \frac{\Delta n}{\tau_e} \tag{5.26}$$

となる. ここに τ_e は電子の再結合寿命である. 衝突の緩和時間と同じ記号を用いているが, まったく異なる性質のものであるから混同しないように注意されたい. 定常状態では, $\Delta n = \eta F \tau_e$ となるから, この余剰電子による電流は,

$$I_L = \frac{Se\mu_e \Delta n \cdot V}{l} \tag{5.27}$$

で与えられる. ここに, V は印加電圧, l は電極間隔である. この素子内で単位時間に励起される電子の総数は $e\eta FlS$ で, 光照射によって生じた電荷により単位時間当たりに流れる電荷の量(電流)は I_L である. 光導電の感度 (G) は,

$$\begin{aligned}G &= \frac{\text{光照射により生じた電流}}{\text{光照射で単位時間当たり発生する電荷}} \\ &= \frac{I_L}{e\eta FlS} = \frac{e\mu_e \Delta n \cdot VS/l}{e\eta FlS} = \mu_e \tau_e \frac{V}{l^2}\end{aligned} \tag{5.28}$$

で与えられる. キャリアの電極間走行時間は $t_e = l^2/\mu_e V$ で, 正孔についても同様であるから,

$$G = (\mu_e \tau_e + \mu_h \tau_h)\frac{V}{l^2} = \frac{\tau_e}{t_e} + \frac{\tau_h}{t_h} \tag{5.29}$$

となり, 寿命と走行時間の比で与えられる.

この場合, 照射光のエネルギーが禁止帯幅よりも大きいので, 吸収による光の減衰を考慮しなければならない. 入射フォトン束の密度を I_0 とすると, 表面より x の位置でのフォトン束は式 (5.2) より $I(x) = I_0 \exp(-\alpha x)$ となる. 光が x と $x + \mathrm{d}x$ の間を進む間に吸収される量は $\mathrm{d}I(x) = \alpha I(x)\mathrm{d}x$ であるから, この間につくられる電子–正孔対の数 $f(x)\mathrm{d}x$ は,

$$f(x)\mathrm{d}x = \eta \mathrm{d}I(x) = \eta I_0 \alpha \exp(-\alpha x)\mathrm{d}x \tag{5.30}$$

となる. 単位体積当たりに励起される平均の電子–正孔対の数は,

$$\eta F = \frac{A}{Sl}\int_0^d f(x)\mathrm{d}x = \frac{A}{Sl}\eta I_0[1 - \exp(-\alpha d)] \tag{5.31}$$

となる. ここでは素子の入射面積を A とした. よって, 負荷電流は,

$$I_\mathrm{L} = eA\eta I_0 G[1 - \exp(-\alpha d)] \tag{5.32}$$

となり, 吸収係数に強く依存することがわかる. 吸収係数 (α) の波長依存性がわかれば, 光電流の波長依存性, つまり, 分光感度曲線が求まる. 吸収係数 (α) が入射光の波長に強く依存するのは, フォトンエネルギーが禁止帯幅に近いところで利用されるためで, 半導体の禁止帯幅よりも長波長のフォトンでは電子–正孔対をつくることができないからである $(\alpha \simeq 0)$. したがって, この場合には, 光導電感度はほとんど 0 となる. 一方, 波長が吸収端より短くなると, 吸収係数は急激に大きく $(10^5 \mathrm{cm}^{-1})$ なり (図 5.2), 入射光はほとんど表面のみで吸収される. 表面近傍で生成された電子と正孔は, 表面再結合速度が速いためすぐに再結合してしまい, 電流となって観測されない. したがって, 光伝導素子の分光感度特性は主に式 (5.32) の $[1 - \exp(-\alpha d)]$ によって決定されることがわかる.

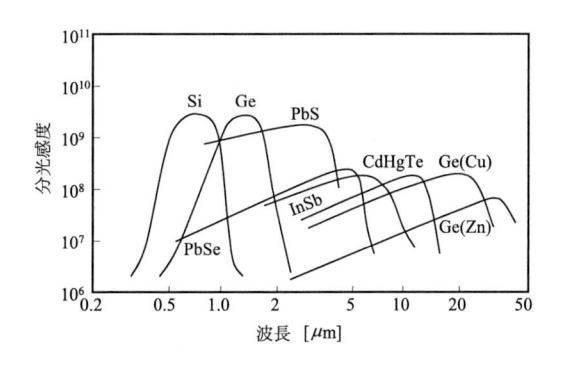

図 5.14　各種半導体の分光感度

量子効率は上に述べた理由で入射光の波長に強く依存する. いくつかの代表的な半導体光検出器の分光感度 (式 (5.30)) の波長依存性を示すと図 5.14 のようになる.

5.4.2 フォトダイオード

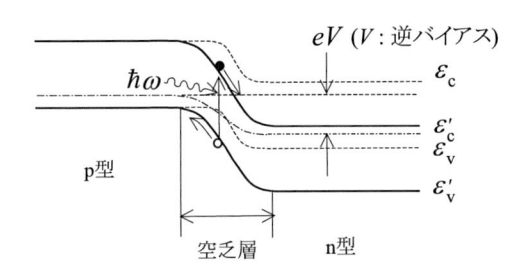

　pn 接合に逆バイアスを印加すると，そのエネルギー図は図 5.15 のようになり空乏層領域が広がる．空乏層に禁止帯幅より大きいエネルギーのフォトンが入射すると，電子は伝導帯に励起され価電子帯には正孔ができる．この電子と正孔は空乏層の電界により互いに反対方向に (電子は n 領域側に，正孔は p 領域側に) 加速され，外部回路に電流として取り出される．これがフォトダイオードの動作原理である．フォトダイオードとして最もよく用いられるものは，図 5.16(a) に示すような pin 構造 (i は intrinsic の略で真性領域を示す．ここでは半絶縁体的である) のフォトダイオードである．表面から入射した光は薄い p^+ と i 層で吸収されながら，距離 $1/\alpha$ (α は吸収係数) の程度まで侵入する (図 5.16(b))．この光吸収によって i 層で生成された電子と正孔 (ならびに，i 層との接合面からそれぞれキャリアの拡散長ぐらい離れた位置で発生した電子と正孔) は，i 層内に生じた大きな電界で加速されるので，電子と正孔は再結合されることなく i 層を通過して外部回路に電気信号として取り出される．この電子−正孔対の発生と流れを図 5.16(c) のエネルギー帯図に示した．

図 5.15 pn 接合に逆バイアスを印加したときの，光で生成された電子と正孔の流れ
ε_c, ε_v はバイアス印加前のエネルギー，実線は印加後のエネルギー状態．

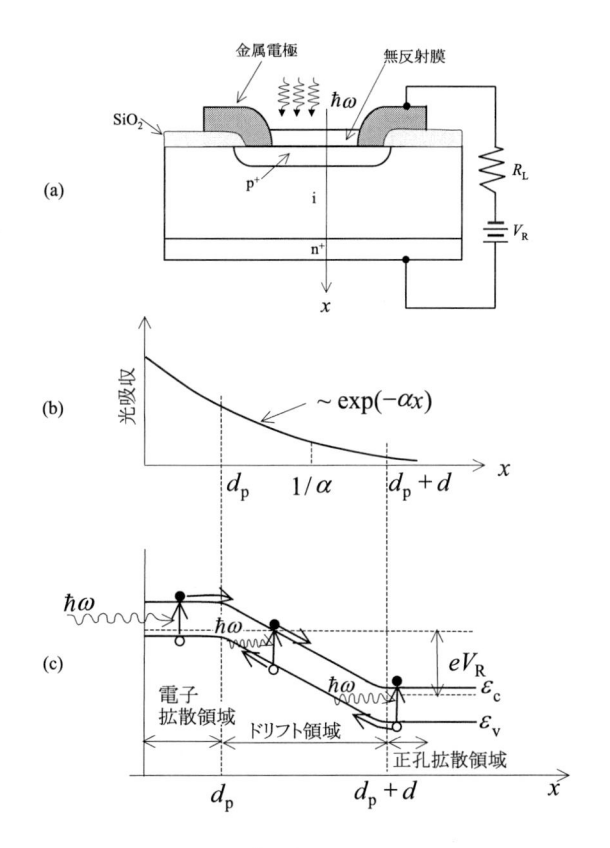

図 5.16 p^+in^+ フォトダイオード
(a) 構造, (b) 表面からの侵入深さと光吸収, (c) エネルギー帯図.

5.4.3 アバランシェフォトダイオード

　上に述べた光検出素子は，いずれも入射フォトンによって生成された電子–正孔対をいかに効率よく外部回路に取り出すかによってその性能が決定される．すでに示した構造からもわかるように，素子内で生成されたキャリアを100％利用することは不可能である．また，入射フォトン数が少ない場合，熱的に励起される暗電流にかくれてしまう場合もある．光検出器として現在も広く利用されているものに，光電子増倍管がある．これは，金属表面に電子が入射するとその表面から二次電子が放射されるが，放出電子のエネルギーがある

値を越えると二次電子数が入射一次電子数よりも多くなる現象を用いている．ダイノード (二次電子を放射する金属) を 10 段程度配置することにより，最初の光電面でつくられた電子を 10^6 倍程度に増幅することができる．この光電子増倍作用を用いた真空管が光電子増倍管である．

光電子増倍管と類似の動作をさせて微弱光を検出できるようにした半導体デバイスがアバランシェフォトダイオード (APD, Avalanche Photo–Diode) である．シリコン APD の構造を図 5.17(a) に，その素子内の不純物分布を図 5.17(b) に，逆方向バイアス時のエネルギー帯図を図 5.17(c) に，また電界分布を図 5.17(d) に示す．図では光の入射面側から n^+pip^+ 構造となっているが，通常は，i 層の代わりに p 型不純物で薄くドープした層 (π 層) を用いて，$n^+p\pi p^+$ 構造のシリコン APD がよく用いられる．図 5.17(d) の電界分布より明らかなように，薄い n^+p 接合領域は高電界となっている．この領域は高エネルギーの電子が次々に衝突電離を起こして電子–正孔対をつくり，ナダレ (avalanche) 的にキャリアの増大を起こすので，アバランシェ領域とよばれる．比較的厚い (約 $40\mu m$) pi ($p\pi$) 領域は，大きい逆方向バイアス電圧のために，完全に空乏化

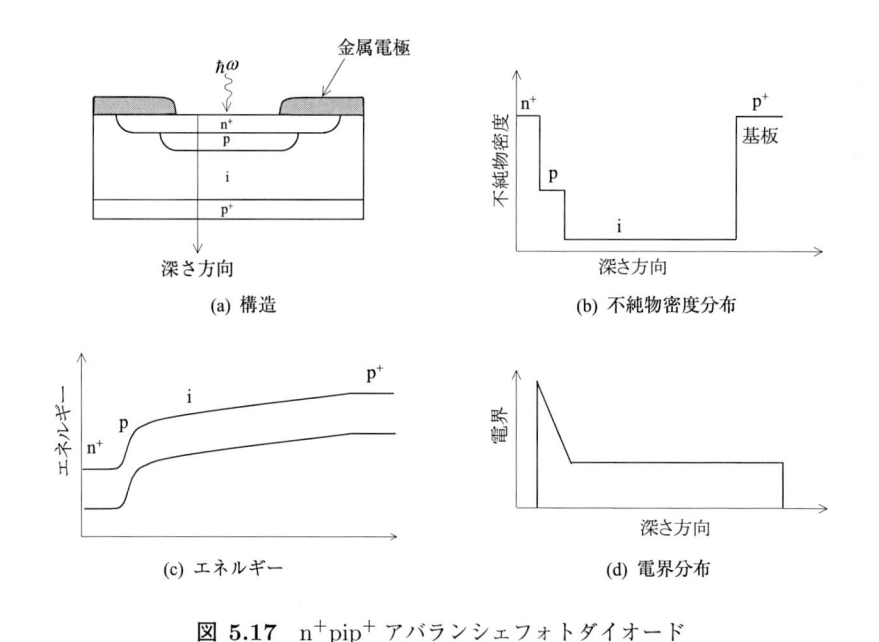

図 5.17 n^+pip^+ アバランシェフォトダイオード

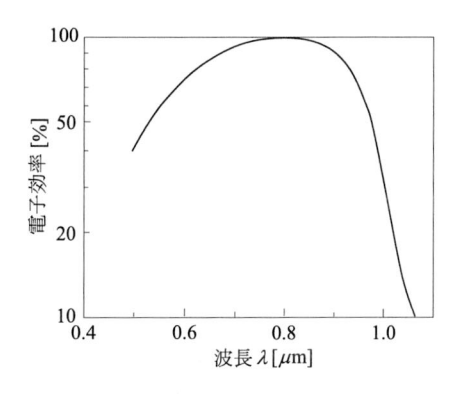

図 5.18 Si アバランシェフォトダイオード ($n^+p\pi p^+$ 構造) の量子効率

した高電界領域である．一方，この領域では生成された電子が加速されるのでドリフト領域とよばれる．このデバイスでは，入射光による電子–正孔対の生成を pi(pπ) 領域で起こす必要があるが，シリコンにおける光の吸収係数から，800〜900nm の光に対して最も高い効率と動作速度が得られることがわかる．800〜900nm の光が n^+ 領域側から入射すると，n^+p 領域は薄いので光吸収は少なくほとんどの光量は通過し，厚い i 層 (π 層) で吸収される．この i 層 (π 層) で生成された電子–正孔対のうち，電子は高電界で加速され走行して，n^+p の高電界領域に入り，ここで衝突電離作用によるキャリアの増倍を行うことになる．シリコンでは電子による衝突電離の方が正孔によるものより大きく，上に述べたような構造で，電子による衝突電離を効率よく行わせるようにしている．シリコンの APD は光検出器として非常にすぐれた特性をもっている．図 5.18 に，$n^+p\pi p^+$ 構造をもった Si のアバランシェフォトダイオードの量子効率を波長の関数として示した．シリコン以外の材料を用いたものとして，ゲルマニウムの APD や AlGaAs–GaAs ヘテロ構造 APD などが報告されている．

電離係数と増倍因子

密度 n のキャリアが単位距離進む間に増加する割合を電離係数とよび，次式で定義されている．

$$\alpha = \frac{1}{n}\frac{dn}{dx} \tag{5.33}$$

つまり，x 点で n であったキャリア密度は dx 進む間に $dn = \alpha n dx$ だけ増加する．電子と正孔に対する電離係数は一般に異なるので，それぞれを α_n および α_p とする．空乏層の幅を W とし，その一端から電流 J_{n0} が注入されるものとする．これらの電子が空乏層内の電界で加速されて他端に達したときに，電子による電流が J_n となったとすると，電子の増倍因子は次式で与えられる．

$$M_n = \frac{J_n(W)}{J_{n0}} \tag{5.34}$$

同様にして，正孔に対する増倍因子 M_p は，

$$M_p = \frac{J_p(0)}{J_{p0}} \tag{5.35}$$

と定義される．電子と正孔による電流をそれぞれ J_n および J_p とすると，電流の増倍率は，

$$-\frac{\partial J_n}{\partial x} = \frac{\partial J_p}{\partial x} = \alpha_n |J_n| + \alpha_p |J_p| \tag{5.36}$$

で与えられる．そこで，$J_n(0) = J_{n0}$，$J_p(W) = J_{p0}$，$J_0 = J_{n0} + J_{p0}$ とおき，

$$k = \frac{J_{p0}}{J_0}, \quad M = \frac{J_n + J_p}{J_0} \tag{5.37}$$

とおいて，式 (5.36) を解くと，

$$\begin{aligned}1 - \frac{1}{M} &= A_n \int_0^W \alpha_n \exp\left[-\int_0^x (\alpha_n - \alpha_p) dx'\right] dx \\ &\quad + A_p \int_0^W \alpha_p \exp\left[\int_x^W (\alpha_n - \alpha_p) dx'\right] dx\end{aligned} \tag{5.38}$$

となる．ここに，係数 A_n と A_p は次式で与えられる．

$$A_n = \frac{1-k}{1-k+k\exp\left[-\int_0^W (\alpha_n - \alpha_p) dx\right]} \tag{5.39a}$$

$$A_p = \frac{k\exp\left[-\int_0^W (\alpha_n - \alpha_p) dx\right]}{1-k+k\exp\left[-\int_0^W (\alpha_n - \alpha_p) dx\right]} \tag{5.39b}$$

上式の M は電子と正孔の両方の寄与を含む増倍因子で，電極から入った電子と正孔によって，x 点で電流が M 倍になることを意味する．先に定義した

電子に対する増倍因子 M_n は $k=0$ とおくことによって，また，正孔に対する増倍因子は $k=1$ において求めることができ，それぞれ，

$$1 - \frac{1}{M_n} = \int_0^W \alpha_n \exp\left[-\int_0^x (\alpha_n - \alpha_p) dx'\right] dx \tag{5.40a}$$

$$1 - \frac{1}{M_p} = \int_0^W \alpha_p \exp\left[\int_x^W (\alpha_n - \alpha_p) dx'\right] dx \tag{5.40b}$$

で与えられる．

いま，$\alpha_n = \alpha_p$ と仮定すると，

$$1 - \frac{1}{M_n} = \int_0^W \alpha_n dx \tag{5.41}$$

となる．アバランシェ破壊電圧を $M_n \to \infty$ となる電圧と定義すると，アバランシェ破壊の条件は，

$$\int_0^W \alpha_n dx = 1 \tag{5.42}$$

で与えられる．したがって，破壊電圧 V_B は pn 接合の電界分布，つまり，ドーピングの形状に強く依存することになる．

代表的な半導体における電子と正孔の電離係数 α_n と α_p の測定結果を図 5.19 に示す．これから電界が約 $10^5 \mathrm{V/cm}$ 程度であれば，$\alpha_n \gg \alpha_p$ であることがわかる．また，pn 接合の破壊電圧を V_B とすると，増倍因子 M と印加電圧 V の間には，

$$M = \frac{1}{1 - (V/V_B)^n} \tag{5.43}$$

の関係がある．多くの場合，$n = 1.4 \sim 4$ である．

半導体における衝突電離

禁止帯幅 $\mathcal{E}_G$ の半導体で，キャリアが衝突電離によって電子–正孔対をつくるのに必要な最低のエネルギーを見積もってみる．電子による衝突電離を考え，電子の有効質量を m_e，正孔の有効質量を m_h とする．衝突の前後における電子の速度をそれぞれ v_i, v_f とし，衝突電離によりつくられた電子と正孔の速度をそれぞれ v_e, v_h とする．運動量の保存則とエネルギー保存則により次の関

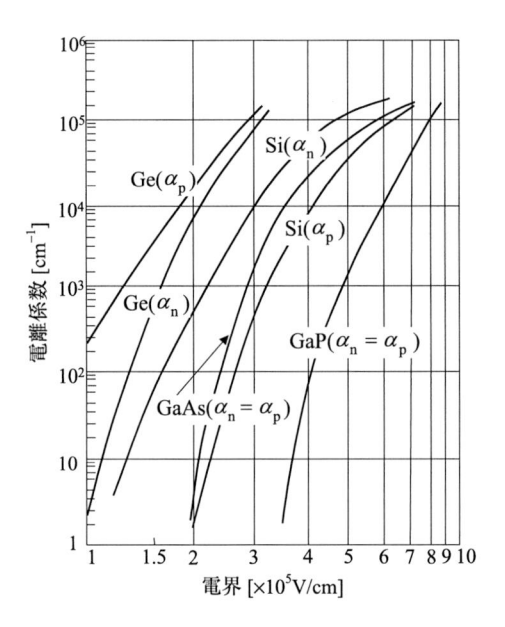

図 5.19 Si, Ge, GaAs, GaP における電離係数

係が得られる．

$$m_e v_i = m_e v_f + m_e v_e + m_h v_h \tag{5.44}$$

$$\frac{1}{2} m_e v_i^2 = \mathcal{E}_G + \frac{1}{2} m_e v_f^2 + \frac{1}{2} m_e v_e^2 + \frac{1}{2} m_h v_h^2 \tag{5.45}$$

衝突直前の電子のエネルギー $\mathcal{E}_i = m_e v_i^2/2$ が最低となるのは，

$$v_f = v_e = v_h \tag{5.46}$$

のときで，このとき，

$$\mathcal{E}_i = \frac{1}{2} m_e v_i^2 = \frac{2m_e + m_h}{m_e + m_h} \mathcal{E}_G \tag{5.47}$$

となる．$m_e = m_h$ とすると，$\mathcal{E}_i = 1.5 \mathcal{E}_G$ となる．つまり，電子が禁止帯幅の約 1.5 倍のエネルギーをもつようになると，衝突電離が起こる．

第6章

量子井戸デバイス

　最近，ヘテロ構造を用いた半導体デバイスが種々提案され，注目を集めている．とくに，高電子移動度トランジスタや量子井戸レーザなどは実用化段階にある．本章では形状量子効果，とくに二次元電子ガスの振舞いと，それを用いたデバイスについて述べる．

6.1 量子井戸とは

　1.3.1項で，ポテンシャル障壁に閉じ込められた電子のエネルギー準位は離散的になることを示した．このポテンシャル障壁の幅 (量子井戸の幅とよぶことがある) を L とおくと，エネルギー準位は式 (1.26) により，

$$\mathcal{E} = \frac{\hbar^2}{2m}k_n^2 = \frac{\hbar^2}{2m}\left(\frac{\pi}{L}\right)^2 n^2 \quad (n = 1, 2, 3, \cdots) \tag{6.1}$$

で与えられる．ここに，m は自由電子の質量で，$\hbar$ はプランクの定数 h を 2π で割ったものである．結晶の大きさを井戸幅と考え，仮に $L = 1$cm とおいてみると，

$$\mathcal{E}(n=2) - \mathcal{E}(n=1) = \frac{3\hbar^2}{2m}\left(\frac{\pi}{L}\right)^2 \simeq 1.1 \times 10^{-14} \quad [\text{eV}] \tag{6.2}$$

となる．これは室温に相当するエネルギー $k_\mathrm{B}T = 0.026$eV と比べて非常に小さく，このエネルギー準位が離散的であることを観測するのは不可能である．ところが，もし井戸幅 (L) を 100 Å=10 nm=10^{-8}m 程度とすると，上のエネ

ルギー間隔は 1.1×10^{-2} eV=11meV となり，少し低温にすると量子化の効果(エネルギー準位が離散的であること)をはっきりと観測することが可能となる．

このような小さな空間つまり量子井戸に閉じ込められた電子が示す離散的なエネルギー準位を観測するには，半導体の伝導帯(価電子帯)を 10nm 程度の距離で変化させることで実現できる．今までにいくつかの方法が提案されているが，そのなかの代表的なものをあげると，次のようになる (図 6.1 参照).

(a) MOS 反転層

(b) ヘテロ接合

(c) ドーピング超格子 (nipi 構造)

(d) デルタドープ (プレーナドープ)

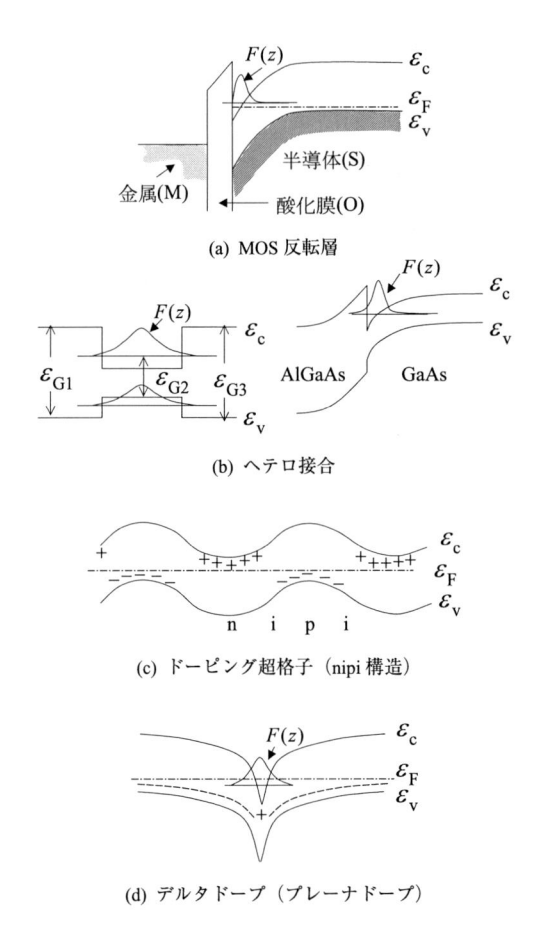

図 **6.1** 半導体における二次元電子ガスの形成

(a) MOS 反転層：酸化膜と半導体界面に三角ポテンシャルに近い井戸をつくる．

(b) ヘテロ接合：エネルギー禁止帯幅の異なる二つの半導体を接合して，伝導帯と価電子帯を不連続的に接合して量子井戸を形成する．

(c) ドーピング超格子：半導体にドナーとアクセプタを交互に導入して繰返し的に nipi 構造をつくり，n 領域には電子を，p 領域には正孔を閉じ込めるような形で量子井戸をつくる．

(d) デルタドープ：不純物を平面状にドープし (またはプレーナドープとよばれる)，その不純物面のつくるポテンシャルに伝導帯の電子を閉じ込める．

なお，(b) と (c) の方法で量子井戸を周期的に多数積み重ねたものを超格子 (superlattice) とよぶ．これは，単結晶の場合の格子原子のつくる周期ポテンシャルに対して，人工的に周期ポテンシャルをつくるので，人工超格子とよばれる．量子井戸 (一次元の) に電子を閉じ込めると，一つの方向には動けなくなるが，他の二つの方向には動ける．つまり，二次元電子ガスが形成される．この効果が最初に見出されたのは MOS 反転層においてであった．後に，フォン・クリッチング (von Klitzing) が MOS 反転層に磁界をかけホール電圧を測定すると，磁場には比例せず一定となる領域が現れることを発見した．このホール電圧 V_H を電流 I で割ると，飽和を示す磁界のもとで，$h/e^2 i = 25813/i[\Omega]$ ($i = 1, 2, 3, \cdots$) という物理定数のみから決まる抵抗値となることを見出した．これが量子ホール効果である．このように，二次元電子ガスの呈する現象は 1980 年代に入り非常な注目を集めて現在に至っている．

6.2 二次元電子ガスの状態密度

簡単のため図 6.2 のようにエネルギー帯が量子井戸を形成している場合を考える (このような構造は後に述べる GaAs と AlGaAs の組み合わせでつくることができる)．伝導帯の不連続が非常に大きく，ポテンシャル井戸の高さが実効的に無限大であると考えてよいものとする．電子の有効質量を m^* と書き，量子井戸は z 方向に形成されているものとすると，シュレディンガーの波動方程

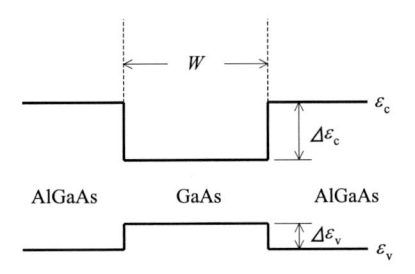

図 6.2 ヘテロ構造を用いた量子井戸

式は,

$$\left[-\frac{\hbar^2}{2m^*}\left(\frac{d^2}{dx^2}+\frac{d^2}{dy^2}+\frac{d^2}{dz^2}\right)+V(z)\right]\psi(x,y,z)=\mathcal{E}\psi(x,y,z) \quad (6.3)$$

となる. ここで, 境界条件は,

$$V(z)=+\infty \quad z<0, z>W \quad (6.4a)$$
$$V(z)=0 \quad 0\le z\le W \quad (6.4b)$$

である. 電子は x, y 方向には自由に動けるから,

$$\psi(x,y,z)=F_n(z)\exp[i(k_x x+k_y y)] \quad (6.5)$$

とおくことができる. 式 (6.5) を式 (6.3) に代入すると次の式が得られる.

$$\left[-\frac{\hbar^2}{2m^*}\frac{d^2}{dz^2}+V(z)\right]F_n(z)=\mathcal{E}_n F_n(z) \quad (6.6)$$

$$\mathcal{E}=\mathcal{E}_n+\frac{\hbar^2}{2m^*}(k_x^2+k_y^2) \quad (6.7)$$

式 (6.6) より, $\mathcal{E}_n$ は電子が z 方向に閉じ込められ量子化されることによって現れる量子準位である. 式 (6.6) を式 (6.4a), (6.4b) の条件のもとで解くと, 式 (1.24)〜(1.26) の関係と類似の関係式が得られる.

$$F_n(z)=A\sin\left(\frac{\pi}{W}nz\right) \quad (6.8a)$$

$$\mathcal{E}_n=\frac{\hbar^2}{2m^*}\left(\frac{\pi}{W}n\right)^2 \quad (n=1,2,3,\cdots) \quad (6.8b)$$

$$\mathcal{E}=\frac{\hbar^2}{2m^*}(k_x^2+k_y^2)+\frac{\hbar^2}{2m^*}\left(\frac{\pi}{W}n\right)^2 \quad (6.8c)$$

6.2 二次元電子ガスの状態密度

一辺の長さが L の結晶を考えると，境界条件から k_x, k_y については，

$$k_x = \frac{2\pi}{L}n_x \quad (n_x = 0, \pm 1, \pm 2, \cdots) \tag{6.9a}$$

$$k_y = \frac{2\pi}{L}n_y \quad (n_y = 0, \pm 1, \pm 2, \cdots) \tag{6.9b}$$

が成立する．k_x と $k_x + \mathrm{d}k_x$, k_y と $k_y + \mathrm{d}k_y$ の間にある状態の数はスピンを考慮すると，

$$2\left(\frac{L}{2\pi}\right)^2 \mathrm{d}k_x \mathrm{d}k_y = 2\left(\frac{L}{2\pi}\right)^2 2\pi k \mathrm{d}k \tag{6.10}$$

となる．ここに $k^2 = k_x^2 + k_y^2$ を用いている．エネルギーは，

$$\mathcal{E} = \frac{\hbar^2 k^2}{2m^*} + \mathcal{E}_n \tag{6.11}$$

となるから，

$$\mathrm{d}(\mathcal{E} - \mathcal{E}_n) = \frac{\hbar^2}{m^*} k \mathrm{d}k \tag{6.12}$$

の関係が成立する．単位面積当たり $\mathcal{E}$ と $\mathcal{E} + \mathrm{d}\mathcal{E}$ の間にある電子の状態密度は，式 (6.10), (6.12) より，

$$g_{2\mathrm{D}}(\mathcal{E})\mathrm{d}\mathcal{E} = 4\pi\left(\frac{1}{2\pi}\right)^2 \frac{m^*}{\hbar^2}\mathrm{d}(\mathcal{E} - \mathcal{E}_n) = \frac{m^*}{\pi\hbar^2}\mathrm{d}(\mathcal{E} - \mathcal{E}_n) \tag{6.13}$$

となる．z 方向に量子化されたエネルギー準位が式 (6.8b) で与えられるように多数形成されるので，二次元電子ガスの状態密度はこれらの準位についての和をとり，

$$g_{2\mathrm{D}}(\mathcal{E}) = \sum_n \frac{m^*}{\pi\hbar^2} H(\mathcal{E} - \mathcal{E}_n) \tag{6.14}$$

と書ける．ここに，$H(x)$ はステップ関数で，$x < 0$ で $H(x) = 0$, $x \geq 0$ で $H(x) = 1$ である．この状態密度を図 6.3 に示した．$\mathcal{E}_n$ のバンドを n 番目のサブバンドとよぶ．三次元の電子の状態密度が放物線で与えられるのに対し，二次元電子ガスの状態密度は階段状になっている．

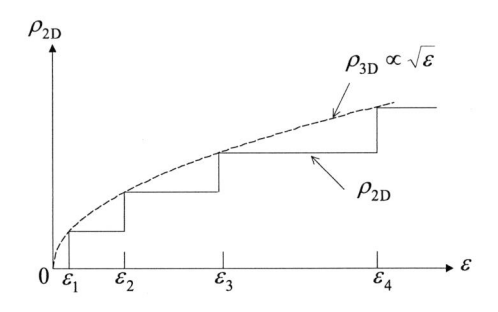

図 6.3 二次元電子ガスの状態密度 ρ_{2D}
点線は三次元電子ガスの状態密度 ρ_{3D}.

i 番目のサブバンド内にある電子の密度 (N_i) は，

$$N_i = \int_{\mathcal{E}_i}^{\infty} \frac{m^*/(\pi\hbar^2)}{\exp\left(\dfrac{\mathcal{E}-\mathcal{E}_F}{k_B T}\right)+1} d\mathcal{E} = \frac{m^* k_B T}{\pi\hbar^2} f_0\left(\frac{\mathcal{E}_F - \mathcal{E}_i}{k_B T}\right) \tag{6.15}$$

$$f_0(x) = \ln(1+e^x) \tag{6.16}$$

となる．ここに，$\mathcal{E}_F$ はフェルミエネルギーで，絶対零度 $(T \simeq 0)$ では二次電子密度は，

$$N_i = \frac{m^*}{\pi\hbar^2}(\mathcal{E}_F - \mathcal{E}_i) \tag{6.17}$$

となる．すなわち，サブバンド i 内の電子密度は，サブバンドの底から測ったフェルミエネルギーにより決まる．

GaAs $(a=5.65)$ と AlAs $(a=5.66)$ は格子定数の差が非常に小さく，GaAs 単結晶の上に AlAs，あるいは $Al_xGa_{1-x}As$ の単結晶を (容易に) 成長させることができる[注1]．GaAs は直接遷移型半導体で，その禁止帯幅は 300K で約 1.43eV，AlAs は間接遷移型で $\mathcal{E}_G \simeq 2.15$eV，直接端では約 2.95eV である．$Al_xGa_{1-x}As$ の Al 成分を 0 から 1 まで変化させると，図5.3に示したようにエネルギー禁止帯の幅が変化する．そこで，$x=0.3$ の $Al_xGa_{1-x}As$ を GaAs

---

[注1] A，B 二つの結晶の格子定数を a_A, a_B とするとき，$(a_B - a_A)/a_A$ を格子不整 (lattice mismatch) の定数とよぶ．

の上に成長させると,図6.2のようなエネルギー帯の不連続が生ずる[注2]. ただし,この図は不純物イオンや電子が存在しないものとして描いてある.

半導体の伝導帯の底から真空の準位までの差を電子親和力 (electron affinity) とよぶが,GaAs の方が $Al_xGa_{1-x}As$ よりも大きく,伝導帯に $\Delta\mathcal{E}_c \simeq 0.25 \sim 0.3\mathrm{eV}$ の不連続が生ずる. つまり,GaAs の方が $Al_xGa_{1-x}As$ よりも電子を引きつける力 (電子親和力) が強い.

AlGaAs の禁止帯幅 $\mathcal{E}_G(Al_xGa_{1-x}As)$,GaAs の禁止帯幅 $\mathcal{E}_G(GaAs)$ の差を $\mathcal{E}_G(Al_xGa_{1-x}As) - \mathcal{E}_G(GaAs) = \Delta\mathcal{E}_G$ とする. 図6.2に示すように,接合部における伝導帯と価電子帯の不連続値をそれぞれ $\Delta\mathcal{E}_c$,$\Delta\mathcal{E}_v$ とすると,$\Delta\mathcal{E}_G = \Delta\mathcal{E}_c + \Delta\mathcal{E}_v$ であるが,この $\Delta\mathcal{E}_G$ の $\Delta\mathcal{E}_c$ と $\Delta\mathcal{E}_v$ への配分比については種々の報告がある. 最初に決定したのはディングル (Dingle)[11] で,$\Delta\mathcal{E}_c = 0.85\Delta\mathcal{E}_G$ が x の値によらず成立するとした. その後の研究で,$\Delta\mathcal{E}_c \approx 0.60\Delta\mathcal{E}_G$ とする例が多い. たとえば,ミラーら[12]は,種々の量子井戸構造の光学測定から $\Delta\mathcal{E}_c \simeq 0.57\Delta\mathcal{E}_G$ を得ている.

GaAs や AlGaAs に Si を不純物として導入すると,ドープ量が少ない場合にはドナーとなる. いま,AlGaAs 層の成長時に Si を不純物として入れると,GaAs の方が電子親和力が大きいので,このドナーから励起された電子は GaAs 側に引きつけられる. 電子自身は負の電荷をもっているので,他の電子に対してクーロン反発力を及ぼす. この電子自身によるポテンシャルを考慮して,シュレディンガーの方程式を解かなければならない. 簡単のため,有効質量と誘電率がともに GaAs と AlGaAs 内で等しいと仮定すると,ヘテロ接合での二次元電子状態を得るのに解くべき方程式はシュレディンガー方程式

$$\left[-\frac{\hbar^2}{2m^*}\frac{d^2}{dz^2} + V(z)\right]F_i(z) = \mathcal{E}_i F_i(z) \tag{6.18}$$

とポアソンの方程式

$$\frac{d^2\phi(z)}{dz^2} = -\frac{e}{\kappa\epsilon_0}\left[-N_A(z) + N_D(z) - \sum_i N_i|F_i(z)|^2\right] \tag{6.19}$$

である. ここに,$V(z) = -e\phi(z) + V_0$ で,V_0 は伝導帯の不連続,N_A と N_D はアクセプタおよびドナー密度,$\kappa\epsilon_0$ は誘電率で,N_i は式 (6.16) で与えられる.

[注2] Si の pn 接合をホモ接合とよぶのに対して,このような異種結晶の接合をヘテロ接合とよぶ.

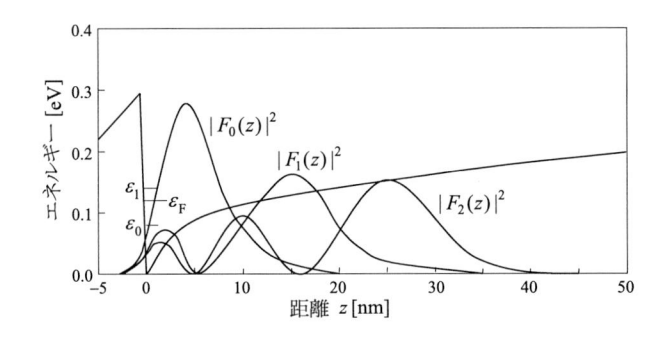

図 6.4 Al$_x$Ga$_{1-x}$As/GaAs ($x = 0.3$) における二次元電子ガスの自己無撞着解 ($N_s = 1.0 \times 10^{12}$ cm^{-2}, $T = 4.2$ K)

また，式 (6.19) の右辺括弧内の第 3 項が，電子自身のつくるクーロンポテンシャルとして他の電子に力を及ぼす．この連立方程式を自己無撞着的に解く方法は種々提案されているが，最近はコンピュータによる数値解析で精度のよい解が得られている．AlGaAs/GaAs ヘテロ構造において，$N_s = 5 \times 10^{11}$cm^{-2} とした場合の計算結果を図 6.4 に示す．

6.3 変調ドープと高電子移動度トランジスタ

1.6.2 項で述べたように，真性半導体では電子と正孔の密度が等しく，低温になるとその密度は急激に減少して，絶縁体的となる．現在広く用いられている半導体デバイスでは，これまでに述べてきたように，電子または正孔のいずれかが圧倒的に多い n 型または p 型の半導体と，それらを接合して用いるものが多い．pnp 接合や npn 接合を用いるトランジスタでは，ベース領域を通過する正孔や電子のように少数キャリアの振舞い，すなわち，少数キャリアの拡散がその動作を支配している．したがって，周波数特性を表す遮断周波数 ($f_T = 1/2\pi\tau_t$, τ_t はエミッタ・コレクタ間の走行時間) は $\tau_t = W_B^2/2D_n$ を用いると，

$$f_T \simeq \frac{1}{\pi}\frac{D_n}{W_B^2} \tag{6.20}$$

で与えられる．ここに，D_n はベースが p 型の場合の電子の拡散係数で，W_B はそのベースの幅である．拡散係数は，移動度との間に式 (2.26) に示した $D_\mathrm{n}/\mu_\mathrm{n} = k_\mathrm{B}T/e$ (アインシュタインの関係) が成立する．つまり，遮断周波数は D_n に比例し，移動度 μ_n に比例していることになる．この事情は MOSFET の場合でも同様で，チャネル長を電子が走行する時間で高周波側の限界が決まる．

以上の考察から，半導体デバイスの動作速度 (遮断周波数) を上げるには，高移動度の半導体を用いなければならないことがわかる．代表的な半導体の室温における電子移動度は，

$$\begin{aligned}
&\mathrm{Si}: &&\mu_\mathrm{n} = 1450\,\mathrm{cm^2/V\cdot s} \\
&\mathrm{Ge}: &&\mu_\mathrm{n} = 3900\,\mathrm{cm^2/V\cdot s} \\
&\mathrm{GaAs}: &&\mu_\mathrm{n} = 8600\,\mathrm{cm^2/V\cdot s} \\
&\mathrm{InSb}: &&\mu_\mathrm{n} = 76000\,\mathrm{cm^2/V\cdot s}
\end{aligned} \tag{6.21}$$

で，元素半導体の Ge と Si に比べ，GaAs や InSb のようなIII–V族化合物半導体の方が大きい．移動度は $\mu_\mathrm{n} = e\tau/m^*$ (e は電子の電荷量，τ は衝突の緩和時間，m^* は電子の有効質量) で与えられるが，GaAs や InSb では有効質量が小さく (GaAs では $m^* = 0.068m$, InSb では $m^* = 0.0138m$), そのため移動が大きいと考えられる．また，電子の移動度は散乱機構に大きく左右されるが，室温近くでは格子振動による散乱が支配的である．温度が低下すると格子振動は小さくなるから，移動度は上昇する (音響フォノン散乱による場合, $\mu_\mathrm{ac} \propto T^{-3/2}$). しかし，温度の低下とともに，電子はイオン化した不純物によるクーロン散乱を受ける確率が増え，移動度は低下する (不純物散乱による移動度は $\mu_\mathrm{imp} \propto T^{3/2}$). 音響フォノン散乱およびイオン化不純物散乱 (緩和時間をそれぞれ τ_ac と τ_imp とする) が存在する場合，全体としての緩和時間 τ は，

$$\frac{1}{\tau} = \frac{1}{\tau_\mathrm{ac}} + \frac{1}{\tau_\mathrm{imp}} \tag{6.22}$$

となる．したがって，全体の移動度は $\mu_\mathrm{n} = e\langle\tau\rangle/m^*$ のように τ の平均値で与えられる．$\mu_\mathrm{ac} \simeq \mu_\mathrm{imp}$ の領域を除けば

$$\frac{1}{\mu_\mathrm{n}} \simeq \frac{1}{\mu_\mathrm{ac}} + \frac{1}{\mu_\mathrm{imp}} \tag{6.23}$$

のように近似でき，この様子を示したのが図 6.5 である．移動度は温度が上昇すると不純物散乱が減るために上昇するが，さらに温度が高くなると格子振動による散乱が支配的となり，ふたたび移動度は低下する (図 6.5)．つまり，ある温度で移動度は極大となる．GaAs や InSb などのような化合物半導体では，高温領域になると，音響フォノン散乱よりも縦波光学フォノンがつくる分極場により電子が散乱される有極性光学フォノン散乱が重要となる．この有極性光学フォノン散乱でも，移動度は温度の上昇とともに低下する．このような移動度の温度依存性を GaAs で示したのが図 6.6 の下側の線である．

図中: 移動度 μ，$\mu_{ac} \propto T^{-3/2}$，$\mu_{imp} \propto T^{3/2}$，(低温) 温度 T (高温)

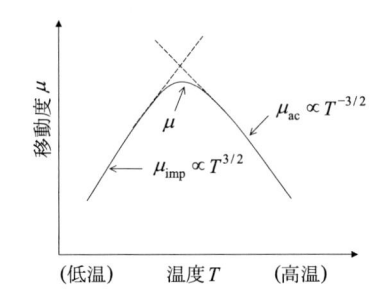

図 6.5 イオン化不純物散乱と音響フォノン散乱の存在する場合の電子の移動度の温度依存性

上に述べたバルク GaAs の例 (図 6.6) でも明らかなように，高移動度を実現しようとして温度を冷やしても，不純物散乱によりかえって移動度が低下してしまう．そこで，不純物イオンを少なくする方法が考えられるが，1.6.3 項で述べたように，半導体で電気伝導を担うキャリアはドナーやアクセプタ不純物から供給されたもので，不純物密度の低下はキャリア密度の低下をきたす．電流を担うキャリアが少なくなると，デバイスとして動作させることができなくなる．この矛盾を解決したのが変調ドープ (modulation dope) の考えで，その原理を図 6.6 と図 6.7 に示す [13]．図 6.7(a) は AlGaAs と GaAs のヘテロ接合の場合に相当し，電子親和力の大きい GaAs の伝導帯の底が AlGaAs の伝導帯の底よりも低くなり，電子が GaAs 層の井戸内に閉じ込められる．図 6.7(b) に示すように，AlGaAs および GaAs 層にドナー (Si がドナー不純物として用いられている) を一様にドープすると，ドナーから供給された電子は GaAs 層に閉じ込められるが，この層にもイオン化した不純物が存在するから，低温で

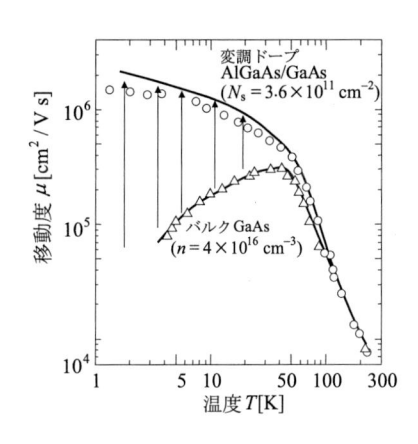

図 6.6 バルク GaAs と変調ドープ AlGaAs/GaAs の電子移動度の温度依存性

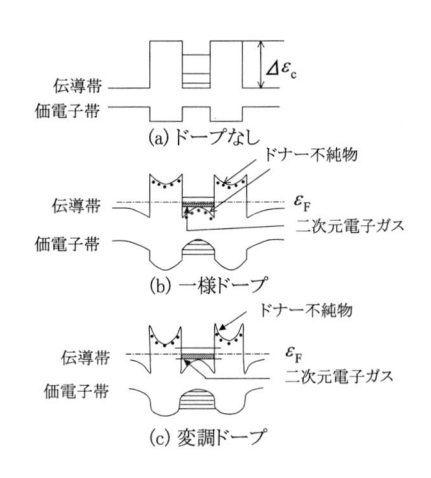

図 6.7 $Al_xGa_{1-x}As$/GaAs ヘテロ構造と変調ドープ

不純物散乱による移動度の低下が起こる．そこで，図 6.7(c) のように AlGaAs 層にはドナー不純物を導入し，GaAs 層は不純物を入れないで高純度を保つと，AlGaAs 層のドナーから供給された電子は，電子親和力の大きい GaAs 層に引きつけられ二次元電子ガスを形成する．この井戸層には不純物原子は存在しないから，不純物散乱の影響がなくなり，電子移動度は低温で高くなることが期待される．このような方法を変調ドープとよぶ．変調ドープの原理を用いると，図 6.6 に示すように低温で不純物散乱の影響を避け高い電子移動度が実現される．

上に述べたような半導体素子をつくるには，1 原子層程度の精度で結晶成長を行う技術を必要とする．最もよく使われる方法は図 6.8 に示す分子ビームエピタキシャル (MBE, Molecular Beam Epitaxy) 成長法である．超高真空に保った成長室に，クヌーセン (K) セル内に入れた金属をヒータで加熱蒸発させて分子ビームとし，これを結晶基板上に成長させるもので，単原子層の制御が可能である．この成長法を用いて薄い原子層を (たとえば，AlAs と GaAs を交互に) 積み重ねた超格子から，AlGaAs のバリヤー層を比較的厚くした量子井戸構造の素子がつくられている．

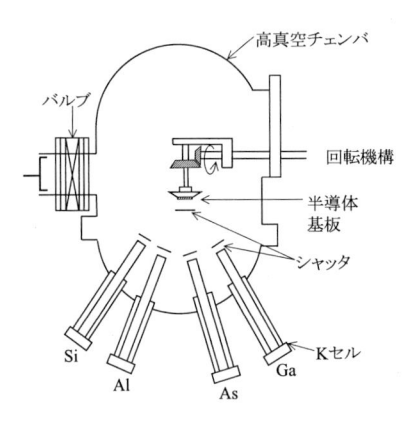

図 6.8 分子ビームエピタキシャル (MBE) 成長装置

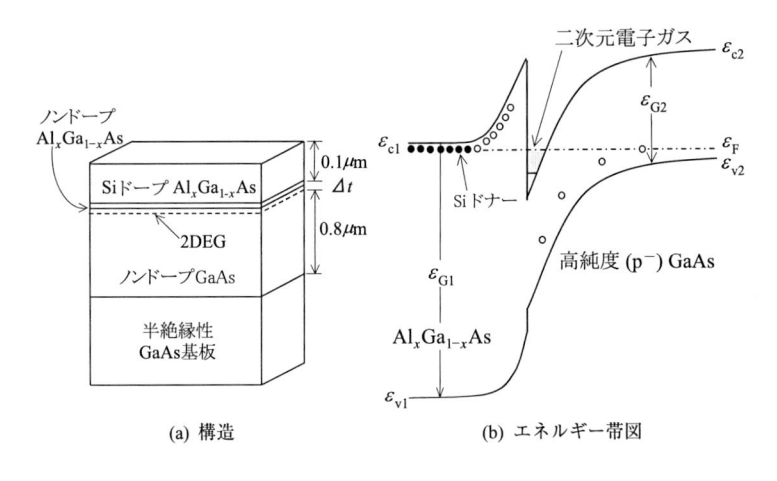

(a) 構造

(b) エネルギー帯図

図 6.9 HEMT

変調ドープを応用し，不純物散乱の影響を少なくして低温で高い電子移動度を実現したものが高電子移動度トランジスタ (HEMT, High Electron Mobility Transistor, 図 6.9(a)) である．GaAs 基板の上に MBE 法で高純度 GaAs を成長させ，ついで，$Al_xGa_{1-x}As(x \simeq 0.3)$ を $6 \sim 10$nm 成長させた後，ドナーとして Si を含む $Al_xGa_{1-x}As$ を成長させる．さらに，AlGaAs 層の上にキャップ層とよばれる GaAs をつけたものが用いられることもある．図 6.9(b) は AlGaAs/GaAs 界面近くのエネルギー帯図を示したもので，AlGaAs 層の

イオン化したドナーと GaAs 層の二次元電子が分離されて存在する．このような構造の素子において，自己無撞着解法でシュレディンガー波動方程式とポアソンの方程式を解いて求めた伝導帯の形状と電子の波動関数 (2 乗したもの) とを，二次元電子ガスのサブバンドエネルギー $\mathcal{E}_0$ と $\mathcal{E}_1$，ならびに，フェルミエネルギー ($\mathcal{E}_F$) とともに，図 6.4 に示した．このような HEMT の電子移動度および電子密度を温度の関数でプロットしたのが図 6.10 で，電子密度はほぼ一定に保たれているが，低温で高い移動度が得られている [14]．最近では，少し異なった構造で約 6×10^6 cm^2/V·s の高い電子移動度が得られている．

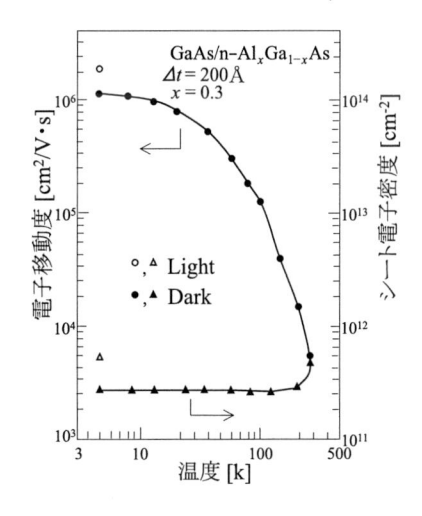

図 6.10 HEMT における電子密度と電子移動度の温度依存性

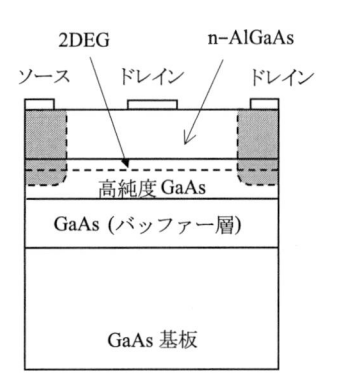

図 6.11 HEMT の基本構造 AlGaAs と高純度 GaAs の界面近傍に二次元電子ガス (2DEG) のチャネル層が形成される．

HEMT の素子構造は図 6.11 のようになっており，Si の MOSFET と同様，ソース，ドレインおよびゲートからなっている．したがって，その動作特性は Si の MOSFET と基本的には同じであるので，第 4 章で述べた式 (4.73) がそのまま使える．ゲート電極に正の電圧を印加すると，AlGaAs/GaAs 界面の GaAs 層内に二次元電子ガス (2DEG, Two–Dimensional Electron Gas) が誘起されて，チャネル層が形成される．HEMT の電子移動度が高いことから，

ソース・ドレイン間を走行する電子の速度は大きく，したがって，動作速度が速いと予想される．実際には，移動度の大きい電子にはホットエレクトロン効果が強く，わずかの電界で電子温度が上昇して，移動度の減少，ドリフト速度の飽和現象などで最高のドリフト速度もあまり大きくならない．ソース・ドレインの電極間隔 (L) を電子の飽和速度 (v_sat) で運動するとすると，走行時間は，

$$\tau_\text{t} = \frac{L}{v_\text{sat}} \tag{6.24}$$

となる．この飽和速度は n–Si で約 0.96×10^7 m/s, n–GaAs で約 1.5×10^7 cm/s で，HEMT でも高々約 3×10^7 cm/s であろうと予想されている．したがって，この単純な見積もりでは動作時間に大差が生じないとする説もある．しかし，低電界でも速度が速いことは実効的に動作速度を速める．また，電極間隔を 1μm 以下にして，電子が非常に熱い状態になる前にドレインに入り込むようにすると，非平衡時の電子ドリフト速度は平衡時の数倍に達するドリフト速度のオーバーシュート効果が起こるという予想もある．HEMT はすでに高周波・低雑音素子として実用に供されているが，GaAs 層を InGaAs 層で置き換えるとさらに有効質量が小さくなり移動度が大きくなるので最近では InGaAs を用いた HEMT が優れているといわれている．この分野は，まだ基礎研究の段階のものが多く，これから多種多様のデバイスが提案されるであろうし，材料の組み合わせを変えてより特性のすぐれたデバイスがつくられる可能性もある．

6.4 その他のヘテロ構造トランジスタ

エミッタとベースをエネルギー禁止帯幅の異なる半導体でつくり，トランジスタの特性を改善する提案は古くからあった．このようなトランジスタをヘテロバイポーラトランジスタ (HBT) とよぶ．しかし，結晶成長が困難なことから実用化できるデバイスをつくることができなかった．MBE の技術が広く用いられるようになり，ヘテロ構造を用いた種々のトランジスタが提案され，その特性が報告されるようになり，注目を集めている．これらのうちいくつかについて述べる．

図 6.12 はホットエレクトロントランジスタ (HET, Hot Electron Transistor)

6.4 その他のヘテロ構造トランジスタ

図 6.12 ホットエレクトロントランジスタ (HET) のエネルギー帯図

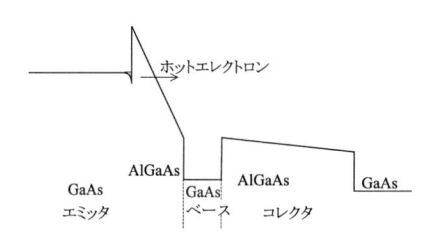

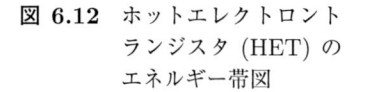

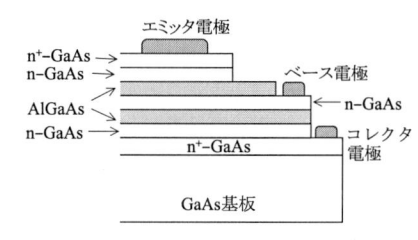

図 6.13 ホットエレクトロントランジスタ (HET) の構造

のエネルギー帯図で，エミッタとコレクタの障壁として AlGaAs が用いられている．エミッタ障壁が薄いため，電子は GaAs エミッタから GaAs ベースにトンネル効果で注入される．注入された電子のエネルギーは，ベース層の GaAs の伝導帯の底よりも非常に高く，ホットエレクトロンとなっている．ベース領域が十分狭ければ，注入された電子は散乱されることなくコレクタに集められる．従来のホモ接合のバイポーラトランジスタにおいては，ベース領域の電子は拡散によりコレクタ側に流れるため，その動作時間の改善は困難であった．この HET では，非常に高い周波数での動作が可能である．なお，コレクタバイアスを変化させコレクタ電流を測定すると，ホットエレクトロンのエネルギー分布を測定することができる．図 6.13 は HET の構造を示す．

エミッタに障壁を二つ設けると量子井戸が形成され，そこに二次元電子のエネルギー準位ができる．エミッタの電子エネルギーをこの準位に合わせて，共鳴トンネル効果を用いてホットエレクトロンを注入するようにしたのが共鳴トンネルホットエレクトロントランジスタ (RHET, Resonant Hot Electron Transistor) で，そのエネルギー帯を図 6.14 に示す．また，図 6.15 のようにコレクタ障壁のない構造のものを共鳴トンネルバイポーラトランジスタ (RBT, Resonant–Tunneling Bipolar Transistor) とよぶ．

150　第6章　量子井戸デバイス

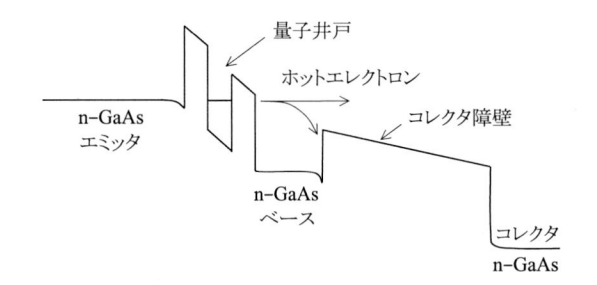

図 6.14　RHET のエネルギー帯図

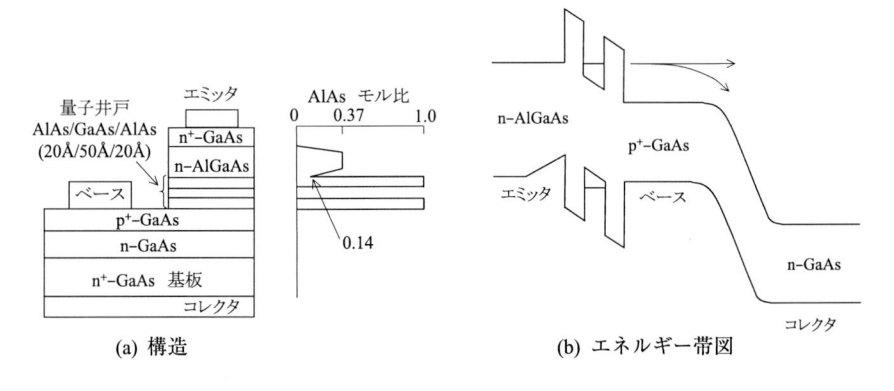

図 6.15　共鳴トンネルバイポーラトランジスタ (RBT)

6.5　多重量子井戸レーザ

　5.3 節で二重ヘテロ構造の半導体レーザの原理を説明した．その際，電子と正孔を狭い層内に閉じ込めると，電子–正孔の再結合の効率が上がり，発光効率を向上させることができることを示した．この二重ヘテロ構造の活性層厚を薄くしていくと，量子井戸構造になることは明らかである．三次元的なエネルギー帯では，電子と正孔の状態密度は (1.6 節の式 (1.70) で述べたように電子エネルギー ($\mathcal{E}$) に対し) $\sqrt{\mathcal{E} - \mathcal{E}_c}$ に比例し，伝導帯の底で 0 となる．しかし，量子井戸の場合，式 (6.14) で与えられるように状態密度はステップ状に変化し，サブバンドの底 (最低のエネルギー) でも有限の大きな値をもっている．このことから，量子井戸構造にすると，電子–正孔の再結合発光効率が高くなること

が予想される．しかし，活性層の厚さ (d) が小さくなると，まわりの不活性層に漏れる割合が増加するので閉じ込め割合は減少する．このためレーザ発振に必要な大きな光学利得 (式 (5.19) の g) を得るためには，電流を増さなければならない．すなわち，しきい値電流 J_th が増大する．

量子井戸レーザのしきい値電流を下げる方法としては，図 6.16(b)，(c) に示すような二つの方法が提案されている．(b) に示した光とキャリアの閉じ込め領域を分離する方法では，キャリアは狭い幅 (L_w) の井戸層に閉じ込められるが，その両端の半導体の組成を変えることによって，エネルギー禁止帯を傾斜的に変化させれば，光の閉じ込め係数を大きくすることができる．$\mathrm{Al}_x\mathrm{Ga}_{1-x}\mathrm{As}/\mathrm{GaAs}$ 系の場合には，Al の組成 (x) を変化させて結晶を成長させることによりつくられる．このようなレーザを GRINSCH–LD (Graded Index Separate Confinement Heterostructure–Laser Diode) とよぶ．他の方法を図 6.16(c) に示す．多重量子井戸構造とすると，実効的に光の閉じ込め係数を大きくすることができるうえに，それぞれの量子井戸に注入する電流を低くしたまま光学利得を高くすることができるので，しきい値電流の低減が可能となる．

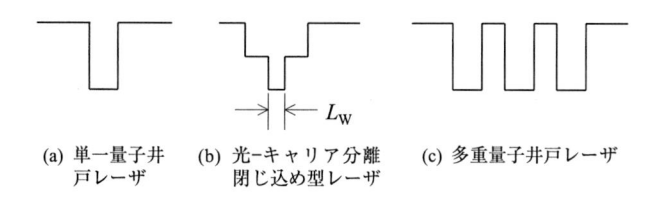

(a) 単一量子井戸レーザ　(b) 光-キャリア分離閉じ込め型レーザ　(c) 多重量子井戸レーザ

図 **6.16**　種々の量子井戸レーザのエネルギー帯図

第7章

その他のデバイス

　半導体におけるホットエレクトロン効果を用いたマイクロ波デバイス，半導体に応力を加えたとき抵抗が変化するピエゾ抵抗効果を用いた圧力センサやホール効果を用いたホール素子について，その動作原理を解説する．

7.1　ガンダイオード

　n型GaAsに高電界パルスを印加し，電界が約3kV/cmを越えると，図7.1に示すように電流発振現象が観測される．このときの発振周波数fは試料の電極間隔をL，電子の平均ドリフト速度をv_dとすると，

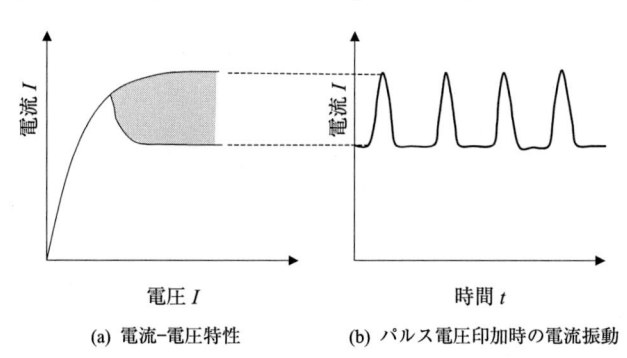

(a) 電流-電圧特性　　(b) パルス電圧印加時の電流振動

図 **7.1**　n–GaAsにおける電流発振現象(ガン効果)

$$f = \frac{v_\mathrm{d}}{L} \tag{7.1}$$

で与えられる．この現象はガン (Gunn) により 1963 年に発見されたもので [15]，ガン効果とよばれ，これを用いたマイクロ波素子をガンダイオードとよぶ．

ガン効果は GaAs のエネルギー帯構造の特異性に起因するもので，図 7.2 に示すように有効質量が小さく移動度の大きい伝導帯 (Γ バレー) と，それより少しエネルギーの高いところにある有効質量が大きく移動度の小さい伝導帯 (L バレーや X バレー) の間の電子の遷移によって起こる．図 7.2 のエネルギー帯構造はアスプネス (Aspnes)[16] により決められたものである．

簡単のため，Γ 点の伝導帯ともう一つの伝導帯のみを考え，それぞれの有効質量，電子密度，移動度を m_1^*, n_1, μ_1 と m_2^*, n_2, μ_2 とする．移動度と緩和時間 τ の間には $\mu = e\tau/m^*$ の関係があり，$m_1^* \ll m_2^*$ であるので，$\mu_1 \gg \mu_2$ である．伝導帯の底のエネルギー差が $\Delta\mathcal{E} \simeq 0.3\,\mathrm{eV}$ であるから，室温 ($T = 300\,\mathrm{K}$) で，

$$\frac{n_2}{n_1} = \left(\frac{m_2^*}{m_1^*}\right)^{3/2} \exp\left(-\frac{\Delta\mathcal{E}}{k_\mathrm{B}T}\right) \sim 2 \times 10^{-4} \tag{7.2}$$

となり，電界が低いときほとんどの電子は Γ バレーに存在する．上式において，因子 $(m_2^*/m_1^*)^{3/2}$ は，伝導帯の有効状態密度が式 (1.76a) で与えられるように有効質量の 3/2 乗に比例することを用い，$m_2^*/m_1^* = 0.56/0.068$ を用いた．全電子密度を $n = n_1 + n_2$ とすると，低電界では電流密度 J は，

$$J = e(n_1\mu_1 + n_2\mu_2)E \simeq en\mu_1 E \tag{7.3}$$

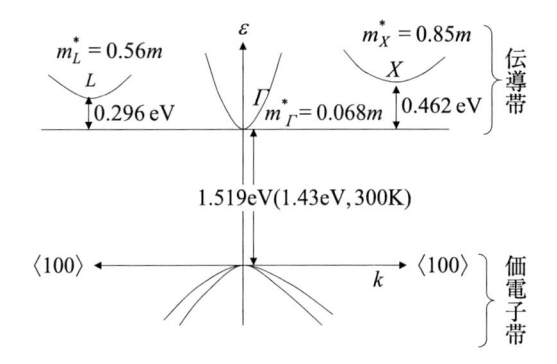

図 7.2 GaAs のエネルギー帯構造 ($T = 0\,\mathrm{K}$)

で与えられる．高電界になると，電子は電界から大きなエネルギーをもらい電子温度が上昇し(ホットエレクトロン効果)，高いエネルギーをもつ Γ バレーの電子が上の伝導帯に遷移する．この伝導帯での電子移動度は小さいから電流密度は減少し，電界の増加とともに，

$$J = en\mu_2 E \tag{7.4}$$

に近づく．この様子を模式的に示すと図7.3のようになり，電界が E_P と E_V の間で負性微分導電率 $(\partial J/\partial E < 0)$ が現れる．このような特性を有する半導体に，$E_P < E < E_V$ の電界 E が印加されたとする．試料には不均一性があり，抵抗の高い部分には他よりも高い電界(高電界ドメイン)が発生する．高電界ドメインの前面ではホットエレクトロン効果で Γ バレーから上のバレーへ電子が遷移し，そこではドリフト速度が遅いためドメインの後面へきて移動する．この部分から逃げようとするとふたたび速度の大きい Γ バレーに遷移しドメインにとらえられる．このようにして，高電界部の前面には電子密度の少ない，正味の正電荷をもつ領域ができる．正にイオン化したドナーと電子密度の変化による電気二重層を形成し，この部分の電界強度が増大し，電子のドリフト速度で移動する高電界領域 (high field domain) が発生する．このドメインの動きを模式的に示すと，図7.4のように，陰極近傍で成長し陽極に向かって伝搬し，陽極に達すると消滅し，同時にふたたび陰極近傍で発生し，これを繰

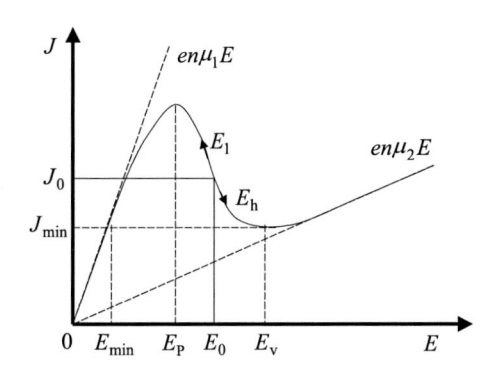

図 7.3 二つの伝導帯(バレー)をもつ半導体の電流–電圧特性(ガン効果)

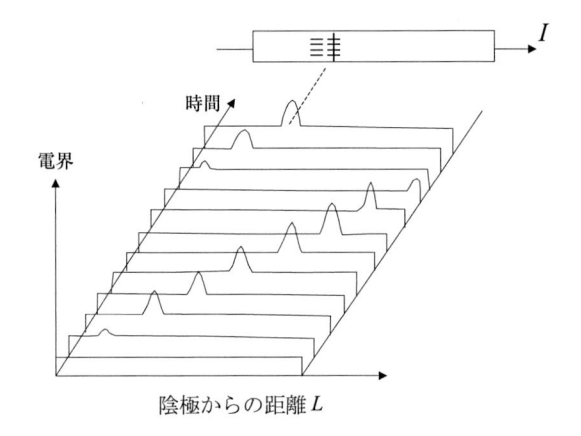

図 7.4 ガンダイオードにおける高電界ドメインの走行

り返す．この高電界ドメインの移動に伴って電流振動が起こるので，その発振周波数は式 (7.1) で与えられる．

電荷密度を ρ とすると，

$$\epsilon \frac{\partial E}{\partial x} = \rho \tag{7.5}$$

この両辺を時間 t について微分すると，

$$\frac{\partial}{\partial x}\dot{E} = \frac{1}{\epsilon}\dot{\rho} \tag{7.6}$$

を得る．これに電流連続の式 $\mathrm{div} J = -e\partial \rho/\partial t$ を用いると，

$$\frac{\partial}{\partial x}\dot{E} = -\frac{1}{\epsilon}\frac{\partial}{\partial x}J \tag{7.7}$$

となる．この式を空間電荷層の狭い領域で積分すると，

$$\dot{E}_2 - \dot{E}_1 = -\frac{1}{\epsilon}(J_2 - J_1) \tag{7.8}$$

となる．この領域での電界の変化分を $\Delta E = E_2 - E_1$ とすると，

$$\frac{\mathrm{d}}{\mathrm{d}t}(\Delta E) = -\frac{1}{\epsilon}\frac{\mathrm{d}J}{\mathrm{d}E}\Delta E \tag{7.9}$$

が得られる．これより

$$\Delta E = \Delta E_0 \exp\left(-\frac{t}{\tau_\mathrm{d}}\right) \tag{7.10}$$

$$\tau_{\mathrm{d}} = \frac{\epsilon}{(\mathrm{d}J/\mathrm{d}E)} = \frac{\epsilon}{en_0\mu'} \tag{7.11}$$

$$\mu' = \frac{\mathrm{d}v_{\mathrm{d}}}{\mathrm{d}E} \tag{7.12}$$

となる．n_0 は実効的な電子密度 ($J = n_0 e v_{\mathrm{d}}$) で，μ' は微分移動度である．$\mathrm{d}J/\mathrm{d}E$ は微分導電度であるから，$E_{\mathrm{T}} < E < E_{\mathrm{V}}$ で $\mathrm{d}J/\mathrm{d}E < 0$，つまり負性微分導電度のために $\tau_{\mathrm{d}} < 0$ となり，電界に ΔE_0 の不均一性があると式 (7.10) で与えられるように，時間 t とともに ΔE は指数関数的に増大する．これが高電界ドメインの発生である．電流発振にはさらに次の関係式を満たすことが必要である [17]．

$$n_0 L > 2.7 \times 10^{11} \mathrm{cm}^{-2} \tag{7.13}$$

ここに，n_0 は平均の電子密度で，L は電極間距離である．ドメインの移動速度は約 $1.0 \times 10^7 \mathrm{cm/s}$ であるから，$L = 100 \mu\mathrm{m}$ で $f = 1\mathrm{GHz}$，$L = 10 \mu\mathrm{m}$ で $f = 10\mathrm{GHz}$ のマイクロ波発振が得られる．図 7.5 は $L \simeq 100 \mu\mathrm{m} \sim 1\mathrm{mm}$ の n–GaAs におけるドメインの伝搬時間 (□) と電流振動の周期 (○) を $T = 300\mathrm{K}$ で測定した結果で，式 (7.1) とよく一致している [18]．また図 7.6 はバイアス電圧と周波数の関係で，

$$\frac{\Delta f/f}{\Delta V/V} \sim 3 \times 10^{-3} \tag{7.14}$$

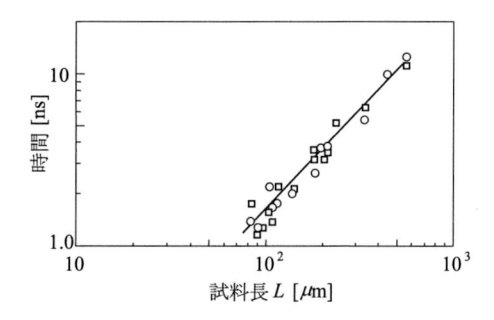

図 7.5　$T = 300\mathrm{K}$ における n–GaAs ガンダイオードの電流振動周期 (○) と高電界ドメイン走行時間 (□) の試料長依存性

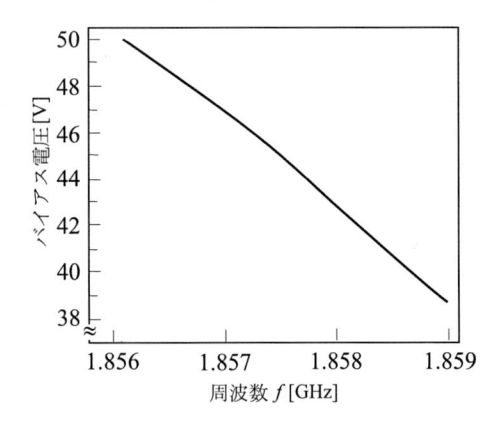

図 7.6 ガンダイオードの発振周波数のバイアス電圧依存性

のごとく非常にバイアス電圧依存性が弱く，安定した動作が得られる．発振の半値幅は $f = 2\mathrm{GHz}$ で約 3kHz と非常にすぐれている [19]．

7.2 磁気センサ

磁界を検出する素子としては，ホール効果 (2.6 節参照) を用いるもの (ホール素子) と，磁気抵抗が磁界とともに増加する磁気抵抗効果 (付録 B 参照) を用いるものがある．ホール効果は磁界 B_z と電流 J_x に対し，両方に垂直な方向に電界 (ホール電界) E_H を発生するもので (式 (2.39a) 参照)，

$$E_\mathrm{H} = R_\mathrm{H} B_z J_x \tag{7.15}$$

で与えられる．ここに，電子密度を n，電子の電荷量を e とすると，$R_\mathrm{H} = -r_\mathrm{H}/ne$ で，r_H はホール効果の散乱因子とよばれ 1 に近い値をもつので，しばしば $r_\mathrm{H} = 1$ とおく．試料の磁界方向の厚さを t とし，ホール電界方向の電位差 (ホール電圧) を V_H とおいて，試料の形状効果を考慮すると次の式が成り立つ．

$$V_\mathrm{H} = \frac{G \cdot R_\mathrm{H} I_x B_z}{t} \tag{7.16}$$

ここに，I_x は x 方向の電流で，G は試料の形状と磁界の大きさによって決まる係数である．移動度を μ とし，$J_x = ne\mu E_x$ を式 (2.39a) に用いると，

$$\frac{E_y}{E_x} = \mu B_z \equiv \tan\theta_H \tag{7.17}$$

となる．この θ_H をホール角とよぶ．ホール効果の形状因子 G は，ホール角 θ_H，試料の長さ l(x 方向)，幅 w(y 方向) の比 l/w を用いると，図 7.7 のようになる．

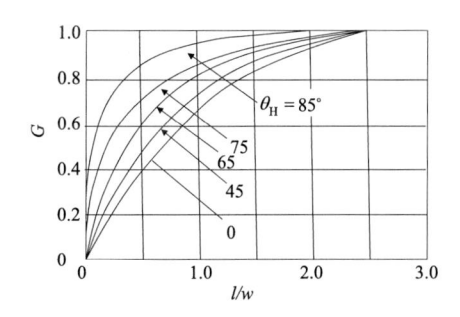

図 7.7 ホール効果の形状因子 G の l/w 依存性 ($\theta_H = \tan^{-1}(\mu B_z)$)

ホール素子の感度は，電流 I_x と磁界 B_z に対してどれだけのホール電圧を発生するかで決まるので，

$$V_H = K_H I_x B_z \tag{7.18}$$

$$K_H = \frac{GR_H}{t} \tag{7.19}$$

と表し，係数 K_H をホール素子の積感度とよぶ．G は形状のみならずホール角 θ_H，つまり磁界 B_z に依存するから，積感度 K_H は磁界 B_z に対して一定とはならない．このようなことから，ホール素子を高磁界で用いる場合や磁界に対して直線性を要求する場合には，補正回路を設ける必要がある．表 7.1 は各種ホール素子のうち代表的なものの特性をまとめたものである [20]．図 7.8 は高感度ホール素子の構造を示したもので，最近ではこの図のように MBE や MOCVD で量子井戸構造とし，不純物を適当にドープすることにより，移動度や導電率の温度依存性を小さくした温度係数の小さい素子がつくられている．初期のものは図 7.8 の電極を半導体基板につけたり，感度を増すために強磁性

表 7.1 ホール素子の特性

	電流 I_x [mA]	無負荷ホール電圧 V_H [mV] (B_z=1kG)	積感度 K_H [mV/mA·kG]	V_H の温度係数 β [%/℃]
InAs	100	≥ 8.5	≥ 0.085	~ -0.1
	400	≥ 30	≥ 0.075	~ -0.07
InAsP	100	≥ 13	≥ 0.13	~ -0.06
	200	≥ 29.5	≥ 0.145	~ -0.04
Ge	15	≥ 43	≥ 3.0	0.02
	20	≥ 5	≥ 0.25	0.02
InSb	5	250〜550	50〜110	$-1.0 \sim -1.3$
	10	80〜300	8〜30	-2.0(最大)
GaAs	1	10〜30	10〜30	-0.06
	5	14〜100	2.8〜20	-0.06

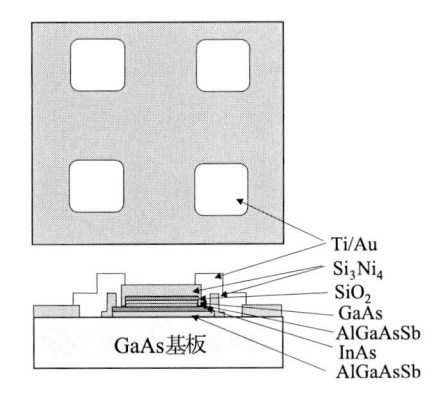

図 7.8 ホール素子の形状
初期のものは半導体基板に電極をつけた単純な構造のものであったが，最近は感度や温度特性を改善するため量子井戸構造素子のものが利用されるようになった．

体の間に半導体をサンドイッチしたものが使われていた．主な用途はホールモータ，電流センサ，携帯電話のカーソルなどがある．

7.3 量子ホール効果を用いた標準抵抗

　最近，フォン・クリッチングにより発見された量子ホール効果 [21] を抵抗の標準に用いようとする試みがなされている．量子ホール効果は MOSFET の反転層や AlGaAs/GaAs ヘテロ接合面に形成される二次元電子ガスに，面に垂直な方向に磁界を印加すると，ある磁界でホール電圧にプラトー (ホール電圧を磁界に対してプロットすると V_H が B_z に比例せず，平坦な部分が現れる) が現れ，

$$\frac{V_H}{I_x} = \frac{h}{ie^2} = \frac{25812.8}{i} = \frac{R_K}{i} \ [\Omega] \quad (i = 1, 2, 3, \cdots) \tag{7.20}$$

となる現象である．整数 i はランダウ準位が下から i 番目まで占有されていることを示す数である．これを標準抵抗とした場合の標準偏差は，1ppm (10^{-6}) 程度以下であるといわれている [22]．また，$R_K = h/e^2 = 25812.8\Omega$ はフォン・クリッチング定数とよばれる．

付　録

A　電子散乱と緩和時間

ここでは半導体における散乱の緩和時間 τ をまとめて説明する．単位時間に散乱される回数 (散乱確率) を $1/\tau$ で表すことができる．この散乱の確率は電子のエネルギー $\mathcal{E}(=\hbar^2 k^2/2m^*)$ に依存するので，電子移動度を正確に求めるには，電子の分布関数を考慮した平均操作が必要である．各種散乱の緩和時間の導出や平均操作については文献 [7,8] に詳しく述べられている．

A.1　変形ポテンシャル型音響フォノン散乱

半導体のエネルギー帯は，結晶構成原子の周期性とそのポテンシャルの大きさに依存する．したがって，結晶 (格子) が変形すれば電子のエネルギー帯が変化する．いま，体積 V の結晶に体積変化 ΔV が起き，伝導帯の底のエネルギーが $\mathcal{E}_\mathrm{c}$ から $\Delta \mathcal{E}_\mathrm{c}$ だけ変化するものとすると，

$$\Delta \mathcal{E}_\mathrm{c} = E_l \cdot \frac{\Delta V}{V} \tag{A.1}$$

と書ける．ここに，比例定数 E_l を変形ポテンシャル (deformation potential) とよぶ．結晶中を音波が伝搬するとき，局所的な変形により $\Delta V/V$ の変化が現れ，伝導帯の底が変調を受ける．これにより電子が散乱され，電気抵抗の原

因となる．この散乱の割合は[注1]，

$$\frac{1}{\tau_{ac}} = \frac{(2m^*)^{3/2} E_l^2 k_B T}{2\pi \hbar^4 \rho V_s^2} \mathcal{E}^{1/2} \tag{A.2}$$

で与えられる．ここに，m^* は電子の有効質量で，$\mathcal{E} = \hbar^2 k^2/2m^*$ は伝導帯の底から測った電子のエネルギー，ρ は結晶の比重，V_s は音速 (通常は縦波音波の音速) である．

A.2　無極性光学フォノン散乱

　Ge や Si は単位胞に 2 個の原子を有し，1.2 節で述べたように，隣どうしの原子が交互に反対方向に変位する光学振動が可能となる．この格子振動を光学フォノンとよぶが，Ge や Si の単位胞内の 2 個の原子はまったく等価であるから，この相対変位によっては電界は誘起されない．これに反し，GaAs や InSb などのIII–V族化合物半導体，ZnTe や ZnSe などのII–VI族化合物半導体では，単位胞に異種の原子を有するので，相対変位により分極が誘起される．このようなことから，Ge や Si のようなダイヤモンド型結晶の光学フォノンを無極性光学フォノンとよび，GaAs や ZnTe などの光学フォノンを (有) 極性光学フォノンとよぶ．

　無極性光学フォノンによる電子の散乱は，音響フォノンの場合と同じように，変形ポテンシャルを定義すると，緩和時間は次のようになる．

$$\frac{1}{\tau_0} = \frac{E_0^2}{E_l^2} \cdot \frac{x_0}{2(e^{x_0}-1)} \cdot \frac{(2\mathcal{E}/m^*)^{1/2}}{l_{ac}} \left[\sqrt{1+\frac{\hbar\omega_0}{\mathcal{E}}} + e^{x_0}\sqrt{1-\frac{\hbar\omega_0}{\mathcal{E}}} \right] \tag{A.3}$$

E_0 は光学フォノン散乱の変形ポテンシャル，$\hbar\omega_0$ は光学フォノンのエネルギーである．また，x_0 は以下のようになる．

$$x_0 = \hbar\omega_0 / k_B T$$

[注1] この式の導出には，格子振動の量子化と量子力学的な散乱確率の計算が必要である．たとえば，文献 [23] Chapter 6，文献 [8] Chapter 6，文献 [4] 下巻第 16 章，または文献 [7] 第 6 章を参照されたい．また，以下に述べる A.1 ～ A.7 の散乱に対する緩和時間についても上記のテキストに述べられている．

ここに, l_{ac} は音響フォノン散乱の平均自由行程で, 上式は,

$$l_{\text{ac}} E_l^2 = \frac{\pi \hbar^4 \rho V_{\text{s}}^2}{m^{*2} k_{\text{B}} T} \tag{A.4}$$

の関係を用いて書き直してある.

A.3 極性光学フォノン散乱

上に述べたように, イオンの相対的変位によって分極を生じるもので, 結晶の静電誘電率を $\kappa_0 \epsilon_0$ (ϵ_0 は真空の誘電率), 光学 (高周波) 誘電率を $\kappa_\infty \epsilon_0$ とすると, 分極に寄与する実効的な電荷は, $(1/\kappa_\infty - 1/\kappa_0)^{1/2}$ に比例する. この分極による電界を求め, 電子との相互作用の強さを計算したのはフレーリッヒ (Fröhlich) で, この散乱の緩和時間は次式で与えられる.

$$\frac{1}{\tau_{\text{po}}} = \frac{e^2 m^{*1/2} \omega_{\text{po}}}{4\sqrt{2}\pi \epsilon_0 \hbar} \left(\frac{1}{\kappa_\infty} - \frac{1}{\kappa_0} \right) \frac{1}{\sqrt{\mathcal{E}}} \left[(n_{\text{po}} + 1) \ln \left| \frac{\sqrt{\mathcal{E}} + \sqrt{\mathcal{E} - \hbar\omega_{\text{po}}}}{\sqrt{\mathcal{E}} - \sqrt{\mathcal{E} - \hbar\omega_{\text{po}}}} \right| \right.$$
$$\left. + n_{\text{po}} \ln \left| \frac{\sqrt{\mathcal{E}} + \sqrt{\mathcal{E} + \hbar\omega_{\text{po}}}}{\sqrt{\mathcal{E}} - \sqrt{\mathcal{E} + \hbar\omega_{\text{po}}}} \right| \right] \tag{A.5}$$

$$n_{\text{po}} = \frac{1}{\exp(\hbar\omega_{\text{po}}/k_{\text{B}} T) - 1} \tag{A.6}$$

ここで, $\hbar\omega_{\text{po}}$ は縦波光学フォノンエネルギーである.

A.4 等価バレー (谷) 間散乱

1.3節で半導体のエネルギー帯構造について述べたが, Ge では $(2\pi/a)(1/2, 1/2, 1/2)$ に, Si では $(2\pi/a)(1, 0, 0)$ 方向に伝導帯の底があることを示した. 第1ブリルアン領域の対称性を考えると, Ge では等価な4個の点に, また Si では等価な6個の点に伝導帯の底がある. このようなことから, Ge や Si の伝導帯は多数バレー構造をしているという. 当然, 電子にはこのバレー間での遷移をともなう散乱が起こる. この散乱をバレー間散乱, またはどのバレーも等価な位置にあるので, 等価バレー間散乱とよぶ. この散乱の緩和時間は次式で与えら

れる．

$$\frac{1}{\tau_{\rm iv}} = (Z_{\rm e} - 1) \frac{m^{*3/2} \Xi_{\rm iv}^2}{\sqrt{2\pi}\rho\omega_{\rm iv}\hbar^3} \left[(n_{\rm iv} + 1)\sqrt{\mathcal{E} - \hbar\omega_{\rm iv}} + n_{\rm ix}\sqrt{\mathcal{E} + \hbar\omega_{\rm iv}} \right] \quad \text{(A.7)}$$

$$n_{\rm iv} = \frac{1}{\exp(\hbar\omega_{\rm iv}/k_{\rm B}T) - 1} \quad \text{(A.8)}$$

ここで，$Z_{\rm e}$ は等価なバレーの数，$\Xi_{\rm iv}$ はバレー間散乱の変形ポテンシャル，$\hbar\omega_{\rm iv}$ はバレー間散乱フォノンのエネルギーである．

A.5 不等価バレー (谷) 間散乱

GaAsの伝導帯の底は $k = 0$ (Γ点) にあり，それより上の L 点と X 点近くにも伝導帯の底がある (図1.16)．高電界を印加して，電子を加速すると高いエネルギーをもった電子が低エネルギーバレーに発生し，ここから高エネルギーバレーへ遷移する．このようにエネルギーが異なる伝導帯底の間を遷移するような場合を不等価バレー間散乱とよぶ．この散乱の緩和時間は付録A.4と同様にして，バレー i の底から測ったエネルギーを $\mathcal{E}_i$ とすると，バレー i からバレー j への散乱の場合，次式で与えられる．

$$\frac{1}{\tau_{ij}} = Z_j \frac{m_j^{*3/2} \Xi_{ij}^2}{\sqrt{2\pi}\rho\omega_{ij}\hbar^3} \left[(n_{ij} + 1)\sqrt{\mathcal{E}_i - \Delta_j + \Delta_i - \hbar\omega_{ij}} \right.$$
$$\left. + n_{ij}\sqrt{\mathcal{E}_i - \Delta_j + \Delta_i + \hbar\omega_{ij}} \right] \quad \text{(A.9)}$$

$$n_{ij} = \frac{1}{\exp(\hbar\omega_{ij}/k_{\rm B}T) - 1} \quad \text{(A.10)}$$

ここで，Z_j は散乱後のバレーの縮重度，m_j^* は散乱後のバレーの有効質量，Ξ_{ij} は不等価バレー間散乱の形変ポテンシャル，$\hbar\omega_{ij}$ は不等価バレー間散乱のフォノンエネルギー，Δ_i, Δ_j は i バレーと j バレーの底のエネルギーである．

A.6 イオン化不純物散乱

電子が負に帯電したアクセプタに近づくと反発力を受け，正に帯電したドナーに近づくと引力を受ける．この様子を示したのが図A.1で，このような散乱を最初に原子核に対して明らかにしたのはラザフォード (Rutherford) であ

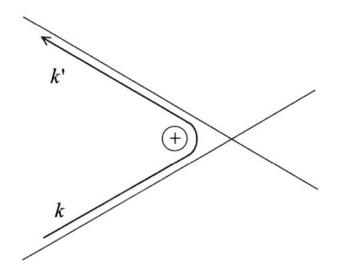

図 A.1 イオン化不純物による散乱 (ラザフォード散乱)

る．このラザフォード散乱を，半導体中のキャリアがイオン化したドナーやアクセプタで散乱される場合に応用したのがコンウェル (Conwell) とワイスコッフ (Weisskopf)[24] である．さらに，このモデルに電子による遮へい効果を取り入れたのはブルックス (Brooks)[25] とヘリング (Herring) である．彼らの結果によると，イオン化不純物散乱の緩和時間は次のとおりである．

$$\frac{1}{\tau_{\mathrm{imp}}} = \frac{z^2 e^4 N_{\mathrm{I}}}{16\pi(2m^*)^{1/2}(\kappa\epsilon_0)^2} \mathcal{E}^{-3/2} \left[\ln(1+\xi) - \frac{\xi}{1+\xi}\right] \tag{A.11}$$

$$\xi = \frac{8\kappa\epsilon_0 m^* k_{\mathrm{B}} T}{\hbar^2 e^2 n} \mathcal{E} \tag{A.12}$$

ここに，N_{I} はイオン化した不純物の密度，ze は不純物の電荷，κ は半導体の誘電率，n は電子密度である．

A.7 その他の散乱

反点対称をもたない結晶に歪みを加えると電界が誘起され，電界を印加すると歪みが誘起される現象を示すことがある．この現象を圧電現象とよぶ．閃亜鉛鉱型ならびにウルツ鉱型に属する化合物半導体はすべて圧電結晶で，格子振動モードによっては電界が誘起されるから，この電界により電子が散乱を受ける．これを圧電ポテンシャル散乱とよぶ．また，半導体では低温になるとドナーやアクセプタは中性不純物原子となるが，電子はこのような中性不純物のつくる歪み場によっても散乱を受ける．その他，結晶の転位などの欠陥による

散乱，混晶などにおける構成原子の乱れによる合金散乱などがある[注2].

B 磁気抵抗効果

電流と直角または平行な方向に磁界を印加すると，半導体の抵抗値が変化する．これらをそれぞれ横または縦磁気抵抗効果とよぶ．2.6節で述べたように，ホール効果はローレンツ力とつり合うようなホール電界を発生し，定常状態では電子や正孔は曲げられることなくドリフト(運動を)する．この場合には磁気抵抗は現れない．それは式 (2.46) で与えられるホール電界 $E_y = -\omega_c \tau E_x$ を式 (2.45a) に代入すれば明らかなように，$J_x = (ne^2\tau/m^*)E_x$ となり，磁界の強さに無関係となることからも明らかである．これは n 個すべての電子が単一の速度 v をもっていると仮定したためで，電子の速度分布を考慮すると上の結論は正しくない．つまり，半導体中には種々の速度をもった電子が含まれ，それぞれの速度に応じたローレンツ力 ($\bm{F} = -e\bm{v} \times \bm{B}$) を受ける．ホール電界は半導体の y 軸に垂直な面に誘起された電荷によって決まり，どの電子に対しても等しい力を与える．つまり，図 B.1 に示すようにある平均の速度 v_0 をもつ電子は x 軸と平行に走るが，それよりも大きい (v_+) かあるいは小さい速度 (v_-) をもつ電子のローレンツ力は，ホール電界による力よりも前者では強く，後者では弱いため，x 軸から広がって流れていく．この結果，抵抗値が増大する．

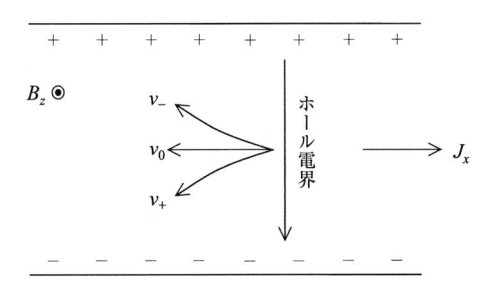

図 B.1　磁気抵抗効果の説明 (n 型半導体)

[注2] これらの散乱の詳細は文献 [8] Chapter 6 および [7] 第6章を参照されたい．

とくに，Ge や Si の伝導帯は (多数) バレー構造をしており[注3]，その有効質量が等方的でないため，磁界，電界の方向によっては大きな磁気抵抗が現れる．

式 (2.45a), (2.45b) は次のように書ける．

$$J_x = \sigma_{xx} E_x + \sigma_{xy} E_y \tag{B.1a}$$

$$J_y = \sigma_{yx} E_x + \sigma_{yy} E_y \tag{B.1b}$$

$$\sigma_{xx} = \sigma_{yy} = \frac{ne^2}{m^*} \left\langle \frac{\tau}{1+\omega_c^2 \tau^2} \right\rangle \tag{B.1c}$$

$$\sigma_{xy} = -\sigma_{yx} = -\frac{ne^2}{m^*} \left\langle \frac{\omega_c^2 \tau^2}{1+\omega_c^2 \tau^2} \right\rangle \tag{B.1d}$$

ここに $\langle\ \rangle$ は電子の分布関数を用いて平均を行った値を意味する[注4]．式 (B.1b) で $J_y = 0$ とおき E_y を求め，これを式 (B.1a) に代入して J_x を求めると，

$$J_x = \left(\sigma_{xx} + \frac{\sigma_{xy}^2}{\sigma_{xx}} \right) E_x = \sigma(B_z) E_x \tag{B.2}$$

となり，磁気導電率 $\sigma(B_z)$ が求まる．$\omega_c \tau \ll 1$ と考えられる場合には，式 (B.1c), (B.1d) の $1/(1+\omega_c^2 \tau^2)$ を $(1-\omega_c^2 \tau^2)$ と展開して，上式に代入すると次のようになる．

$$\sigma(B_z) \simeq \frac{ne^2 \langle \tau \rangle}{m^*} \left(1 - \omega_c^2 \frac{\langle \tau^3 \rangle \langle \tau \rangle - \langle \tau^2 \rangle^2}{\langle \tau \rangle^2} \right) \tag{B.3}$$

ここに，$ne^2 \langle \tau \rangle / m^* = \sigma_0$ は磁界がないときの導電率である．磁気抵抗を $\rho(B_z) = \rho_0 + \Delta\rho$ と表すと，$\Delta\rho/\rho_0 = -\Delta\sigma/\sigma_0$ であるから，

$$\frac{\Delta\rho}{\rho_0} = \omega_c^2 \frac{\langle \tau^3 \rangle \langle \tau \rangle - \langle \tau^2 \rangle^2}{\langle \tau \rangle^2} = \xi \cdot (\mu_H B_z)^2 \tag{B.4}$$

[注3] 図 1.16 に示したように Ge では $\langle 111 \rangle$ 方向の L 点に，Si では $\langle 100 \rangle$ 方向の X 点に近いところに伝導帯の極小点が存在する．L 点は等価な 4 個 (8 個の方向があるがブリルアン領域の対称性を考えると 4 個となる)，X 点に近い Δ 点 (Δ 点とよぶ) は等価な 6 個の点がある．このように等価な伝導帯を複数個もつ場合を多数バレー (many valleys) 構造とよぶ．

[注4] マクスウェル・ボルツマン分布をした電子に対しては，次のようになる．

$$\langle A \rangle = \frac{\int_0^\infty A \mathcal{E}^{3/2} \exp(-\mathcal{E}/k_B T) d\mathcal{E}}{\int_0^\infty \mathcal{E}^{3/2} \exp(-\mathcal{E}/k_B T) d\mathcal{E}}$$

となり，上式は磁界の 2 乗に比例する．$\xi = \langle\tau^3\rangle\langle\tau\rangle/\langle\tau^2\rangle^2 - 1$ は音響フォノン散乱の場合には 0.273 となる．ここに $\mu_\mathrm{H}/\mu = \langle\tau^2\rangle/\langle\tau\rangle^2$ を用いた．

C　バリスティック伝導とランダウアー公式

さらに，電極間隔の小さい半導体になると，電子は散乱されることなく電極間を通過する．いわゆる，バリスティック伝導を起こす可能性がある．バリスティック伝導の存在は，ヘテロ構造を用いてトンネル効果で注入した電子がエネルギーを失うことなくコレクタで検出されることを実証して認められるようになった．これに関しては 6.4 節に述べてある．

最近，とくに注目を集めているのは，デバイスの寸法が小さくなり電子が印加電界の方向のみに動く一次元電気伝導では，電極間隔が平均自由行程よりも短くなると，オームの法則では説明できない電気伝導が起こる現象である．この伝導を説明するのに用いられるのがランダウアー公式 (Landauer formula) である．ランダウアー公式を説明するために図 C.1 に示すような系を考えてみる．導体の両端に理想的な導線を接続し，これに理想的な電極 (リザバー) 1 と 2 をつなぐ．左右のリザバーのケミカルポテンシャルを μ_1, μ_2 とし，理想的な導線のケミカルポテンシャルを μ_A, μ_B とする．電子のチャネルは一次元的で，そのエネルギーは $\mathcal{E} = \hbar^2 k_x^2/2m^*$ で与えられるものとすると，一方向 (正の方

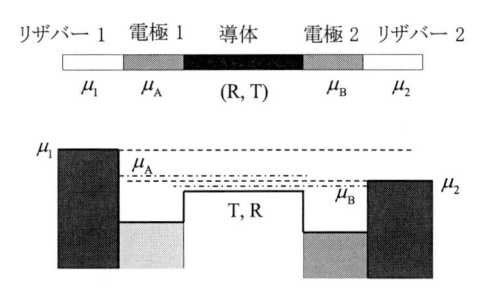

図 C.1　ランダウアー公式を導くための系の形状
系の両端に理想的な導線をつなぎ，その導線に理想的な電極 (リザバー) を接触させる．系の電流は電極間のケミカルポテンシャルの違いによって流れる．

向) に進む電子の状態密度は $\partial n_+/\partial \mathcal{E} = 1/\pi \hbar v_x$ となる (ここでは 2 つのスピン状態を考慮している). ここに,電子の速度 v_x は $m^* v_x = \hbar k_x$ である. この系のチャネルを通しての電子の透過率を T,反射率を R とすると,$T + R = 1$ の関係が成立する. この系の電流は,

$$I = (-e)v_x \frac{\partial n_+}{\partial \mathcal{E}} T(\mu_1 - \mu_2) = -\frac{e}{\pi \hbar} T(\mu_1 - \mu_2) \tag{C.1}$$

となる. 電極間の電位差は $-eV_{21} = \mu_1 - \mu_2$ で与えられるから, 2 端子間のコンダクタンスは

$$G = \frac{I}{V_{21}} = \frac{e^2}{\pi \hbar} T = \frac{2e^2}{h} T \tag{C.2}$$

となる. 実際のコンダクタンスは系に印加した電圧と電流の関係であって,電極間の電圧と電流の間の関係ではない. 反射率が 1 の場合,左側の導線は電極 1 と,右側の導線は電極 2 と平衡にある. したがって,$-eV = \mu_1 - \mu_2$ となる. 一方, 透過率が 1 の場合, $-eV = 0$ である. 一般の透過率 T と反射率 R に対しては

$$-eV = R(\mu_1 - \mu_2) \tag{C.3}$$

となる[注5]. これより系のコンダクタンスは

$$G = \frac{e^2}{\pi \hbar} \frac{T}{R} = \frac{e^2}{\pi \hbar} \frac{T}{1-T} \tag{C.4}$$

となる. これがランダウアー公式である [28].

D 捕獲と再結合 (ショックレー・リードの統計)

捕獲準位 (トラップ準位) が存在する場合の再結合についてショックレーとリード [29] により導かれた結果を概説する. 図 D.1 に示すように禁止帯中にエネルギー準位 $\mathcal{E}_t$ のトラップ (再結合中心となりうる) が存在し,その密度を N_t とする. 伝導帯の電子密度を n とし,トラップ準位を電子が占有する確率を f_t

---

[注5] 文献 [26] 参照. 文献 [27] は,文献 [26] の内容の多くが英訳されたものである.

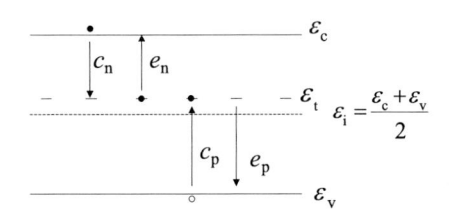

図 D.1 一種類のトラップ準位が存在する場合の，捕獲と再結合に関するショックレー・リードの統計を導くための図 c_n, c_p は電子と正孔をとらえる割合で，電子，正孔の熱速度を v_n, v_p，捕獲断面積を σ_n, σ_p とすると，$c_n = v_n \sigma_n$, $c_p = v_p \sigma_p$ である．

とする．電子の熱速度を v_n，トラップの捕獲断面積を σ_n とすると，伝導電子がトラップにとらえられる割合 (単位は $\mathrm{m}^{-3} \cdot \mathrm{s}^{-1}$) は

$$R_c = v_n \sigma_n n N_t (1 - f_t) \equiv c_n n N_t (1 - f_t) \tag{D.1}$$

で与えられる．ここに $c_n = v_n \sigma_n$ は電子がトラップに捕獲される割合を表す．トラップされた電子が伝導帯に励起される割合 R_e は $N_t f_t$ に比例するので次のように書ける．

$$R_e = e_n N_t f_t \tag{D.2}$$

ここに，e_n は捕獲された電子が単位時間に放出される割合 (emission rate) である．熱平衡状態では，$R_c = R_e$ であるから，このときの伝導電子密度を n_0，トラップの占有確率を f_{t0} とすると式 (D.1) と式 (D.2) より，

$$e_n = \frac{v_n \sigma_n n_0 (1 - f_{t0})}{f_{t0}} \tag{D.3}$$

を得る．f_{t0} は平衡状態におけるフェルミ準位を $\mathcal{E}_F$ とすると，フェルミ分布関数 $f(\mathcal{E})$ を用いて $f(\mathcal{E}_F)$ となるので，

$$\frac{1 - f_{t0}}{f_{t0}} = \exp\left(\frac{\mathcal{E}_t - \mathcal{E}_F}{k_B T}\right) \tag{D.4}$$

で与えられる．縮退していない半導体では n_0 は式 (1.75a) を用いて

$$n_0 = N_c \exp\left(\frac{\mathcal{E}_F - \mathcal{E}_c}{k_B T}\right) \tag{D.5}$$

であるから，式 (D.4) と式 (D.5) を式 (D.3) に代入して，

$$e_\mathrm{n} = v_\mathrm{n}\sigma_\mathrm{n}N_\mathrm{c}\exp\left(\frac{\mathcal{E}_\mathrm{t}-\mathcal{E}_\mathrm{c}}{k_\mathrm{B}T}\right) \equiv v_\mathrm{n}\sigma_\mathrm{n}n_1 \tag{D.6}$$

が得られる．ここに，

$$n_1 = N_\mathrm{c}\exp\left(\frac{\mathcal{E}_\mathrm{t}-\mathcal{E}_\mathrm{c}}{k_\mathrm{B}T}\right) \tag{D.7}$$

はフェルミ準位がトラップ準位と一致するとき ($\mathcal{E}_\mathrm{t} = \mathcal{E}_\mathrm{F}$) の伝導帯の電子密度である．

電子に対する正味のトラップ割合を，

$$R_\mathrm{n} = R_\mathrm{c} - R_\mathrm{e} \tag{D.8}$$

で定義すると，式 (D.1)，式 (D.2) と式 (D.6) より，

$$R_\mathrm{n} = v_\mathrm{n}\sigma_\mathrm{n}N_\mathrm{t}\left[(1-f_\mathrm{t})n - n_1 f_\mathrm{t}\right] \tag{D.9}$$

となる．まったく同様にして正孔に対する正味のトラップ割合は，

$$R_\mathrm{p} = v_\mathrm{p}\sigma_\mathrm{p}N_\mathrm{t}\left[f_\mathrm{t}p - p_1(1-f_\mathrm{t})\right] \equiv c_\mathrm{p}N_\mathrm{t}\left[f_\mathrm{t}p - p_1(1-f_\mathrm{t})\right] \tag{D.10}$$

と書ける．ここに，$c_\mathrm{p} = v_\mathrm{p}\sigma_\mathrm{p}$ で，p_1 はフェルミ準位がトラップ準位と一致したときの正孔密度で，式 (1.75b) より

$$p_1 = N_\mathrm{v}\exp\left(\frac{\mathcal{E}_\mathrm{v}-\mathcal{E}_\mathrm{t}}{k_\mathrm{B}T}\right) \tag{D.11}$$

光などの励起によって電子−正孔対をつくる場合を考える．電子−正孔対生成の割合を G とすると，定常状態ではこの生成の割合と再結合の割合が等しい．再結合は電子と正孔が一対となって同一トラップにとらえられたときに完了するので，定常状態では，電子と正孔がトラップにとらえられる割合が等しく，次式が成立する．

$$R_\mathrm{n} = R_\mathrm{p} = G \tag{D.12}$$

式 (D.9) と式 (D.10) を等置すると，定常状態で電子がトラップ準位を占有する確率は，

$$f_\mathrm{t} = \frac{nc_\mathrm{n} + p_1 c_\mathrm{p}}{c_\mathrm{n}(n+n_1) + c_\mathrm{p}(p+p_1)} = \frac{nv_\mathrm{n}\sigma_\mathrm{n} + p_1 v_\mathrm{p}\sigma_\mathrm{p}}{v_\mathrm{n}\sigma_\mathrm{n}(n+n_1) + v_\mathrm{p}\sigma_\mathrm{p}(p+p_1)} \tag{D.13}$$

となる．光励起により，電子や正孔の密度が変化するからフェルミ準位も変化する．したがって，f_t は熱平衡状態の f_t0 と異なる．式 (D.13) を式 (D.9) または式 (D.10) に代入し，式 (D.12) の関係を用いると，再結合の割合 R は次式で与えられる．

$$R = \frac{c_\mathrm{n} c_\mathrm{p}(np - n_\mathrm{i}^2)N_\mathrm{t}}{c_\mathrm{n}(n+n_1) + c_\mathrm{p}(p+p_1)} \tag{D.14}$$

ここに，式 (1.77) または式 (1.78) より，

$$n_1 p_1 = N_\mathrm{c} N_\mathrm{v} \exp\left(-\frac{\mathcal{E}_\mathrm{G}}{k_\mathrm{B} T}\right) \equiv n_\mathrm{i}^2 \tag{D.15}$$

で与えられる真性電子密度 n_i を用いた．

簡単のため電子と正孔の熱速度が等しいとして，$v_\mathrm{n} = v_\mathrm{p} \equiv v_\mathrm{th}$ とおき，禁止帯中央のエネルギーを $(\mathcal{E}_\mathrm{c} + \mathcal{E}_\mathrm{v})/2 \equiv \mathcal{E}_\mathrm{i}$ とすると，式 (D.14) は次のように書ける．

$$R = \frac{\sigma_\mathrm{n}\sigma_\mathrm{p} v_\mathrm{th}(np - n_\mathrm{i}^2)N_\mathrm{t}}{\sigma_\mathrm{n}\left[n + n_\mathrm{i}\exp\left(\dfrac{\mathcal{E}_\mathrm{t} - \mathcal{E}_\mathrm{i}}{k_\mathrm{B} T}\right)\right] + \sigma_\mathrm{p}\left[p + n_\mathrm{i}\exp\left(-\dfrac{\mathcal{E}_\mathrm{t} - \mathcal{E}_\mathrm{i}}{k_\mathrm{B} T}\right)\right]} \tag{D.16}$$

上式より明らかなように，熱平衡状態では $np = n_\mathrm{i}^2$ であるから $R = 0$ となる．いま，仮に $\sigma_\mathrm{n} = \sigma_\mathrm{p} = \sigma$ とすると，

$$R = \sigma v_\mathrm{th} N_\mathrm{t} \frac{(np - n_\mathrm{i}^2)}{n + p + 2n_\mathrm{i}\cosh\left(\dfrac{\mathcal{E}_\mathrm{t} - \mathcal{E}_\mathrm{i}}{k_\mathrm{B} T}\right)} \tag{D.17}$$

となる．これをみれば，トラップ準位 $\mathcal{E}_\mathrm{t}$ が禁止帯の中央 ($\mathcal{E}_\mathrm{i}$) に近づくと ($\mathcal{E}_\mathrm{t} \simeq \mathcal{E}_\mathrm{i}$)，再結合割合 R は極大となる．トラップ準位が伝導帯に近いとき (浅いトラップ)，電子をとらえてもすぐ放出する確率が高い．逆に，価電子帯に近

いと捕えた正孔をすぐに放出してしまう．このように浅い準位はトラップ(捕獲)準位としてのみ働く．一方，禁止帯の中央(ミッドギャップ，mid gap)に近づくと，一方のキャリアを捕獲すると，もう一方のキャリアをとらえ，再結合してしまう確率が高い．つまり，ミッドギャップ近傍にある準位は再結合中心となる．

(1) $\Delta n = \Delta p$ の場合

次に，弱励起(または弱注入)の場合を考え，励起(注入)されたキャリアの密度が多数キャリアに比べて十分に小さいものとする．このとき，励起(注入)された電子，正孔の密度を $\Delta n, \Delta p$ とすると，$\Delta n = \Delta p$ と考えることができる[注6]．つまり，

$$n = n_0 + \Delta p \tag{D.18a}$$
$$p = p_0 + \Delta p \tag{D.18b}$$

とおけるので，式 (D.14) は，

$$R = \frac{\Delta p(n_0 + p_0 + \Delta p)N_t}{(n_0 + n_1 + \Delta p)/c_p + (p_0 + p_1 + \Delta p)/c_n} \tag{D.19}$$

となる．再結合の寿命 τ を，

$$R = \frac{\Delta p}{\tau} \tag{D.20}$$

で定義すると，式 (D.19) より次の関係を得る．

$$\frac{1}{\tau} = \frac{(n_0 + p_0 + \Delta p)N_t}{(n_0 + n_1 + \Delta p)/c_p + (p_0 + p_1 + \Delta p)/c_n} \tag{D.21}$$

(2) n 型半導体の場合

$n_0 \gg p_0$ であり，Δp は十分小さくかつ $n_0 \gg n_1$ であるから，

$$\frac{1}{\tau} = \frac{1}{\tau_{p0}} = c_p N_t = v_p \sigma_p N_t \tag{D.22}$$

つまり，n 型半導体では少数キャリアの正孔がトラップにとらえられるまでの寿命で再結合時間が決まる．これはトラップがほとんど電子をとらえているの

[注6] N_t が n_0 や p_0 に比べ十分小さいものとする．

で，このトラップに正孔がとらえられるとただちに再結合が完了してしまうからである．

(3) p 型半導体の場合

$p_0 \gg n_0, p_0 \gg p_1$ であるから，

$$\frac{1}{\tau} = \frac{1}{\tau_{n0}} = c_n N_t = v_n \sigma_n N_t \tag{D.23}$$

となり，再結合寿命は少数キャリアの電子がトラップにとらえられるまでの寿命によって決まる．

一般に，キャリアの再結合寿命は上に定義した τ_{n0}, τ_{p0} を用いて次のように表される．

$$\frac{1}{\tau} = \frac{n_0 + p_0 + \Delta p}{\tau_{p0}(n_0 + n_1 + \Delta p) + \tau_{n0}(p_0 + p_1 + \Delta p)} \tag{D.24}$$

さらに，Δp が n_0, n_1, p_0, p_1 に比べ十分に小さいときには次の式が得られる．

$$\tau = \tau_{p0}\frac{n_0 + n_1}{n_0 + p_0} + \tau_{n0}\frac{p_0 + p_1}{n_0 + p_0} \tag{D.25}$$

(4) $\mathcal{E}_c > \mathcal{E}_t > \mathcal{E}_i$ の場合

トラップ準位が禁止帯中央よりも伝導帯側にある場合について考察してみる．

(i) n 型半導体　　$n_0 \gg (p_0 + p_1)$ であるから式 (D.25) より，

$$\tau = \tau_{p0}\left(1 + \frac{n_1}{n_0}\right) \tag{D.26}$$

となる．非常に低抵抗の n 型半導体では，$n_0 \gg n_1$ であるから，式 (D.26) は式 (D.22) となる．このとき，フェルミ準位はトラップ準位よりも上にあり，ほとんどすべてのトラップ準位が電子でつまっている状態となっている．したがって，このトラップに正孔が落ち込めば直ちに再結合が成立するので，正孔の寿命 τ_{p0} で決まる．

フェルミ準位が下の方に移動し，トラップ準位 $\mathcal{E}_t$ に近づくと，n_0 は n_1 に近づき，電子をとらえていないトラップの数が増大するので，正孔をとらえて再結合する確率が減り，寿命が延びる．さらに高抵抗の n 型半導体となり $n_1 \gg n_0$ となると，式 (D.26) は，

$$\tau = \tau_{p0}\frac{n_1}{n_0} = \tau_{p0}\exp\left(\frac{\mathcal{E}_t - \mathcal{E}_F}{k_B T}\right) \tag{D.27}$$

となる. ここに, 式 (D.5) と式 (D.7) を用いた.

(ii) p 型半導体 p 型半導体ではフェルミ準位が禁止帯中央よりも下にあり ($\mathcal{E}_\mathrm{F} < \mathcal{E}_\mathrm{i}$), $p_0 \gg n_0$, $n_1 \gg n_0$ が成立する. このとき式 (D.25) より,

$$\tau = \tau_\mathrm{n0} + \tau_\mathrm{p0}\frac{n_1}{p_0} = \tau_\mathrm{n0} + \tau_\mathrm{p0}\exp\left(\frac{\mathcal{E}_\mathrm{t} + \mathcal{E}_\mathrm{F} - 2\mathcal{E}_\mathrm{i}}{k_\mathrm{B}T}\right) \tag{D.28}$$

が得られる. 低抵抗の p 型半導体では $n_1/p_0 \ll 1$ であるから, 上式は式 (D.23) となる. このとき, トラップ準位は空であり, 電子がとらえられるとこれと再結合する正孔が価電子帯に多数存在するので, 寿命は電子がトラップに落ち込む確率によって決まる.

p 型半導体の抵抗が高くなり, n_1/p_0 が無視できなくなると, 式 (D.28) で与えられるように2つの項によって寿命が決まる. つまり, 第1項は空の準位が電子をとらえる割合によって決まるもので, 第2項は正孔密度があまり多くないために, 電子が一度トラップに落ち込んでもふたたび伝導帯に励起される確率が増し, 効率よく正孔と再結合しないため寿命が延びることを示している.

以上の考察から, キャリアの寿命 τ はキャリア密度 n_0 あるいはフェルミ準位 $\mathcal{E}_\mathrm{F}$ とともに変化し, n 型領域と p 型領域では図 D.2(a) に示すように非対称となる. また, 真性半導体に近づくほど寿命は長くなり, $\tau_\mathrm{n0} = \tau_\mathrm{p0}$ とすると $n_0 = p_0 = n_\mathrm{i}$ のとき, τ は最大となる. このとき,

$$\begin{aligned}\tau = \tau_\mathrm{i} &= \tau_\mathrm{p0}\left[1 + \frac{n_1 + p_1}{n_0 + p_0}\right] = \tau_\mathrm{p0}\left[1 + \frac{n_1 + p_1}{2n_\mathrm{i}}\right] \\ &= \tau_\mathrm{p0}\left[1 + \cosh\left(\frac{\mathcal{E}_\mathrm{t} - \mathcal{E}_\mathrm{Fi}}{k_\mathrm{B}T}\right)\right]\end{aligned} \tag{D.29}$$

となる. 真性半導体 ($n_0 = p_0 = n_\mathrm{i}$) のフェルミ準位は $\mathcal{E}_\mathrm{Fi} \simeq \mathcal{E}_\mathrm{i}$ であるから, トラップ準位が $\mathcal{E}_\mathrm{i}$ よりも上にあり, $\mathcal{E}_\mathrm{t} - \mathcal{E}_\mathrm{i} \gg k_\mathrm{B}T$ が成り立つとき, $\tau_\mathrm{i} \gg \tau_\mathrm{p0}$ となり, $\mathcal{E}_\mathrm{t} = \mathcal{E}_\mathrm{i}$ のときには $\tau_\mathrm{i} = 2\tau_\mathrm{p0}$ となる. このようにして, 真性領域ではキャリアの寿命が長くなることがわかる.

(5) $\Delta n \neq \Delta p$ の場合

励起された余剰キャリアのうち電子の一部がトラップに捕獲されているため, $\Delta n < \Delta p$ であるとする. 励起された電子のうち, 平均として $N_\mathrm{t}\Delta f_\mathrm{t}$ がトラッ

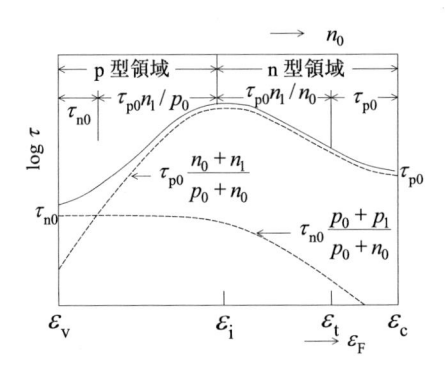

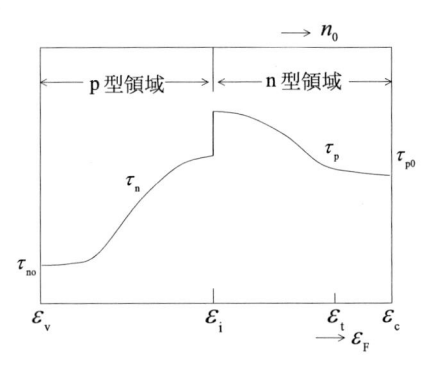

(a) 式 (D.25) で Δp が小さいときの寿命の変化

(b) p 型領域 ($n < n_\mathrm{i}$) の τ_n と n 型領域 ($n > n_\mathrm{i}$) の τ_p をプロット

図 **D.2** 再結合寿命とフェルミ準位の関係

プに捕獲されているものとする ($\Delta p - \Delta n = N_\mathrm{t} \Delta f_\mathrm{t}$) と,

$$\Delta n = \Delta p - N_\mathrm{t} \Delta f_\mathrm{t} \tag{D.30}$$

と書ける.このとき,余剰電子の寿命 τ_n と余剰正孔の寿命 τ_p は等しくならず,再結合の割合はそれぞれ $\Delta n/\tau_\mathrm{n}$, $\Delta p/\tau_\mathrm{p}$ となる.定常状態では,

$$R = \frac{\Delta n}{\tau_\mathrm{n}} = \frac{\Delta p}{\tau_\mathrm{p}} \tag{D.31}$$

が成立する.先の場合と同様にして,R_n と R_p を計算し,式 (D.12) のように $R_\mathrm{n} = R_\mathrm{p}$ とおくと,

$$C_\mathrm{n} \left[(1 - f_\mathrm{t}) \Delta n - (n_0 + n_1) \Delta f_\mathrm{t} \right] = C_\mathrm{p} \left[f_\mathrm{t} \Delta p + (p_0 + p_1) \Delta f_\mathrm{t} \right] \tag{D.32}$$

を得る.これより次式を得る.

$$\Delta f_\mathrm{t} = \frac{\tau_\mathrm{p0}(1 - f_\mathrm{t}) \Delta n + \tau_\mathrm{n0} f_\mathrm{t} \Delta p}{\tau_\mathrm{n0}(p_0 + p_1) + \tau_\mathrm{p0}(n_0 + n_1)} \tag{D.33}$$

いま,f_t として熱平衡状態の f_t つまり,式 (D.4) が使えるものと仮定すると,$f_\mathrm{t} = n_0/(n_0 + 1) = 1 - p_0/(p_0 + p_1)$ の関係が成立するので,

$$\Delta f_\mathrm{t} = \frac{\tau_\mathrm{p0}(n_0 + n_1) p_0 \Delta n + \tau_\mathrm{n0}(p_0 + p_1) n_0 \Delta p}{(n_0 + n_1)(p_0 + p_1)[\tau_\mathrm{n0}(p_0 + p_1) \tau_\mathrm{p0}(n_0 + n_1)]} \tag{D.34}$$

が得られる．この式をみれば明らかなように，トラップ密度が小さく，$N_\mathrm{t} \ll n_0 + n_1$ または $N_\mathrm{t} \ll p_0 + p_1$ であれば，$N_\mathrm{t} \Delta f_\mathrm{t} \ll \Delta n, \Delta p$ となり，はじめの計算のように $\Delta n = \Delta p$ とおくことができる．

式 (D.34)，(D.30)，(D.14)，(D.22)，(D.23) の関係を用いると，

$$\tau_\mathrm{p} = \frac{\tau_\mathrm{n0}(p_0 + p_1) + \tau_\mathrm{p0}[(n_0 + n_1) + N_\mathrm{t} n_1/(n_0 + n_1)]}{(n_0 + p_0) + N_\mathrm{t} n_0 n_1/(n_0 + n_1)} \tag{D.35}$$

$$\tau_\mathrm{n} = \frac{\tau_\mathrm{p0}(n_0 + n_1) + \tau_\mathrm{n0}[(p_0 + p_1) + N_\mathrm{t} p_1/(p_0 + p_1)]}{(n_0 + p_0) + N_\mathrm{t} p_0 p_1/(p_0 + p_1)} \tag{D.36}$$

ここで，$n_0 p_0 = n_1 p_1 = n_\mathrm{i}^2$ なる関係を用いると，$n_0/n_1 = p_1/p_0$ であるから，式 (D.35) と式 (D.36) はまとめて，

$$\tau = \frac{\tau_\mathrm{p0}(n_0 + n_1) + \tau_\mathrm{n0}(p_0 + p_1) + a}{n_0 + p_0 + b} \tag{D.37}$$

と書ける．ここに，

$$a = \tau_\mathrm{p0} N_\mathrm{t} \frac{n_1}{n_0 + n_1} \quad (\text{n 型半導体 } n_0 > p_0 \text{ に対して}) \tag{D.38a}$$

$$a = \tau_\mathrm{n0} N_\mathrm{t} \frac{n_0}{n_0 + n_1} \quad (\text{p 型半導体 } n_0 < p_0 \text{ に対して}) \tag{D.38b}$$

$$b = N_\mathrm{t} \frac{n_0 n_1}{(n_0 + n_1)^2} \tag{D.38c}$$

である．式 (D.37) において，a と b が他の項に比べ小さく無視できれば，式 (D.25) となる．図 D.2(b) は式 (D.37) を模式的に示したもので，n_0 または p_0 が真性密度 n_i に近づいても $\tau_\mathrm{p} \simeq \tau_\mathrm{n}$ とならず，図のように $\mathcal{E}_\mathrm{F} = \mathcal{E}_\mathrm{i}$ で寿命 τ はステップ状に変化する．

図 D.3 は不純物を添加しない Ge(図中△) と銅を添加した Ge(図中○ および □) におけるキャリアの寿命の実測値を伝導電子密度に対してプロットしたものである [30]．Ge 中の銅不純物はアクセプタとして働き，禁止帯中央よりわずか下 ($\mathcal{E}_\mathrm{t} - \mathcal{E}_\mathrm{i} = -0.054\mathrm{eV}$) にあることを考慮すれば，図 D.2(a) と (b) によく対応している (図 D.2 では $\mathcal{E}_\mathrm{t} - \mathcal{E}_\mathrm{i} > 0$ であるので，$\mathcal{E}_\mathrm{t} - \mathcal{E}_\mathrm{i} < 0$ の場合には左右反対となることに注意)．図 D.3 の点線は $\tau_\mathrm{n0} = 500\mu\mathrm{s}$，$\tau_\mathrm{p0} = 50\mu\mathrm{s}$，$n_1 = 2.5 \times 10^{12}\mathrm{cm}^{-3}$，$\tau_\mathrm{t} - \mathcal{E}_\mathrm{i} = -0.054\mathrm{eV}$ として，式 (D.25) より計算した寿命で，実測値とよく一致している．また，実線は $\tau_\mathrm{n0} = 15\mu\mathrm{s}$，$\tau_\mathrm{p0} = 1.5\mu\mathrm{s}$，$n_1 = 2.5 \times 10^{12}\mathrm{cm}^{-3}$，$\mathcal{E}_\mathrm{t} - \mathcal{E}_\mathrm{i} = -0.054\mathrm{eV}$，$N_\mathrm{t} = 3.6 \times 10^{14}\mathrm{cm}^{-3}$，

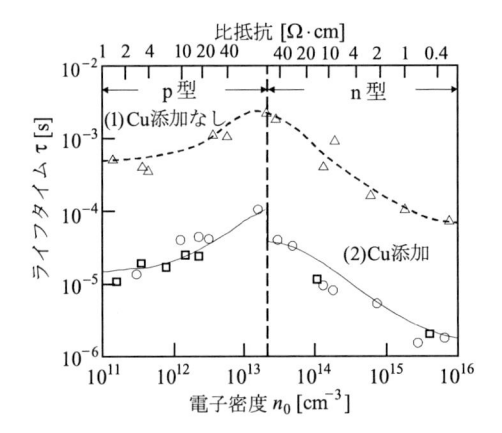

図 D.3 Ge における再結合寿命と電子密度の関係
(1) は Cu 添加なし，(2) は Cu 添加．破線と実線は計算結果 (文献 [30] による)．

$\sigma_\mathrm{n} = 1.0 \times 10^{-17} \mathrm{cm}^2$, $\sigma_\mathrm{p} = 1.0 \times 10^{-16}$ cm^2 として，式 (D.37) より計算した寿命で，実測値とよい一致を示す．ここに用いた N_t は添加した銅の量から計算したもので，上の結果から銅不純物が再結合中心として働いていることがわかる．ホール効果の測定から，銅はアクセプタとして働き，価電子帯の上 0.3eV ぐらいのところにあることが知られており，上に用いた値の妥当性を裏づけている．これらの結果から，捕獲断面積 $\sigma_\mathrm{n}, \sigma_\mathrm{p}$ が求められた．また，N_i を添加した Ge の寿命の測定から，$\sigma_\mathrm{n} = 0.8 \times 10^{-16} \mathrm{cm}^2$, $\sigma_\mathrm{p} = 4.0 \times 10^{-15}$ cm^2 が得られている．

このような捕獲過程の統計はショックレーとリードと同時かつ独立にホール [31] によって提案されているのでショックレー・リード・ホール (Shocley–Read–Hall) の式とよばれることが多い．

E 誘導放出と分布反転

レーザ発振をさせるには再結合発光が強くなければならない．その再結合発光には自然放出 (spontaneous emission) と誘導放出 (stimulated emission) があり，そのうちの誘導放出が大きな寄与をする．以下に，この再結合発光を半

導体の場合を例にとって説明する.

図 E.1 に示すような半導体における伝導帯に励起された電子が価電子帯の正孔と再結合して発光する場合を考える.図では価電子帯の電子が光を吸収して伝導帯に遷移する場合の光吸収とこれらが再結合する過程を示している.電子-正孔対をつくるための励起源として光を用いた場合,この再結合発光はフォトルミネッセンスとよばれ,電界の印加により励起された場合には,エレクトロルミネッセンスとよばれる.また,励起された電子や正孔が格子振動 (フォノン) と相互作用しながら熱平衡状態に戻る過程は,非発光再結合 (非輻射再結合) とよばれる.

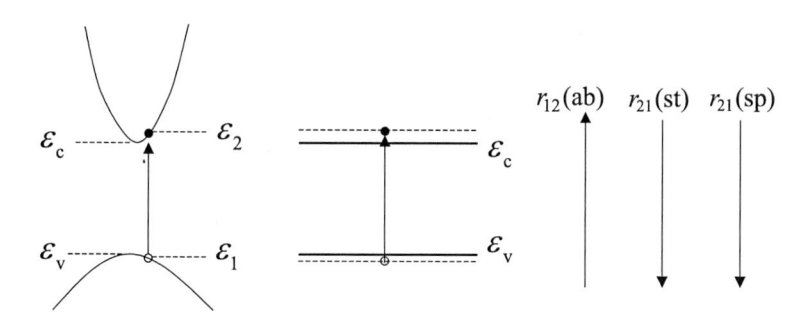

図 E.1 光の吸収と再結合発光

入射フォトンにより価電子帯の $\mathcal{E}_1$ の準位から伝導帯の $\mathcal{E}_2$ の準位に遷移し,再結合発光する過程 (図 E.1) を考える.単位時間当たりフォトンが単位体積当たり単位立体角 Ω にエネルギー間隔 $d\mathcal{E}$ に放出される割合は文献 [32] によれば

$$r(\mathcal{E})d\mathcal{E}(d\Omega/4\pi) = [r_{\mathrm{sp}}(\mathcal{E}) + n_{\mathrm{photon}}r_{\mathrm{st}}(\mathcal{E})]\,d\mathcal{E}(d\Omega/4\pi) \tag{E.1}$$

ここに,n_{photon} はモード当たりのフォトンの数で,熱平衡状態では次式で与えられ,

$$n_0 = \frac{1}{\exp(\mathcal{E}/k_{\mathrm{B}}T) - 1} \tag{E.2}$$

k_{B} はボルツマン定数,T は絶対温度である.この式をボース・アインシュタイン分布とよぶ.式 (E.1) において $r_{\mathrm{sp}}(\mathcal{E})$ は電子系の上の準位から下の準位への自然放出を表しており,$n_{\mathrm{photon}}r_{\mathrm{st}}(\mathcal{E})$ は下方向と上方向の誘導放出割合の差で

ある.バンド間遷移に対する自然放出と誘導放出の遷移割合は文献 [32,33] より[注7]

$$r_{\rm sp}(\mathcal{E}){\rm d}\mathcal{E} = \sum \frac{n_{\rm r}e^2\mathcal{E}}{\pi\epsilon_0 m^2\hbar^2c^3}|M|^2 f_2(1-f_1){\rm d}\mathcal{E} \tag{E.3}$$

$$r_{\rm st}(\mathcal{E}){\rm d}\mathcal{E} = \sum \frac{n_{\rm r}e^2\mathcal{E}}{\pi\epsilon_0 m^2\hbar^2c^3}|M|^2 (f_2-f_1){\rm d}\mathcal{E} \tag{E.4}$$

で与えられる[注8].ここに,f_2 と f_1 は遷移に関与する上の準位と下の準位の占有確率,$n_{\rm r}$ は屈折率で,和 $\sum$ は単位体積当たりのエネルギー差 $d\mathcal{E}$ と $\mathcal{E}+d\mathcal{E}$ の間の準位の対 (伝導帯と価電子帯の) についての和を意味する.また,$|M|^2$ は2つの準位間の遷移の行列要素で,式 (5.11) で用いた $P_{\rm cv}$ と同一である.以下では簡単のため平均値を考える.行列要素については付録 F を参照されたい.

バンド間遷移に関しては,波数ベクトル $\bm{k}_2$ と $\bm{k}_1$ に関して,フォトンの波数ベクトル $\bm{k}$ との間に保存則 $\delta(\bm{k}_2-\bm{k}_1\pm\bm{k})$ が成立するが,$\bm{k}$ は無視できて $\bm{k}_2=\bm{k}_1$ の関係が成立する.そこで,上のバンドと下のバンドのエネルギー $\mathcal{E}_2$ と $\mathcal{E}_1$ が $k=|\bm{k}_2|=|\bm{k}_1|$ の関数であるとすると,フォトンエネルギー $\mathcal{E}$ に対して,バンド間状態密度 $\rho_{\rm red}$ を用いて付録 F に示すように

$$r_{\rm sp}(\mathcal{E}) = \frac{n_{\rm r}e^2\mathcal{E}}{\pi\epsilon_0 m^2\hbar^2c^3}|M|^2 \rho_{\rm red}(\mathcal{E})f_2(1-f_1) \tag{E.5}$$

$$r_{\rm st}(\mathcal{E}) = \frac{n_{\rm r}e^2\mathcal{E}}{\pi\epsilon_0 m^2\hbar^2c^3}|M|^2 \rho_{\rm red}(\mathcal{E})(f_2-f_1) \tag{E.6}$$

で与えられる.ここに,バンド間状態密度は一方向スピンのみを考えて導出した.

[注7] この関係の導出は付録 F にある.また文献 [32] では [CGS] 単位系が用いられているので,これらの 2 式の係数に $1/(4\pi\epsilon_0)$ をかけて得られている.

[注8] 式 (E.4) の因子 (f_2-f_1) は上の準位から下の準位への遷移係数 $f_2(1-f_1)$ と下の準位から上の準位への遷移係数 $f_1(1-f_2)$ の正味の係数 $f_2(1-f_1)-f_1(1-f_2)=(f_2-f_1)$ を考慮したもの.これらの関係式から導かれる式 (E.5), (E.6) は付録 F の式 (F.40), (F.41) として導かれている.

F 遷移確率と吸収係数の導出

マクスウェルの電磁波に関する式は，誘電率 ϵ，誘磁率 μ の空間を仮定すると

$$\nabla \times \boldsymbol{H} = \epsilon \frac{\partial \boldsymbol{E}}{\partial t} \tag{F.1}$$

$$\nabla \times \boldsymbol{E} = -\mu \frac{\partial \boldsymbol{H}}{\partial t} \tag{F.2}$$

$$\nabla \cdot (\epsilon \boldsymbol{E}) = 0 \tag{F.3}$$

$$\nabla \cdot (\mu \boldsymbol{H}) = 0 \tag{F.4}$$

で与えられる．ベクトルポテンシャルを $\boldsymbol{A}$ を $\boldsymbol{B} = \mathrm{rot}\,\boldsymbol{A} = \nabla \times \boldsymbol{A}$ と定義すると

$$\nabla \cdot \boldsymbol{B} = \nabla \cdot \nabla \times \boldsymbol{A} = 0 \tag{F.5}$$

となるので，磁束密度 $\boldsymbol{B} = \mu \boldsymbol{H}$ は閉じている，つまり発散がゼロ $(\nabla \cdot \boldsymbol{B} = 0)$ の関係を満たす．そこで，マクスウェルの方程式の式 (E.2) に $\boldsymbol{B} = \mathrm{rot}\,\boldsymbol{A} = \nabla \times \boldsymbol{A}$ を代入すると

$$\nabla \times \boldsymbol{E} = -\frac{\partial}{\partial t} \nabla \times \boldsymbol{A} \tag{F.6}$$

となるから，

$$\boldsymbol{E} = \mathrm{i}\omega \boldsymbol{A} \tag{F.7}$$

の関係が得られる．以降，ベクトルポテンシャルまたは電界の平方が現れるので

$$E = \omega A \tag{F.8}$$

とおくことにする．電磁波は電荷 $-e$ をもつ電子と相互作用するが，そのときのハミルトニアンは次式で与えられる (文献 [4] にその導出が示されている)．

$$H = \frac{1}{2m}(\boldsymbol{p} + e\boldsymbol{A})^2 + V(\boldsymbol{r}) \tag{F.9}$$

ここに，$V(\boldsymbol{r})$ は結晶の周期ポテンシャルである．これを

$$H = \frac{p^2}{2m} + V(\boldsymbol{r}) + \frac{e}{m}(\boldsymbol{A} \cdot \boldsymbol{p}) + \frac{1}{2m}(eA)^2 \tag{F.10}$$

と変形し[注9]，最後の項は小さいので省略すると

$$H = H_0 + H_1 \tag{F.11}$$

$$H_0 = \frac{p^2}{2m} + V(\boldsymbol{r}) \tag{F.12}$$

$$H_1 = \frac{e}{m}(\boldsymbol{A} \cdot \boldsymbol{p}) \tag{F.13}$$

そこで，この H_1 を摂動項として始状態 $|i\rangle$ と終状態 $|f\rangle$ の間の量子力学的な遷移確率を計算すると

$$w_{if} = \frac{2\pi}{\hbar} |\langle f|H_1|i\rangle|^2 \delta\left(\mathcal{E}_f - \mathcal{E}_i - \hbar\omega\right) \tag{F.14}$$

自由電荷の存在しない空間を伝搬する平面波を仮定し ($\boldsymbol{J}=0$)，電磁波のベクトルポテンシャルを

$$\boldsymbol{A} = \frac{1}{2}A_0 \boldsymbol{e} \left[e^{i(\boldsymbol{k}_\mathrm{p} \cdot \boldsymbol{r} - \omega t)} + e^{-i(\boldsymbol{k}_\mathrm{p} \cdot \boldsymbol{r} - \omega)} \right] \tag{F.15}$$

とおくと，価電子帯 $|c\boldsymbol{k}\rangle$ と伝導帯 $|v\boldsymbol{k}'\rangle$ の間の遷移の割合は文献 [7,8] より

$$\begin{aligned} w_\mathrm{cv} &= \frac{2\pi}{\hbar}|\langle c\boldsymbol{k}'|\frac{e}{m}\boldsymbol{A}\cdot\boldsymbol{p}|v\boldsymbol{k}\rangle|^2 \delta\left[\mathcal{E}_\mathrm{c}(\boldsymbol{k}') - \mathcal{E}_\mathrm{v}(\boldsymbol{k}) - \hbar\omega\right] \\ &= \frac{\pi e^2}{2\hbar m^2}A_0^2|\langle c\boldsymbol{k}'|\exp(i\boldsymbol{k}_\mathrm{p}\cdot\boldsymbol{r})\boldsymbol{e}\cdot\boldsymbol{p}|v\boldsymbol{k}\rangle|^2 \delta\left[\mathcal{E}_\mathrm{c}(\boldsymbol{k}') - \mathcal{E}_\mathrm{v}(\boldsymbol{k}) - \hbar\omega\right] \end{aligned} \tag{F.16}$$

で与えられる．ここで，ベクトルポテンシャルの方向の単位ベクトルを $\boldsymbol{e}$ を用いて $\boldsymbol{A} = \boldsymbol{e} \cdot A$ としている．行列要素を

$$|M| = |\langle c\boldsymbol{k}'|\exp(i\boldsymbol{k}_\mathrm{p})\boldsymbol{e}\cdot\boldsymbol{p}|v\boldsymbol{k}\rangle| \tag{F.17}$$

で，

$$|M|^2 = \frac{1}{2}\left(|M_x|^2 + |M_y|^2 + |M_z|^2\right) \tag{F.18a}$$

$$M_x = -i\hbar\langle c\boldsymbol{k}'|\exp(i\boldsymbol{k}_\mathrm{p})\frac{\partial}{\partial x}|v\boldsymbol{k}\rangle \tag{F.18b}$$

[注9] 式 (F.9) において，$\boldsymbol{A}\cdot\boldsymbol{p} + \boldsymbol{p}\cdot\boldsymbol{A}$ をスカラー関数 f に作用させることと，電磁波のベクトルポテンシャルが $\boldsymbol{A} = \boldsymbol{A}_0\exp(i\boldsymbol{k}_\mathrm{p}\cdot\boldsymbol{r})$ であることを考えると，$\boldsymbol{p} = -i\hbar\nabla$ を用いて

$$(\boldsymbol{A}\cdot\boldsymbol{p} + \boldsymbol{p}\cdot\boldsymbol{A})f = \boldsymbol{A}\cdot(\boldsymbol{p} + \boldsymbol{p} + \hbar\boldsymbol{k}_\mathrm{p})f = 2\boldsymbol{A}\cdot\boldsymbol{p}f$$

となる．最後の関係式は電磁波が横波であると考え $\boldsymbol{A}\cdot\boldsymbol{k}_\mathrm{p} = 0$ として得られた．

で，k_p は非常に小さいので，$\delta(\bm{k}' - \bm{k} - \bm{k}_\mathrm{p}) \equiv \delta(\bm{k}' - \bm{k}) = 0$ であり，許される $\bm{k}'$ と $\bm{k}$ の和をとるとき $\delta_{\bm{k}',\upsilon \bm{k}'}$ なるクロネッカーのデルタ記号が現れる．

媒質内の単位体積に蓄えられるエネルギー W は次のようにして求められる．全電流密度 J は導電電流 σE と変位電流 $\partial(\epsilon E)/\partial t$ の和で与えられるから，誘電体は印加電界に対して位相遅れを生じ吸収を起こす．このことを考慮するには誘電率を複素数で表すので便利である．そこで複素誘電率 $\epsilon^* = (\kappa_1 + \mathrm{i}\kappa_2)\epsilon_0$ を用いると，

$$J = \sigma E + (\kappa_1 + \mathrm{i}\kappa_2)\epsilon_0 \frac{\partial E}{\partial t} \tag{F.19}$$

と書ける．そこで，複素導電率を $\sigma^* = \sigma_1 \mathrm{i} \sigma_2$ を用いると，

$$J = [\sigma - \mathrm{i}\omega(\kappa_1 + \mathrm{i}\kappa_2)\epsilon_0]E \equiv \sigma^* = \sigma_1 + \mathrm{i}\sigma_2 \tag{F.20}$$

となる．したがって，導電率の実数部は

$$\sigma_1 = \sigma + \omega \kappa_2 \epsilon_0 \tag{F.21}$$

となる．媒質には自由電荷が存在しないと考えているので $(\sigma = 0)$，電界 $\bm{E}$ で蓄えられるエネルギー W は

$$W = \frac{1}{2}\sigma_1 E^2 = \frac{1}{2}\omega \kappa_2 \epsilon_0 E^2 \tag{F.22}$$

となる．一方，単位時間単位体積当たりに吸収されるフォトンのエネルギー $\hbar \omega w_\mathrm{cv}$ で与えられる．この吸収量は媒質内で消費されるエネルギーつまり，式 (F.21) に等しい．したがって，

$$\hbar \omega w_\mathrm{cv} = \frac{1}{2}\omega \kappa_2 \epsilon_0 E_0^2 \tag{F.23}$$

なる関係が成立する．電界とベクトルポテンシャルとの間には，$\bm{E} = -\partial \bm{A}/\partial t$ の関係があるから，$E_0 = \omega A_0$ とおき，誘電率の虚数部は

$$\begin{aligned}\kappa_2 &= \frac{2\hbar}{\epsilon_0 \omega^2 A_0^2} \omega_\mathrm{cv} \\ &= \frac{\pi e^2}{\epsilon_0 m^2 \omega^2} \sum_{\bm{k},\bm{k}'} |M|^2 \delta\left[\mathcal{E}_\mathrm{c}(\bm{k}') - \mathcal{E}_\mathrm{v}(\bm{k}) - \hbar\omega\right] \delta_{\bm{k},\bm{k}'} \end{aligned} \tag{F.24}$$

と書ける．また，吸収係数はこの κ_2 を式 (5.9) に代入して求まる．文献 [3,4] に示すように

$$\alpha = \frac{\omega \kappa_2}{n_r c} = \frac{2\hbar\omega}{n_r c \epsilon_0 \omega^2 A_o^2} w_{cv}$$

$$= \frac{\pi e^2}{n_r c \epsilon_0 m^2 \omega} \sum_{\boldsymbol{k},\boldsymbol{k}'} |M|^2 \, \delta \left[\mathcal{E}_c(\boldsymbol{k}') - \mathcal{E}_v(\boldsymbol{k}) - \hbar\omega \right] \delta_{\boldsymbol{k},\boldsymbol{k}'} \qquad \text{(F.25)}$$

半導体レーザの場合のように，電子や正孔が大量に注入されると伝導帯に多数の電子が，また価電子帯にも多数の正孔が存在するので，この場合の吸収係数は，上の準位の電子占有率を $f(\mathcal{E}_2)$，下の準位の電子占有率を $f(\mathcal{E}_1)$ とおいて，フォトンを吸収する遷移と放出する遷移の正味の割合を考えると，$f(\mathcal{E}_1)[1-f(\mathcal{E}_2)] - f(\mathcal{E}_2)[1-f(\mathcal{E}_1)] = f(\mathcal{E}_1) - f(\mathcal{E}_2)$ であることを考慮すると次のようになる．

$$\alpha = \frac{\pi e^2}{n_r c \epsilon_0 m^2 \omega} \sum_{\boldsymbol{k}} |M|^2 \, \delta \left[\mathcal{E}_2(\boldsymbol{k}) - \mathcal{E}_1(\boldsymbol{k}) - \hbar\omega \right] \delta_{\boldsymbol{k},\boldsymbol{k}'} \left[f(\mathcal{E}_1) - f(\mathcal{E}_2) \right]$$

$$\text{(F.26)}$$

上式において，$\sum$ は価電子帯 $|v\boldsymbol{k}\rangle$ と伝導帯 $|c\boldsymbol{k}\rangle$ のペアに関する和で

$$\sum_{\boldsymbol{k}} \delta[\mathcal{E}_{cv}(\boldsymbol{k}) - \hbar\omega] = \frac{1}{(2\pi)^3} \int d^3\boldsymbol{k} \cdot \delta[\mathcal{E}_{cv}(\boldsymbol{k}) - \hbar\omega]$$

$$\equiv \int \rho_{\text{red}}(\hbar\omega) \cdot d(\hbar\omega) \qquad \text{(F.27)}$$

$$\mathcal{E}_{cv} = \mathcal{E}_c(\boldsymbol{k}) - \mathcal{E}_v(\boldsymbol{k}) \qquad \text{(F.28)}$$

となる．ここでは，一方のスピンのみを考えている．また式 (F.27) の最後の関係はフォトンのエネルギーを $\hbar\omega$ として，遷移エネルギー $\hbar\omega = \mathcal{E}$ と $\hbar\omega + d(\hbar\omega) = \mathcal{E} + d\mathcal{E}$ の間の状態密度を $\rho_{\text{red}}(\mathcal{E})d\mathcal{E}$ と定義したものである．伝導帯，価電子帯とも等方的な有効質量であると考え，伝導帯電子の有効質量を m_c，価電子帯の一つのみを考えその正孔の質量を m_h とおくと

$$\mathcal{E}_{cv} = \frac{\hbar^2 k^2}{2m_c} + \frac{\hbar^2 k^2}{2m_h} + \mathcal{E}_G = \frac{\hbar^2 k^2}{2\mu} + \mathcal{E}_G \qquad \text{(F.29)}$$

と書ける. ここに, $1/\mu = 1/m_\mathrm{c} + 1/m_\mathrm{h}$ で, μ を還元質量とよぶ. これより

$$\rho_\mathrm{red} \cdot \mathrm{d}(\hbar\omega) = \frac{1}{(2\pi)^3} 4\pi k^2 \cdot \mathrm{d}k$$

$$= \frac{2\pi}{(2\pi)^3} \left(\frac{2\mu}{\hbar^2}\right)^{3/2} \sqrt{\hbar\omega - \mathcal{E}_\mathrm{G}}\, \mathrm{d}(\hbar\omega) \qquad (\mathrm{F}.30)$$

となる. フォトンエネルギーを $\hbar\omega = \mathcal{E}$ とおけば

$$\rho_\mathrm{red} \cdot \mathrm{d}(\mathcal{E}) = \frac{2\pi}{(2\pi)^3} \left(\frac{2\mu}{\hbar^2}\right)^{3/2} \sqrt{\mathcal{E} - \mathcal{E}_\mathrm{G}}\, \mathrm{d}\mathcal{E} \qquad (\mathrm{F}.31)$$

次に, 自然放出と誘導放出の量子論について述べる. はじめに, 古典論による電磁波の輻射について述べる. 電磁波のフラックスはポインティングベクトル $\boldsymbol{P} = \boldsymbol{E} \times \boldsymbol{H}$ を用いて, ベクトルポテンシャル $\boldsymbol{A}$ ($\boldsymbol{B} = \mathrm{rot}\boldsymbol{A} = \nabla \times \boldsymbol{A}$) と式 (F.2) より

$$\langle \boldsymbol{S} \rangle = \frac{1}{2}\mathrm{Re}(\boldsymbol{E} \times \boldsymbol{H}) = \frac{1}{2}\mathrm{Re}\left[(-\mathrm{i}\omega\boldsymbol{A}) \times (\mathrm{i}\boldsymbol{k} \times \boldsymbol{A})/\mu_0\right]$$

$$= \frac{\omega}{2\mu_0}\mathrm{Re}\left[(\boldsymbol{A}\cdot\boldsymbol{A})\boldsymbol{k}_\mathrm{p} - (\boldsymbol{A}\cdot\boldsymbol{k}_\mathrm{p})\boldsymbol{A}\right] = \frac{n_\mathrm{r}\omega^2}{2c\mu_0}|\boldsymbol{A}|^2 \frac{\boldsymbol{k}_\mathrm{p}}{|\boldsymbol{k}_\mathrm{p}|} \qquad (\mathrm{F}.32)$$

で与えられる. ここに, μ_0 は真空の誘磁率, $1/(\epsilon_0\mu_0) = c^2$ (c は真空中の光速) で, $\boldsymbol{k}_\mathrm{p}/|\boldsymbol{k}_\mathrm{p}|$ はベクトルポテンシャル $\boldsymbol{A}$ の伝搬方向の単位ベクトルである. また, 最後の関係式は均一媒質中での横波を仮定して $\boldsymbol{k}_\mathrm{p} \cdot \boldsymbol{A} = 0$ とおいて得られた.

次に, プランクの輻射理論について述べる. 体積 V の平面波のモード数は, $\boldsymbol{k}_\mathrm{p}$ 空間の体積素 $\mathrm{d}k_x\mathrm{d}k_y\mathrm{d}k_z$ 内に $V/(2\pi)^3\mathrm{d}k_x\mathrm{d}k_y\mathrm{d}k_z$ であるから, $k_\mathrm{p} = |\boldsymbol{k}_\mathrm{p}| = n_\mathrm{r}\omega/c$ とおくと, ω と $\omega + \mathrm{d}\omega$ の間にある単位堆積当たりのモードの密度は電磁波の分極が2方向独立に存在することを考慮して

$$G(\omega) = \frac{2}{(2\pi)^3} 4\pi k_\mathrm{p}^2 \frac{\mathrm{d}k_\mathrm{p}}{\mathrm{d}\omega} = \frac{k_\mathrm{p}^2}{\pi^2 v_\mathrm{g}} = \frac{n_\mathrm{r}^2 \omega^2}{\pi^2 c^2 v_\mathrm{g}} \qquad (\mathrm{F}.33)$$

となる. ここに, 群速度 $v_\mathrm{g} = \mathrm{d}\omega/\mathrm{d}k_\mathrm{p}$ を用いた. 強い吸収領域を除いて一定と仮定すると, 温度 T の熱平衡状態では角周波数 ω のモードの平均エネルギーは

$$\langle \mathcal{E}(\omega) \rangle = \frac{\hbar\omega}{\exp(\hbar\omega/k_\mathrm{B}T) - 1} \qquad (\mathrm{F}.34)$$

なので，ω と $\omega d\omega$ の間の黒体輻射のエネルギー密度 $u(\omega)d\omega = \langle \mathcal{E}(\omega) \rangle G(\omega)d\omega$ は次のようになる．

$$u(\omega) = \frac{n_r^2 \hbar \omega^3}{\pi^2 c^2 v_g} \frac{1}{\exp(k_B T) - 1} \tag{F.35}$$

電磁波のエネルギーが流れる速度は群速度で与えられるから，k_p 方向の立体角 $d\Omega$，k_p に直交する偏向方向の $d\theta$ 方向への輻射の時間平均は次式で与えられる．

$$|\langle \bm{S} \rangle| = u(\omega) v_g \frac{d\Omega}{4\pi} \frac{d\theta}{2\pi} d\omega = \frac{n_r^2 \hbar \omega^3}{\pi^2 c^2} \frac{1}{\exp(k_B T) - 1} \frac{d\Omega}{4\pi} \frac{d\theta}{2\pi} d\omega \tag{F.36}$$

式 (F.36) を立体角 Ω と偏向方向について平均をとると

$$\int \frac{d\omega}{4\pi} \int \frac{d\theta}{2\pi} = 1$$

であるから

$$|\langle \bm{S} \rangle| = \frac{n_r^2 \hbar \omega^3}{\pi^2 c^2} \frac{1}{\exp(k_B T) - 1} d\omega \tag{F.37}$$

となる．式 (F.16) を用いて，上の準位 $\mathcal{E}_2$ から下の準位 $\mathcal{E}_1$ への自然放出の割合は

$$r_{sp}(\mathcal{E}) = \frac{\pi e^2 |\bm{A}|^2}{2m^2 \hbar} |M|^2 \rho_{red}(\mathcal{E}) f(\mathcal{E}_2)[1 - f(\mathcal{E}_1)] \tag{F.38}$$

と書ける．そこで，式 (F.32) と式 (F.37) を等値して，$|\bm{A}|$ を消去すると次の関係が得られる．

$$r_{sp}(\mathcal{E}) = \frac{n_r e^2 \mu_0 \omega}{\pi m^2} |M|^2 \rho_{red}(\mathcal{E}) f(\mathcal{E}_2)[1 - f(\mathcal{E}_1)] \tag{F.39}$$

$\epsilon_0 \mu_0 = 1/c^2$ の関係を用い，$\hbar \omega = \mathcal{E}$ とおき，$\mathcal{E}$ と $\mathcal{E} + d\mathcal{E}$ の間のエネルギー間隔における自然放出の割合は

$$r_{sp}(\mathcal{E}) = \frac{n_r e^2 \mathcal{E}}{\pi \epsilon_0 m^2 \hbar^2 c^3} |M|^2 \rho_{red}(\mathcal{E}) f(\mathcal{E}_2)[1 - f(\mathcal{E}_1)] \tag{F.40}$$

となり，自然放出の割合の式 (E.3) が導かれる．

誘導放出は上の準位から下の準位への遷移係数 $f_2(1-f_1)$ と，下の準位から上の準位への遷移係数 $f_1(1-f_2)$ の正味の係数 $f_2(1-f_1) - f_1(1-f_2) = (f_2 - f_1)$ を考慮すると，自然放出割合の式 (E.3) より

$$r_{\rm st}(\mathcal{E}) = \frac{n_{\rm r} e^2 \mathcal{E}}{\pi \epsilon_0 m^2 \hbar^2 c^3} |M|^2 \rho_{\rm red}(\mathcal{E})(f_2 - f_1) \tag{F.41}$$

が得られる．

伝導帯における電子の擬フェルミ準位 $\mathcal{E}_{\rm Fn}$ と価電子帯における正孔の擬フェルミ準位 $\mathcal{E}_{\rm Fp}$ を用いると，上 (伝導帯) の準位 $\mathcal{E}_u$ と下 (価電子帯) の準位 $\mathcal{E}_l$ の分布関数はそれぞれ次式で与えられる．

$$f_u = \frac{1}{1 + \exp[(\mathcal{E}_u - \mathcal{E}_{\rm Fn})/k_{\rm B} T]} \tag{F.42}$$

$$f_l = \frac{1}{1 + \exp[(\mathcal{E}_l - \mathcal{E}_{\rm Fp})/k_{\rm B} T]} \tag{F.43}$$

これを用いると式 (E.3) と式 (E.4) より次の関係が得られる．

$$r_{\rm st}(\mathcal{E}) = r_{\rm sp}(\mathcal{E}) \{1 - \exp[(\mathcal{E} - \Delta\mathcal{E}_{\rm F})/k_{\rm B} T]\} \tag{F.44}$$

ここに，$\Delta\mathcal{E}_{\rm F} = \mathcal{E}_{\rm Fn} - \mathcal{E}_{\rm Fp}$ は擬フェルミエネルギーの差で，熱平衡状態では消える．

誘導放出 $r_{\rm st}$ は吸収係数 $\alpha(\mathcal{E})$ は式 (F.25) と式 (F.41) を用いて次のように関係づけられる．

$$\alpha(\mathcal{E}) = -\frac{\pi c^2 \hbar^3}{4\pi \epsilon_0 n_{\rm r}^2 \mathcal{E}^2} r_{\rm st}(\mathcal{E}) \tag{F.45}$$

ここに，マイナス符号は誘導放出 $r_{\rm st}$ を正と定義し，吸収は放出の逆と定義したからである．これらの式から次の関係も得られる．

$$r_{\rm sp}(\mathcal{E}) = \frac{4\pi \epsilon_0 n_{\rm r}^2 \mathcal{E}^2}{\pi^2 c^2 \hbar^3} \alpha(\mathcal{E}) \frac{1}{\exp[(\mathcal{E} - \Delta\mathcal{E}_{\rm F})/k_{\rm B} T] - 1} \tag{F.46}$$

以上の結果を用いると半導体レーザにおける誘導放出に対する利得 (gain) は，負の吸収係数に等しく，次のようになる．

$$g(\omega) = \frac{\pi c^2 \hbar^3}{4\epsilon_0 n_{\rm r}^2 (\hbar\omega)^2} r_{\rm st}(\omega)$$

$$= \frac{\pi c^2 \hbar^3}{4\epsilon_0 n_{\rm r}^2 (\hbar\omega)^2} r_{\rm sp}(\omega) \left\{ 1 - \exp\left[\frac{\hbar\omega - \Delta\mathcal{E}_{\rm F}}{k_{\rm B}T}\right] \right\} \quad (\text{F}.47)$$

この式より $\hbar\omega < \Delta\mathcal{E}_{\rm F} = (\mathcal{E}_{\rm Fn} - \mathcal{E}_{\rm Fp})$ のとき利得 g は正 ($g > 0$) となり，増幅が起こることがわかる．逆に $\hbar\omega < \Delta\mathcal{E}_{\rm F}$ のときには，利得は負で光の吸収が起こっていることに対応している．

G インパットダイオード

インパットダイオード (IMPATT diode, IMPact Avalanche Transit Time diode) の原理は Read [34] により提案された．その発振周波数は $1 \sim 300$GHz におよぶが，最初にマイクロ波発振が観測されたのは 1965 年である [35]．インパットダイオードの動作原理は，①半導体中でインパクトイオン化によりキャリアを生成する，②生成したキャリアを飽和ドリフト速度で移動させるものである．このとき，素子全体からみると，生成されたキャリアによる電流の位相と印加電圧の位相の間に $\pi/2$ の位相差が現れ，実効的な抵抗成分が負，つまり負性抵抗が現れる．この負性抵抗を用いた発振素子がインパットダイオードである．

図 G.1(a), (b), (c), (d) にインパットダイオードの構造，不純物密度分布，電界分布および電離係数 (イオン化率) の分布を示す．図 G.1(a) の p$^+$nin$^+$ (または n$^+$pip$^+$) 構造素子で，n 層がアバランシェ領域 (インパクト領域)，i 層がドリフト領域となっている．n 層の電界強度が，インパクトイオン化が起こる臨界電界 $E_{\rm c}$ に達するような逆方向直流バイアス $V_{\rm B}$ を印加する．いま，このときの電界分布を図 G.2(a) のように仮定する．これに図 G.2(e) に示すような交流電圧 $V_{\rm ac}$ を重畳したときの時刻 a, b, c, d (図 G.2(e) の各点) における生成キャリア (正孔) の分布は，それぞれ図 G.2(a), (b), (c), (d) のようになる．つまり，図 G.2(e) の a 点の時刻では，インパクトイオン化により発生した電子は左側の p$^+$ 領域へ，正孔は右側のドリフト領域へ移動する．交流電圧が正になる時刻 b では，インパクトイオン化がより強く起こり，図 G.2(b) の点線で示すようにインパクト領域で正孔の分布が増加する．印加交流電圧が時刻 c に達するまでは臨界電界 $E_{\rm c}$ 以上になっており，インパクトイオン化が起こる

G インパットダイオード

(a) 構造

(b) 不純物密度分布

(c) 電界分布

(d) 電離係数（イオン化率）の分布

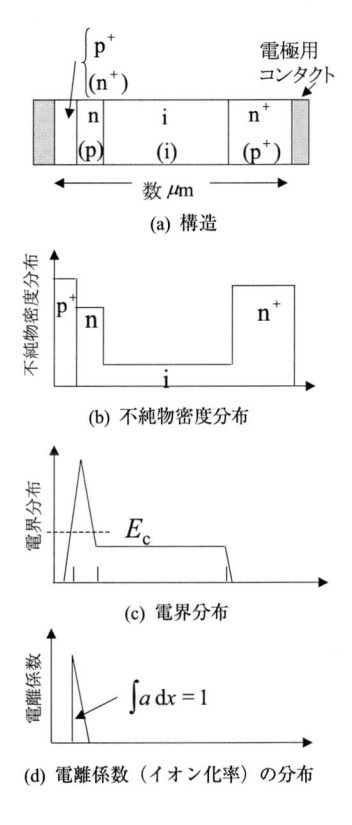

図 **G.1** インパットダイオード

ので，c 点で正孔の分布は最大となる (図 G.2(c))．印加交流電圧が負になるとインパクト領域の電界は臨界電界以下となり，インパクトイオン化は止まり，正孔はドリフト領域を陰極に向かって移動する．したがって，電流の位相は正孔がドリフト領域を走行するのに要する時間だけ遅れる．つまり，正孔密度が最大に達するのは印加交流電圧最大の点 (図 G.2(e) の b 点で位相 $\pi/2$) ではなく，図 G.2(e) の c 点 (位相 π) である．インパクトイオン化は，印加交流電圧に対し位相 $\pi/2$ の遅れがあり，ドリフト領域に注入される正孔は，印加交流電圧に対して $\pi/2$ の位相遅れを生じる．この位相遅れのため外部回路からみた実効的な抵抗成分は負となり，この負性抵抗によりマイクロ波発振が可能となる．インパットダイオードの小信号理論を以下に述べる [36]．

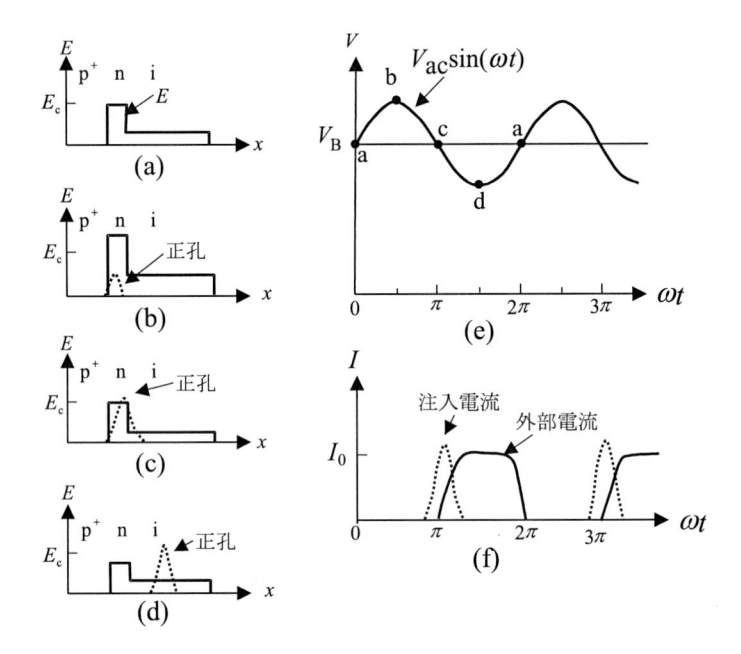

図 G.2 p$^+$nin$^+$ インパットダイオードにおける電界分布とインパクトイオン化によりつくられた正孔分布
印加電圧 (e) の a, b, c, d の各点における電位分布と正孔分布が (a), (b), (c), (d) に示してある. そのときの電流の時間的変化を (f) に示す.

図 G.3 のような素子を考え,アバランシェ電流 i_a を,全電流 (回路電流) I を用いて,

$$i_a = MI \tag{G.1}$$

と表す.ここに M は,全電流のうちアバランシェ電流の占める割合である.アバランシェ電流は非常に薄いアバランシェ領域でつくられる交流電流で,この領域を伝搬するための位相遅れは無視できるものとする. i_a がドリフト領域に入ると,飽和ドリフト速度 v_d で伝搬するから,このドリフト領域における電流は,

$$i_c(x) = i_a \exp(-i\omega x/v_d) = MI \exp(-i\omega x/v_d) \tag{G.2}$$

G インパットダイオード

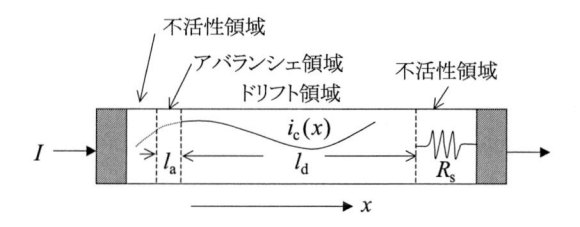

図 G.3 インパットダイオードの小信号解析のための模式的構造

と書ける[注10]．回路に流れる電流 I は伝導電流 i_c と変位電流 i_d の和で，場所によらず一定である．つまり，

$$I = i_\mathrm{c}(x) + i_\mathrm{d}(x) \tag{G.3}$$

変位電流は交流電界 $\mathcal{E}(x)$ を用いて，

$$i_\mathrm{d} = \mathrm{i}\omega\epsilon A \mathcal{E}(x) \tag{G.4}$$

と表される．ここに ϵ は半導体の誘電率で，A は断面積である．式 (G.1)〜(G.4) よりドリフト領域における交流電界は，場所 x の関数として次のように表せる．

$$\mathcal{E}(x) = I \frac{1 - M\exp(-\mathrm{i}\omega x/v_\mathrm{d})}{\mathrm{i}\omega\epsilon A} \tag{G.5}$$

アバランシェ領域

アバランシェ電流 i_a は次のようにして求められる．式 (5.33) で定義した電子および正孔の電離係数 α_n および α_p を用いると，距離 $\mathrm{d}x$ を進む間の電子の増加割合は次式で与えられる[注11]．

$$\frac{\mathrm{d}n}{\mathrm{d}t} = \alpha_\mathrm{n} n v_\mathrm{n} + \alpha_\mathrm{p} p v_\mathrm{p} - \frac{\mathrm{d}}{\mathrm{d}x}(nv_\mathrm{n}) \tag{G.6}$$

ここに，v_n, v_p は電子と正孔のドリフト速度で，電子と正孔の電流密度を J_n, J_p とすると，

$$J_\mathrm{n} = n e v_\mathrm{n} \tag{G.7a}$$

$$J_\mathrm{p} = p e v_\mathrm{p} \tag{G.7b}$$

[注10] 指数関数の i ($\mathrm{i}^2 = -1$) は電流 i と区別すること．
[注11] 電流連続の式 $\frac{\partial \rho}{\partial t} = \left(\frac{\partial \rho}{\partial t}\right)_\text{生成} - \mathrm{div}\boldsymbol{J}$ を用いる．ここに ρ は電荷密度で，$\boldsymbol{J}$ は電流密度である．

であるから，これらを用いると，

$$\frac{1}{v_n}\frac{dJ_n}{dt} = \alpha_n J_n + \alpha_p J_p - \frac{dJ_n}{dx} \tag{G.8}$$

となり，まったく同様にして正孔に対しては次式を得る．

$$\frac{1}{v_p}\frac{dJ_p}{dt} = \alpha_p J_p + \alpha_n J_n + \frac{dJ_p}{dx} \tag{G.9}$$

全電流密度 J は，

$$J = J_n + J_p \tag{G.10}$$

電子の飽和速度も正孔の飽和速度もほぼ等しいので，$v_n = v_p = v_d$ と仮定すると，式 (G.8) と式 (G.9) の辺々の和をとり，

$$\frac{1}{v_d}\frac{dJ}{dt} = 2\alpha_n J_n + 2\alpha_p J_p + \frac{d}{dx}(J_p - J_n) \tag{G.11}$$

を得る．GaAs の場合，$\alpha_n = \alpha_p = \alpha$ であるから (図 5.19 参照)，

$$\frac{1}{v_d}\frac{dJ}{dt} = 2\alpha J + \frac{d}{dx}(J_p - J_n) \tag{G.12}$$

が得られる．上式をアバランシェ領域 $x = 0$ から $x = l_a$ まで積分すると，

$$\frac{l_a}{v_d}\frac{dJ}{dt} = 2J\int_0^{l_a} \alpha dx + \left[J_p - J_n\right]_0^{l_a} \tag{G.13}$$

p$^+$nin$^+$ 構造を考えると，$x = 0$ で $J \simeq J_{p0}$ $(J_p(0) \gg J_n(0))$，$x = l_a$ で $J \simeq J_n(l_a)$ $(J_n(l_a) \gg J_p(l_a))$ であるから，

$$\frac{l_a}{v_d}\frac{dJ}{dt} = 2J\left[\int_0^{l_a} \alpha dx - 1\right] \tag{G.14}$$

となる．アバランシェ領域の走行時間を，

$$\tau_a = \frac{l_a}{v_d} \tag{G.15}$$

で定義し，電流密度 J を電流 i で書き改めると，式 (G.14) は次のように表すこともできる．

$$\frac{di}{dt} = \frac{2i}{\tau_a}\left[\int_0^{l_a} \alpha dx - 1\right] \tag{G.16}$$

いま，上式の積分の項を $\bar{\alpha}l_\mathrm{a}$ とおくと，$\bar{\alpha}$ はアバランシェ領域における電離係数の平均値と考えることができる．これを用いると，式 (G.16) は次のようになる．

$$\frac{\mathrm{d}i}{\mathrm{d}t} = \frac{2i}{\tau_\mathrm{a}}(\bar{\alpha}l_\mathrm{a} - 1) \tag{G.17}$$

定常状態では $\mathrm{d}i/\mathrm{d}t = 0$ であるから，$\bar{\alpha}l_\mathrm{a} = 1$ である．

次に，直流バイアスに微小交流電圧を印加した場合の素子特性の解析を示す．以下の方法を小信号解析法とよぶ．アバランシェ領域において直流電界 E_0，直流電流 I_0 に交流電界 $\mathcal{E}_\mathrm{a}$ が重畳されたとき，電流の交流成分が i_a であるとすると，次のような関係が成立する．

$$\bar{\alpha} = \bar{\alpha}_\mathrm{a} + \bar{\alpha}'_\mathrm{a}\mathcal{E}_\mathrm{a} \tag{G.18a}$$
$$\bar{\alpha}i_\mathrm{a} = 1 + l_\mathrm{a}\bar{\alpha}'_\mathrm{a}\mathcal{E}_\mathrm{a} \tag{G.18b}$$
$$I_\mathrm{a} = I_0 + i_\mathrm{a} \tag{G.18c}$$
$$E_\mathrm{a} = E_0 + \mathcal{E}_\mathrm{a} \tag{G.18d}$$

ここに，$\bar{\alpha}'_\mathrm{a} = \mathrm{d}\bar{\alpha}_\mathrm{a}/\mathrm{d}E_0$ である．式 (G.18a)～(G.18d) の関係を式 (G.17) に代入し，交流成分の高次の項を無視すると，アバランシェ伝導電流の交流成分は次のようになる．

$$i_\mathrm{a} = \frac{2\bar{\alpha}'_\mathrm{a}l_\mathrm{a}I_0\mathcal{E}_\mathrm{a}}{\mathrm{i}\omega\tau_\mathrm{a}} \tag{G.19}$$

アバランシェ領域における変位電流は，

$$i_{\mathrm{da}} = \mathrm{i}\omega\epsilon\mathcal{E}_\mathrm{a}A \tag{G.20}$$

式 (G.19) と式 (G.20) より明らかなように，アバランシェ領域における全交流電流は二つの成分からなる．いずれもリアクティブであるが i_a の方は ω に逆比例し，i_da の方は ω に比例する．これを等価回路で示すと図 G.4 のように，i_a はインダクタンス，i_da の方はキャパシタンスの成分として表される．このときのインダクタンス L_a とキャパシタンス C_a は次式で与えられる．

$$L_\mathrm{a} = \frac{\tau_\mathrm{a}}{2\bar{\alpha}'_\mathrm{a}I_0} \tag{G.21}$$

$$C_\mathrm{a} = \frac{\epsilon A}{l_\mathrm{a}} \tag{G.22}$$

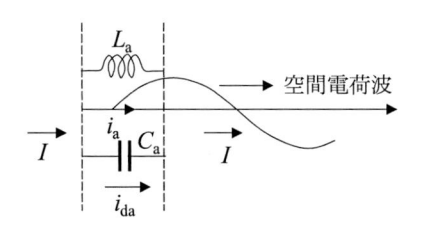

図 G.4 アバランシェ領域の等価回路

この L_a, C_a からなる回路の共振周波数 ω_a は,

$$\omega_\mathrm{a}^2 = \frac{1}{L_\mathrm{a} C_\mathrm{a}} = \frac{2\bar{\alpha}'_\mathrm{a} l_\mathrm{a} I_0}{\epsilon A \tau_\mathrm{a}} = \frac{2\bar{\alpha}'_\mathrm{a} v_\mathrm{d} I_0}{\epsilon A} \tag{G.23}$$

で与えられる. この ω_a のことをアバランシェ周波数とよぶことがある. アバランシェ領域のインピーダンスは,

$$Z_\mathrm{a} = \frac{l_\mathrm{a}}{\mathrm{i}\omega\epsilon A} \cdot \frac{1}{1 - \omega_\mathrm{a}^2/\omega^2} \tag{G.24}$$

で与えられる.

式 (G.1) で定義した因子 M は,次のように表される.

$$M = \frac{i_\mathrm{a}}{I} = \frac{i_\mathrm{a}}{i_\mathrm{a} + i_\mathrm{da}} = \frac{1}{1 - \omega^2/\omega_\mathrm{a}^2} \tag{G.25}$$

ドリフト領域

式 (G.25) の M を式 (G.5) に代入し,ドリフト領域の長さ l_d にわたって積分すると,この領域の電位差 V_d が求まる.

$$V_\mathrm{d} = \frac{l_\mathrm{d} I}{\mathrm{i}\omega\epsilon A} \left[1 - \frac{1}{1 - \omega^2/\omega_\mathrm{a}^2} \left(\frac{1 - \mathrm{e}^{-\mathrm{i}\omega\theta}}{\mathrm{i}\theta} \right) \right] \tag{G.26}$$

ここに,θ は走行角とよばれ,

$$\theta = \frac{\omega l_\mathrm{d}}{v_\mathrm{d}} = \omega \tau_\mathrm{d} \tag{G.27}$$

で与えられる. $\tau_\mathrm{d} = l_\mathrm{d}/v_\mathrm{d}$ はドリフト領域の走行時間である. $\epsilon A/l_\mathrm{d}$ はドリフト領域のキャパシタンスであるから,これを C_d とおき,式 (G.26) より次のよ

うなインピーダンスが得られる．

$$Z_\mathrm{d} = \frac{1}{\mathrm{i}\omega C_\mathrm{d}}\left(1 - \frac{1}{1-\omega^2/\omega_\mathrm{a}^2}\frac{\sin\theta}{\theta}\right) + \frac{1}{\omega C_\mathrm{d}}\left(\frac{1}{1-\omega^2/\omega_\mathrm{a}^2}\frac{1-\cos\theta}{\theta}\right) \tag{G.28}$$

上式の右辺第 2 項は抵抗成分であり，$\theta = 2n\pi$ (n は整数) の場合 0 となるが，それ以外では $\omega > \omega_\mathrm{a}$ で負の抵抗値を示す．$\omega < \omega_\mathrm{a}$ では抵抗成分は正で，周波数 ω が 0 に近づくとある有限の値に近づく．

全体のインピーダンス Z はアバランシェ領域のインピーダンス Z_a (式 (G.24))，ドリフト領域のインピーダンス Z_d (式 (G.28)) とその他の不活性領域の抵抗 R_s を加え，

$$\begin{aligned}Z = R_\mathrm{s} &+ \frac{l_\mathrm{d}^2}{v_\mathrm{d}\epsilon A}\left(\frac{1}{1-\omega^2/\omega_\mathrm{a}^2}\right)\frac{1-\cos\theta}{\theta^2/2} \\ &+ \frac{1}{\mathrm{i}\omega C_\mathrm{d}}\left[\left(1-\frac{\sin\theta}{\theta}\right) + \frac{\sin\theta/\theta + l_\mathrm{a}/l_\mathrm{d}}{1-\omega_\mathrm{a}^2/\omega^2}\right]\end{aligned} \tag{G.29}$$

となる．$(1-\cos\theta)/(\theta^2/2)$ は図 G.5 に示すように，$\theta < \pi/4$ の範囲でほとんど 1 に近い値をもち，$\omega > \omega_\mathrm{a}$ の周波数で大きな負抵抗が得られる．$\sin\theta/\theta$ も $\theta < \pi/4$ の領域で 1 に近いことから，式 (G.29) は近似的に次のようになる．

$$Z \simeq R_\mathrm{s} + \frac{l_\mathrm{d}^2}{v_\mathrm{d}\epsilon A}\cdot\frac{1}{1-\omega^2/\omega_\mathrm{a}^2} + \frac{1}{\mathrm{i}\omega C}\cdot\frac{1}{1-\omega_\mathrm{a}^2/\omega^2} \tag{G.30}$$

ここに $C = \epsilon A/(l_\mathrm{a} + l_\mathrm{d})$ である．右辺第 2 項はこの素子の活性層の抵抗で，

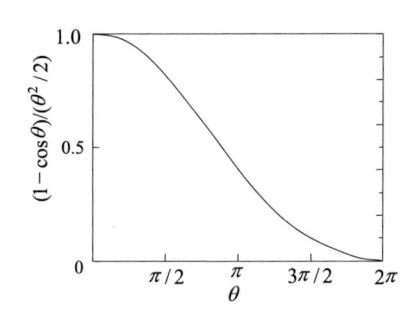

図 **G.5** インパットダイオードのインピーダンス因子 $(1-\cos\theta)/(\theta^2/2)$ の θ 依存性

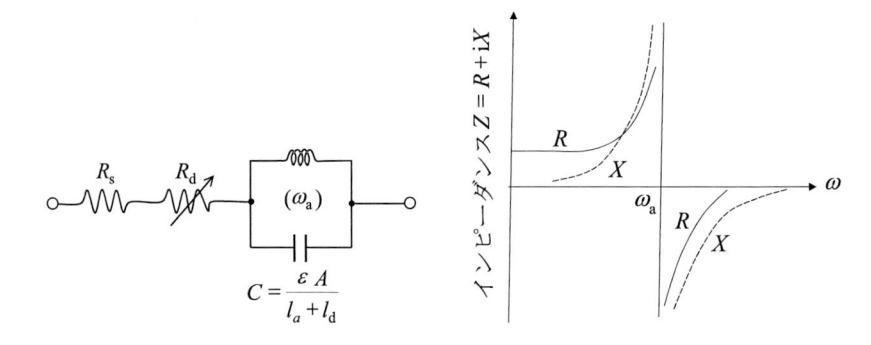

図 G.6 インパットダイオードの等価回路　　**図 G.7** インパットダイオードの抵抗成分 R とリアクタンス成分 X

$\omega > \omega_a$ のとき負となる．第3項はリアクティブである．素子の等価回路は図 G.6 のように書ける．全インピーダンスの実数部と虚数部を周波数 ω の関数として描くと図 G.7 のようになり，実数部 (実線) の抵抗成分はアバランシェ周波数以下では正で，$\omega \geq \omega_a$ で非常に大きな負性抵抗を示す．また，虚数部 (破線) はリアクタンスで $\omega < \omega_a$ の領域では周波数の増加とともに大きくなり，アバランシェ周波数を越えたところで大きな容量性を示す．

H　圧力センサ

半導体に応力を加えると抵抗が変化する．この現象をピエゾ抵抗効果 (piezoresistance effect) とよぶ．シリコンやゲルマニウムの伝導帯は，複数個の等価なエネルギー帯 (Si では X 点近くの 6 個，Ge では L 点の 4 個の伝導帯) からなっており，これを多数バレー構造とよぶ．応力を加えると，あるバレーの底は上がり他は下がる．その結果，バレー間に電子密度の差が現れ，有効質量の異方性のため抵抗値が変化する．p 型半導体では縮退した価電子帯 (重い正孔と軽い正孔のバンドは Γ 点で縮退している) が応力によりその縮退が解け，二つの正孔バンド間の正孔の再配分と有効質量の違いによりピエゾ抵抗効果が現れる．

電界を $\tilde{E}$, 電流密度を $\tilde{J}$, 抵抗率テンソルを $\tilde{\rho}$ とすると, オームの法則は,

$$\tilde{E} = \tilde{\rho}\tilde{J} \quad (E_i = \rho_{ij}J_j) \tag{H.1}$$

と書ける. 括弧内の式では, 右辺の $j = x, y, z$ についての和の記号が省略してある. 応力印加により抵抗率が $\delta\tilde{\rho}$, 電界が $\delta\tilde{E}$ 変化するものとすると,

$$\delta\tilde{E} = (\delta\tilde{\rho}) \cdot \tilde{J} \tag{H.2}$$

あるいは,

$$\frac{\delta\tilde{E}}{\rho} = \left(\frac{\delta\tilde{\rho}}{\rho}\right)\tilde{J} \equiv \tilde{\Delta}\tilde{J} \tag{H.3}$$

$$\Delta_{ij} = \frac{(\delta\rho)_{ij}}{\rho} \tag{H.4}$$

を得る.

応力テンソル $\tilde{T} = T_{ij}$ と歪みテンソル $\tilde{S} = S_{kl}$ の間には, 弾性定数テンソル C_{ijkl} $(i, j, k, l = x, y, z)$ を用いて,

$$\tilde{T} = \tilde{C} \cdot \tilde{S} \quad (T_{ij} = C_{ijkl}S_{kl}) \tag{H.5}$$

の関係がある. ここに, 歪みテンソルは i 方向の変位 u_i を用いて,

$$S_{ij} = \frac{1}{2}\left(\frac{\partial u_i}{\partial r_j} + \frac{\partial u_j}{\partial r_i}\right) \tag{H.6}$$

と定義される. r_i, r_j は座標ベクトルの i, j 成分である. また, 応力テンソルは微小体積素 $dxdydz$ において, j 面 (x 軸に垂直な面を x 面と定義する) に作用する (単位面積当たりの i 方向成分の力を T_{ij} で定義する). T_{xx}, T_{yy}, T_{zz} を垂直応力 (面に垂直な方向の応力), T_{yz}, T_{xz}, T_{xy} などをせん断応力 (面の接線方向の応力) とよぶことがある. $i, j = x, y, z$(あるいは $i, j = 1, 2, 3$) に対して,

$$\begin{array}{cccccccc}
i,j = & xx & yy & zz & yz, zy & xz, zx & xy, yx \\
 & (11) & (22) & (33) & (23, 32) & (13, 31) & (12, 21) \\
\alpha = & 1 & 2 & 3 & 4 & 5 & 6
\end{array} \tag{H.7}$$

のように添字を縮小して定義すると, 式 (H.5) は,

$$T_\alpha = C_{\alpha\beta}S_\beta \quad (\alpha, \beta = 1, 2, \cdots, 6) \tag{H.8}$$

と表される．C_{ijkl} の成分は $3^4 = 81$ 個あるが，$C_{\alpha\beta}$ は $6 \times 6 = 36$ 個の成分となり，$C_{\alpha\beta} = C_{\beta\alpha}$ が成り立つので 21 個の成分がある．立方晶のように対称性のよい結晶では，$C_{11} = C_{22} = C_{33}$, $C_{12} = C_{13} = C_{23}$ のような性質があり，かつ 0 の成分もあるので，

$$C_{\alpha\beta} = \begin{vmatrix} C_{11} & C_{12} & C_{12} & 0 & 0 & 0 \\ C_{12} & C_{11} & C_{12} & 0 & 0 & 0 \\ C_{12} & C_{12} & C_{11} & 0 & 0 & 0 \\ 0 & 0 & 0 & C_{44} & 0 & 0 \\ 0 & 0 & 0 & 0 & C_{44} & 0 \\ 0 & 0 & 0 & 0 & 0 & C_{44} \end{vmatrix} \tag{H.9}$$

のように C_{11}, C_{12}, C_{44} の独立な三つの成分で表される．

式 (H.3), (H.4) で定義したテンソル $\tilde{\Delta}$ を応力テンソルを用いて，

$$\tilde{\Delta} = \tilde{\Pi}\tilde{T} \quad (\Delta_{ij} = \Pi_{ijkl}T_{kl} : \Delta_\alpha = \Pi_{\alpha\beta}T_\beta) \tag{H.10}$$

と表す．この係数 $\tilde{\Pi}$ をピエゾ抵抗係数とよぶ．$\tilde{\Pi}$ も $\tilde{C}$ と同様のテンソル成分を有し，式 (H.9) と同様に表される．一方，歪みテンソルを用いて，

$$\tilde{\Delta} = \tilde{m}\tilde{S} \quad (\Delta_{ij} = m_{ijkl}S_{kl} : \Delta_\alpha = m_{\alpha\beta}S_\beta) \tag{H.11}$$

と表したとき，$\tilde{m}$ を弾性抵抗係数とよぶ．式 (H.10) と式 (H.11) より，

$$\tilde{m} = \tilde{\Pi}\tilde{C} \tag{H.12}$$

の関係が成り立ち，これより次の関係が得られる．

$$(m_{11} + 2m_{12}) = (\Pi_{11} + 2\Pi_{12})(C_{11} + 2C_{12})$$
$$(m_{11} - m_{12}) = (\Pi_{11} - \Pi_{12})(C_{11} - C_{12}) \tag{H.13}$$
$$m_{44} = \Pi_{44}C_{44} \tag{H.14}$$

Ge および Si におけるピエゾ抵抗係数を求めた結果を表 H.1 に示す．これらの値は代表的な例で，不純物密度などによって大きく変化する．ピエゾ抵抗効果を用いた素子は圧力検出素子 (圧力センサ) として実用化されているが，それはシリコン基板を用いたものである．シリコンは集積回路作製の技術を用いて

表 H.1 ピエゾ抵抗係数（引張り応力を正にとっている）
$\Pi\,[10^{-11}\mathrm{m^2/N}]$ と弾性抵抗係数 m

	Π_{11}	Π_{12}	Π_{44}	m_{11}	m_{12}	m_{44}
n–Ge	−4.7	−5.0	−137.9	−16.55	−16.75	−92.8
p–Ge	−10.6	+5.0	98.6	−7.05	+5.55	+66.5
n–Si	−102.2	+53.4	−13.6	−72.6	+86.4	−10.8
p–Si	+6.6	−1.1	+138.1	+10.5	+2.7	+110.0

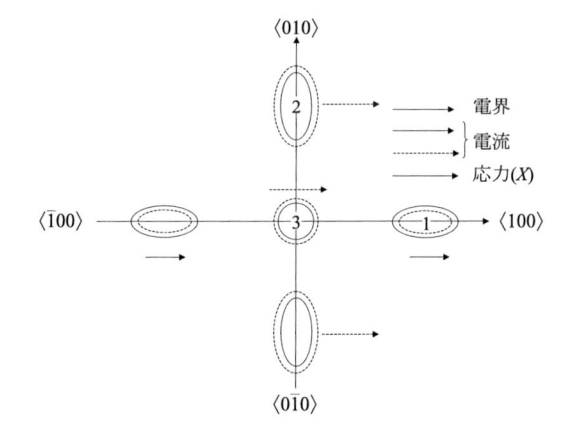

図 H.1 Si の $\langle 100 \rangle$ 方向に応力を印加したときの伝導帯バレーの等エネルギー面の変化

　加工できるので，温度補償機能などを周辺につくることができ，その性能を一段と精度よくすることが可能である．

　ピエゾ抵抗効果の物理的な説明を n-Si の場合について考えてみよう．図 H.1 に示すように，$\langle 100 \rangle$ 方向に引張り応力（圧縮応力の場合符号が反対となる）をかけると，バレー 1 の底は上がり，バレー 2 と 3 の伝導帯の底は下がる．その結果，等エネルギー面は点線のようになる．この伝導帯の底の変化により，バレー 2 と 3 の電子密度が増加し，バレー 1 の電子密度は減少する．電界を $\langle 100 \rangle$ 方向に印加すると，バレー 2 と 3 の電子の電界方向の質量は小さく移動度が大きいので，応力印加により電流が増え，導電率が増加する．応力の大きさを X とすると，$(1/X)(\delta\rho/\rho) = \Pi_{11} < 0$ となるから，表 H.1 の結果と一致する．

圧力センサの感度を表すのに，

$$G = \frac{\Delta R/R}{\Delta l/l} \tag{H.15}$$

で定義されるゲージ率 G を用いる．ここに，$\Delta R/R$ は抵抗の変化率，$\Delta l/l$ は長さの変化率である．ポアソン比 ν，ヤング率 Y を用いると，ゲージ率 G は，

$$G = 1 + 2\nu + \Pi Y \tag{H.16}$$

で与えられる．形状変化の項 $(1+2\nu)$ を無視すると，$G \simeq \tilde{\Pi}\tilde{C} = \tilde{m}$ となり，ゲージ率は弾性抵抗係数で与えられる．このゲージ率を代表的な半導体の Ge と Si についてまとめると表 H.2 のようになる．

圧力センサの構造は図 H.2 に示すように，シリコンの基板を一部薄く削り取り，ダイヤフラム構造としたものに，ブリッジ状の抵抗素子を形成し，周辺に温度補償回路をつくり完成する．

表 **H.2** Ge と Si のゲージ率 (室温)

半導体	Ge [1Ω· cm]		Si [2Ω· cm]	
結晶軸	n 型	p 型	n 型	p 型
[1 0 0]	−1	−5	−132	+10
[1 1 0]	−97	+67	−104	+123
[1 1 1]	−147	+104	−13	+177

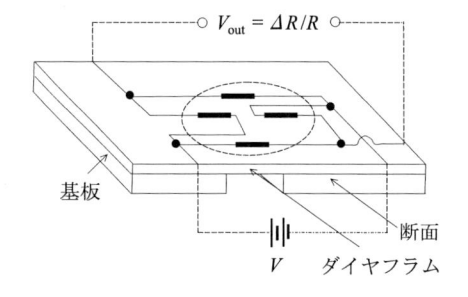

図 **H.2** Si の圧力センサの模式的構造図

参考文献

[1] J. C. Callaway: *Energy Band Theory*, (Academic Press, 1964).

[2] J. F. Cornwell: *Group Theory and Electronic Energy Bands in Solids*, (North–Holland Publishing, 1969).

[3] W. A. Harrison: *Electronic Structures and the Properties of Solids: The Physics of the Chemical Bond*, (W.H. Freeman and Company, 1980), (小島忠宣, 小島和子, 山田栄三郎訳：固体の電子構造と物性—化学結合の物理— 上下 (現代工学社, 1983)).

[4] 浜口智尋：固体物性 上下 (丸善, 1975, 1976).

[5] 浜口智尋, 井上正崇, 谷口研二：半導体デバイス工学 (昭晃堂, 1985).

[6] 応用物理学会関西支部編：化合物半導体 (日刊工業新聞社, 1986).

[7] 浜口智尋：半導体物理 (朝倉書店, 2001).

[8] C. Hamaguchi: *Basic Semiconductor Physics*, (Springer, 2001, 2004).

[9] P. P. Debye and E. M. Conwell: Electrical properties of n–type germanium, *Phys. Rev.* **93** (1954) 693.

[10] E. O. Kane: Thomas–Fermi approach to impure semiconductor band structure, *Phys. Rev.* **131** (1963) 79–88.

[11] R. Dingle: Confined carrier quantum states in ultrathin semiconductor heterostructures, Festkörperprobleme, (H. J. Queisser Ed.) *Advances in Solid State Physics*, **15** (Pergamon/Vieweg, Braunscheig, 1975) 21.

[12] R. C. Miller, D. A. Kleinman and A. C. Gossard: Energy–gap discontinuities and effective masses for GaAs–Al_xGa_{1-x}As quantum

wells, *Phys. Rev.* **B 29** (1984) 7085.

[13] R. Dingle, H. L. Störmer, A. C. Gossard and W. Wiegmann: Electron mobilities in modulation-doped semiconductor heterojunction superlattices, *Appl. Phys. Lett.* **33** (1978) 665.

[14] S. Hiyamizu, J. Saito, K. Nambu and T. Ishikawa: Improved electron mobility higher than 10^6 cm^2/Vs in selectively doped GaAs/n-AlGaAs heterostructures grown by MBE, *Jpn. J. Appl. Phys.* **22** (1983) L609.

[15] J. B. Gunn: Microwave oscillations of current in III–V semiconductors, *Solid State Commun.* **1** (1963) 88.

[16] D. E. Aspnes: GaAs lower conduction–band minima: Ordering and properties, *Phys. Rev.* **B 14** (1976) 5331–5343.

[17] D. E. McCumber and A. G. Chynoweth: Theory of negative-conductance amplification and of Gunn instabilities in "two-valley semiconductors", *IEEE Electron Devices* **ED 13** (1966) 4.

[18] A. G. Foyt and A. L. McWhorter: The Gunn effect in polar semiconductors, *IEEE Electron Devices* **ED 13** (1966) 79.

[19] B. W. Hakki and S. Knight: Microwave phenomena in bulk GaAs, *IEEE Electron Devices* **ED 13** (1966) 94.

[20] 藤定広幸：エレクトロニクス **27** (1982) 837.

[21] K. von Klitzing, M. Pepper and G. Dorda: New method for high-accuracy determination of the fine-structure constant based on quantized Hall resistance, *Phys. Rev. Lett.* **45** (1980) 494.

[22] 川路紳治：応用物理 **58** (1989) 500.

[23] K. Seeger: *Semiconductor Physics*,(Springer, 1973).

[24] E. M. Conwell and V. F. Weisskopf: Theory of impurity scattering in semiconductors, *Phys. Rev.* **77** (1950) 388.

[25] H. Brooks: *Advances in Electronics and Electron Physics*, **8** (Academic Press, 1955) 85.

[26] 安藤恒也著：難波　進編：メゾスコピック現象の基礎 (オーム社, 1994).

[27] T. Ando, Y. Arakawa, S. Komiyama and H. Nakashima: *Mesoscopic Physics and Electronics*, (Springer, 1998).

[28] R. Landauer: Spatial variation of currents and fields due to localized scatterers in metallic conduction, *IBM J. Res. Dev.* **1** (1957) 223; *Philos. Mag.* **21** (1970) 863.

[29] W. Shockley and W. T. Read, Jr.: Statistics of the recombination of holes and electrons, *Phys. Rev.* **87** (1952) 835.

[30] J. A. Burton, G. W. Hull, F. J. Morin and J. C. Severiens: Effect of nickel and copper impurities on the recombination of holes and electrons in germanium, *J. Phys. Chem.* **57** (1953) 853.

[31] R. N. Hall: Electron–hole recombination in germanium, *Phys. Rev.* **87** (1952) 387.

[32] G. Lasher and F. Stern: Spontaneous and atimulated recombination in semiconductors, *Phys. Rev.* **133** (1964) A553–A563.

[33] F. Stern: Elementary theory of the optical properties of solids, in *Solid State Physics*, (F. Setz and D. Turbull Eds.) (Academic Press, 1963), **15**, pp. 299–408 (Sec.35, 36, pp.364–374).

[34] W. T. Read, Jr.: A proposed high–frequency negative–resistance diode, *Bell Syst. Tech. J.* **37** (1958) 401.

[35] R. L. Johnston, B. C. DeLoach and B. G. Cohen: A silicon diode microwave oscillator, *Bell Syst. Tech. J.* **44** (1965) 369.

[36] M. Gilden and M. E. Hines: Electronic tuning effects in the read microwave avalanche diode, *IEEE Electron Devices* **ED 13** (1966) 169.

その他の参考文献

[37] 浜口智尋：電子物性入門 (丸善, 1979).
この文献は半導体, 金属, 誘電体および磁性体に関する入門書である. このテキストを理解すれば本書に書かれているような半導体の基本原理をより深く理解するのに役立つ.

[38] キッテル著：宇野良清, 津屋　昇, 森田　章, 山下次郎訳：固体物理

学入門 上下 (第 5 版) (丸善, 1978, 1979).

[39] 川村　肇：固体物理学 (共立出版, 1969).
[40] 犬石嘉雄, 浜川圭弘, 白藤純嗣：半導体物性 I, II (朝倉書店, 1977).
[41] 松波弘之：半導体工学 (昭晃堂, 1983).
[42] 古川静二郎, 松村正清：電子デバイス I, II (昭晃堂, 1979).
[43] 菅野卓雄：半導体物性 (電気学会, 1979).
[44] 御子柴宣夫：半導体の物理 (培風館, 1972).
[45] 岸野正剛, 小柳光正：VLSI デバイスの物理 (丸善, 1981).
[46] S. M. Sze:*Physics of Semiconductor Devices*, (John Wiley & Sons, 1969).
[47] S. M. Sze:*Semiconductor Devices; Physics and Technology*, (John Wiley & Sons, 1985).
[48] M. J. Howes and D. V. Morgan: *Gallium Arsenide; Materials, Devices and Circuits*, (John Wiley & Sons, 1985).
[49] O. Madelung: *Introduction to Solid–State Theory*, (Springer, 1978).
[50] E. M. Conwell: High field transport in semiconductors, *Solid State Physics* Suppl. 9, (F. Seitz, D. Turnbull and H. Ehrenreich Eds.) (Academic Press, 1967).
[51] B. L. Sharma Ed.: *Metal–Semiconductor Schottky Barrier Junctions and Their Applications*, (Plenum Press, 1984).
[52] E. H. Rhoderick : *Metal Semiconductor Contacts*, (Clarendon Press, 1978).
[53] M. J. Howes and D. V. Morgan Eds.: *Charge Coupled Devices and Systems*, (John Wiley & Sons, 1979).
[54] R. S. Muller and T. I. Kamins: *Device Electronics for Integrated Circuits*, (John Wiley & Sons, 1986).
[55] H. C. Casey, Jr. and M. B. Panish: *Heterostructure Lasers*, (Academic Press, 1978).
[56] F. Stern: Effect of band tails on stimulated emission of light in semiconductors, *Phys. Rev.* **148** (1966) 186–194.

索　引

[欧文]

APD, 130

CCD, 103
　　—暗電流, 108
　　—撮像素子, 109

GRINSCH–LD, 151

HEMT, 142, 146
HET, 148

LDD–MOSFET, 100
LED, 115

MBE, 145
MIS 構造, 76
MOS 型電界効果トランジスタ, 76
MOS 構造, 76
　　—の界面準位, 87
　　—の可動イオン, 87
　　—のキャパシタンス, 77
　　—の固定電荷, 87
　　—の酸化膜容量, 78

　　—の静電容量, 84
　　—の蓄積層, 78
　　—の反転層, 78
MOSFET, 76
　　—基板バイアス効果, 100
　　—の基本動作, 88
　　—のバイポーラトランジスタ
　　　動作, 99
　　LDD– —, 100
　　V– —, 100
　　短チャネル—, 95

npn 接合, 57
$n^+p\pi p^+$ 構造, 130

pin 構造, 128
pn 接合, 49
　　—の逆方向バイアス, 53
　　—の順方向バイアス, 53
　　—の整流特性, 52, 53
　　—の飽和電流, 55
pn 接合デバイス, 49
pnp 接合, 57

RBT, 149

RHET, 149

V–MOSFET, 100

[ア行]

アイソエレクトロニックトラップ, 117
アインシュタインの関係, 40
アクセプタ, 29
圧電ポテンシャル散乱, 167
圧力センサ, 198
アバランシェ破壊電圧, 133
アバランシェ破壊の条件, 133
アバランシェフォトダイオード, 129
暗電流, 108

イオン化不純物散乱, 166
位相速度, 5, 20
移動度, 2, 34
インパクトイオン化, 98
インパットダイオード, 190

エサキダイオード, 57
エネルギー帯
　　半導体の—, 18
エネルギー帯構造, 8
エネルギー等分配の法則, 34
エミッタ, 58
エレクトロルミネッセンス, 115

オーミック接触, 69
オーミック電極, 88
オームの法則, 1, 38
音響フォノン, 6
音響フォノン散乱, 163
音響分枝, 6
音速, 5

[カ行]

界面, 65
ガウスの定理, 80, 82
拡散, 39
拡散距離, 43
拡散係数, 54
拡散電位, 50
拡散電流, 39, 53
　　正孔の—, 54
　　電子の—, 54
価電子帯, 18, 21
還元質量, 187
ガン効果, 154
間接遷移, 112
間接遷移型, 111
ガンダイオード, 153, 154
緩和現象, 37
緩和時間, 37, 163
　　イオン化不純物散乱の—, 167
　　無極性光学フォノンの—, 164

基板バイアス効果, 100
擬フェルミ準位, 119

逆格子ベクトル, 15
逆方向バイアス, 53
キャリア, 33
 ―速度の飽和, 98
 ―の再結合, 40
 ―の生成, 40
 少数―, 33
 多数―, 33
吸収係数, 112, 120, 183
 直接遷移の―, 113
鏡像, 65
強反転領域, 82, 84
共鳴トンネルバイポーラトランジスタ, 149
共鳴トンネルホットエレクトロントランジスタ, 149
極性光学フォノン散乱, 165
金属・半導体接合, 67

空乏層, 50
 ―でのキャリアの再結合, 75
 ―でのキャリアの発生, 75
 ―の厚さ, 51
 ―の容量, 78, 85
 ―の領域, 53
空乏領域, 82, 84
屈折率, 113, 123
群速度, 20

ゲージ率, 202
ゲッター, 87

ゲートしきい値電圧, 90, 95
 短チャネルMOSFETの―, 96
ケミカルポテンシャル, 170
減衰定数, 120

光学的励起, 40
光学フォノン, 6, 164
 無極性―, 164
 有極性―, 164
光学分枝, 6
合金散乱, 168
格子振動, 3
格子整合条件, 118
格子不整, 140
構造敏感性, 3
高電界ドメイン, 155
光電効果デバイス, 111
高電子移動度トランジスタ, 142
光電子増倍管, 129
黒体輻射, 188
コレクタ, 58
コンウェル・ワイスコッフの式, 167
コンダクタンス, 171

[サ行]

サイクロトロン角周波数, 45
再結合, 171
 ―の割合, 174
 キャリアの―, 40
 直接―, 41
再結合寿命, 42, 126

再結合中心, 175
再結合電流, 56
再結合発光, 180
サブスレショルド係数, 94
サブバンド, 139
酸化膜中の捕獲中心, 87

磁気センサ, 158
磁気抵抗, 169
磁気抵抗効果, 168
磁気導電率, 169
仕事関数, 65
自己無撞着解法, 142
自然放出, 188
弱反転領域, 82, 84, 92
遮断周波数, 142
周期的境界条件, 10
自由電子モデル, 8
充満帯, 21
縮退, 74
縮退状態, 57
シュレディンガー方程式, 9
順方向バイアス, 53
消衰係数, 113
少数キャリア, 33
　　—の注入, 52, 53
状態密度, 13, 22
　　伝導帯の—, 24
衝突電離, 41, 133
ショックレー・リードの統計, 171

ショックレー・リード・ホールの
　　式, 180
ショットキー障壁, 70
シリサイド, 70
人工超格子, 137
真性電子密度, 26
真性半導体, 24, 26
真性フェルミ準位, 80

正孔, 21, 29
生成
　　キャリアの—, 40
　　熱的—, 42
接合デバイス, 49
閃亜鉛鉱型結晶構造, 5, 17
遷移確率, 114, 183

増倍因子, 131
ソース, 88

[夕行]

体心立方格子, 17
ダイノード, 130
ダイヤモンド型結晶構造, 5, 17
多重量子井戸レーザ, 150
多数キャリア, 33
多数バレー構造, 169
ダングリングボンド, 69
弾性抵抗係数, 200
短チャネル MOSFET, 95

蓄積層, 78
蓄積領域, 82, 84
チャネル, 90
中性不純物散乱, 167
注入効率, 62
超格子, 137
  ドーピング—, 137
直接遷移, 112
直接遷移型, 111

デバイ長, 69, 82
デルタ (δ) ドープ, 137
電位障壁, 49, 50
電界効果トランジスタ, 65
  MOS 型—, 76
電荷検出回路, 110
電荷転送回路, 109
電荷転送効率, 105
電荷転送素子, 103
電気陰性度, 66, 117
電気的中性条件, 51
電気伝導, 33
電子散乱の機構, 38
電子親和力, 65, 67, 141
電子統計, 22
伝導帯, 18
電離係数, 131
電流増幅率, 62
電流担体, 33

導電率, 1, 38

ドナー, 29
ドーパント, 29
ドーピング, 29, 33
トラップ, 41, 117, 171
トラップ準位, 175
トランジスタ
  バイポーラ—, 57
  プレーナ型—, 64
  ヘテロ構造—, 148
ドリフト運動, 34, 36
ドレイン, 88
ドレイン電流, 90
トンネル現象, 57
トンネルダイオード, 57
トンネル電流, 74

[ナ行]

二次元電子ガス, 137
  —の状態密度, 137
二次電子, 130

熱運動
  —の速度, 38
  結晶格子の—, 35
  電子の—, 34
熱速度, 34, 38
熱電子放出, 72

[ハ行]

バイポーラトランジスタ, 57
波数ベクトル, 4

自由電子の—, 11
バックゲート, 102
発光ダイオード, 115
バリスティック伝導, 170
バレー間散乱, 165
　　　等価—, 165
　　　不等価—, 166
反射率, 113
パンチスルー, 97
パンチスルー現象, 97
パンチスルー電流, 97
反転層, 78
半導体
　　　n型—, 29, 33
　　　p型—, 29, 33
　　　間接遷移型—, 19
　　　真性—, 24, 26
　　　不純物—, 27
半導体レーザ, 119
　　　—増幅係数, 121
　　　—のしきい値電流密度, 121
　　　二重ヘテロ構造—, 123

ピエゾ抵抗係数, 200
ピエゾ抵抗効果, 198
光吸収, 111
　　　間接遷移の—, 114
光吸収係数, 113
光検出素子, 109
光検出デバイス, 125
光導電セル, 125

光反射係数, 113
非発光再結合, 181
表面再結合速度, 127
表面電荷, 77, 80
表面ポテンシャル, 80
ピンチオフ, 89, 92

フェルミエネルギー, 9, 13, 25
フェルミ準位, 26
　　　真性半導体の—, 26
フェルミ・ディラックの統計, 24
フォトダイオード, 128
フォトルミネッセンス, 115
フォノン, 6
フォノン散乱
　　　極性光学—, 165
フォノン占有数, 7
フォン・クリッチング定数, 161
複素屈折率, 120
複素伝搬定数, 120
複素導電率, 185
複素波数, 120
複素誘電率, 113
不純物散乱, 166
不純物半導体, 27
負性微分抵抗, 155
ブラッグ反射の条件, 17
フラットバンド, 80
　　　—電圧, 85
　　　—の条件, 83, 84
ブリルアン領域, 5, 15

―の境界, 16, 17
　　　第1―, 16
ブルックス・ヘリングの式, 167
ブロッホ関数, 14
ブロッホの定理, 13, 14
分光感度曲線, 127
分子ビームエピタキシャル成長法,
　　　145
分布反転, 180

平均自由行程, 35, 38
平均衝突時間, 36
ベクトルポテンシャル, 114, 183
ベース, 58
ヘテロ構造トランジスタ, 148
ヘテロ接合, 137, 141
ヘテロバイポーラトランジスタ,
　　　148
変形ポテンシャル, 163
変調ドープ, 144

ポアソンの方程式, 51, 81
ポインティングベクトル, 187
捕獲準位, 175
捕獲中心
　　　酸化膜中の―, 87
補償, 33
ボース・アインシュタイン分布, 8,
　　　181
ホットエレクトロントランジスタ
　　　(HET), 148

ホモ接合, 141
ホール移動度, 46
ホール角, 159
ホール係数, 44, 46
ホール効果, 43, 44, 158
ホール素子, 153
ボルツマン分布, 25
ホール電圧, 45
ホール電界, 43

[マ行]

マイクロ波デバイス, 153

ミッドギャップ, 175

無極性光学フォノン散乱, 164

面心立方格子, 17

[ヤ行]

有効質量, 19, 21
有効状態密度
　　　価電子帯の―, 26
　　　伝導帯の―, 26
誘導放出, 180

[ラ行]

ラザフォード散乱, 167
ランダウアー公式, 170, 171

リザバー, 170

リチャードソン定数, 72
量子井戸デバイス, 135
量子効率, 125
量子ホール効果, 137, 161

励起子, 117
レーザ
　　GRINSCH–LD, 151

多重量子井戸—, 150
半導体—, 119
連続の式, 42

ローレンツ力, 43

著者略歴

浜口 智尋 (はまぐち ちひろ)

1937 年	三重県に生まれる
1966 年	大阪大学大学院工学研究科博士課程修了
1967 年	大阪大学工学部電子工学科助教授
1967 年	パデュー大学物理学科客員研究員
1985 年	大阪大学工学部電子工学科教授
現 在	大阪大学名誉教授
	シャープ株式会社顧問
	米国物理学会, 英国物理学会, IEEE および応用物理学会フェロー
	工学博士
専 攻	半導体物性, 半導体デバイス物理

谷口 研二 (たにぐち けんじ)

1948 年	愛媛県に生まれる
1973 年	大阪大学大学院工学研究科博士課程修了
1975 年	東京芝浦電気株式会社 (現 東芝) 研究員
1981 年	マサチューセッツ工科大学客員研究員
1986 年	大阪大学工学部電子工学科助教授
1996 年	大阪大学大学院工学研究科教授
現 在	大阪大学大学院工学研究科教授
	IEEE および応用物理学会フェロー
	工学博士
専 攻	アナログ回路設計, 半導体デバイス物理

半導体デバイスの基礎

定価はカバーに表示

2009 年 2 月 15 日 初版第 1 刷

著 者 浜 口 智 尋
　　　 谷 口 研 二
発行者 朝 倉 邦 造
発行所 株式会社 朝 倉 書 店

東京都新宿区新小川町 6-29
郵 便 番 号 １６２-８７０７
電　 話 ０３（３２６０）０１４１
Ｆ Ａ Ｘ ０３（３２６０）０１８０
http://www.asakura.co.jp

〈検印省略〉

© 2009 〈無断複写・転載を禁ず〉

中央印刷・渡辺製本

ISBN 978-4-254-22155-8　C 3055　　Printed in Japan

前阪大 浜口智尋著

半導体物理

22145-9 C3055　　　　　Ｂ５判 384頁 本体5900円

半導体物性やデバイスを学ぶための最新最適な解説。〔内容〕電子のエネルギー帯構造／サイクロトロン共鳴とエネルギー帯／ワニエ関数と有効質量近似／光学的性質／電子-格子相互作用と電子輸送／磁気輸送現象／量子構造／付録

前青学大 國岡昭夫・信州大 上村喜一著

新版 基礎半導体工学

22138-1 C3055　　　　　Ａ５判 228頁 本体3400円

理解しやすい図を用いた定性的な説明と式を用いた定量的な説明で半導体を平易に解説した全面的改訂新版。〔内容〕半導体中の電気伝導／pn接合ダイオード／金属―半導体接触／バイポーラトランジスタ／電界効果トランジスタ

九大 宮尾正信・九大 佐道泰造著
電気電子工学シリーズ5

電子デバイス工学

22900-4 C3354　　　　　Ａ５判 120頁 本体2400円

集積回路の中心となるトランジスタの動作原理に焦点をあてて、やさしく、ていねいに解説した。〔内容〕半導体の特徴とエネルギーバンド構造／半導体のキャリヤと電気伝導／バイポーラトランジスタ／MOS型電界効果トランジスタ／他

電通大 木村忠正著
電子・情報通信基礎シリーズ3

電子デバイス

22783-3 C3355　　　　　Ａ５判 208頁 本体3400円

理論の解説に終始せず、応用の実際を見据え高容量・超高速性を念頭に置き解説。〔内容〕固体の電気伝導／半導体／接合／バイポーラトランジスタ／電界効果トランジスタ／マイクロ波デバイス／光デバイス／量子効果デバイス／集積回路

大塚頴三・冷水佐壽・大山忠司・宮尾正大・山本恵一著

最新半導体工学

22131-2 C3055　　　　　Ａ５判 200頁 本体2900円

半導体の基本をわかりやすく学生が興味をもちながら勉強できるように解説された好テキスト。〔内容〕電子と正孔／電界・磁界と半導体／電気抵抗の要因／光学的性質／接合・トランジスタ・集積回路／光電変換の原理と応用／結晶の成長／他

元東京工科大 宮尾　亘著

半導体センサ工学

22132-9 C3055　　　　　Ａ５判 120頁 本体2800円

基礎となる考え方に重点をおく大学・高専向けのコンパクトな教科書。〔内容〕センサ工学の要点／半導体の物理／光放射センサ／温度センサ／磁気センサ／放射線センサ／画像センサ／センサ回路／リモートセンシング応用技術／センサの知能化

前東工大 森泉豊栄・東工大 岩本光正・東工大 小田俊理・日大 山本　寬・拓殖大 川名明夫編

電子物性・材料の事典

22150-3 C3555　　　　　Ａ５判 696頁 本体23000円

現代の情報化社会を支える電子機器は物性の基礎の上に材料やデバイスが発展している。本書は機械系・バイオ系にも視点を広げながら"材料の説明だけでなく、その機能をいかに引き出すか"という観点で記述する総合事典。〔内容〕基礎物性（電子輸送・光物性・磁性・熱物性・物質の性質）／評価・作製技術／電子デバイス／光デバイス／磁性・スピンデバイス／超伝導デバイス／有機・分子デバイス／バイオ・ケミカルデバイス／熱電デバイス／電気機械デバイス／電気化学デバイス

東大 大津元一・東大 荒川泰彦・東大 五神　真・日立製作所 橋詰富博・東大 平川一彦編

量子工学ハンドブック（普及版）

21037-8 C3050　　　　　Ａ５判 996頁 本体32000円

ミクロの世界を支配する量子論は、科学から工学へと急発展している。本書は具体的な工学応用へ結び付く知識と情報を盛り込んだ、研究者・開発担当者必携のハンドブック。〔内容〕〈基礎〉量子現象／光と電磁波／光の場と物質／非線形光学／超伝導他〈材料〉半導体／超伝導／磁性／有機／表面〈デバイス・システム〉量子電子／半導体レーザ／非線形光／ソリトン／磁性／超伝導他〈計測・評価技術〉単一電子現象／SQUID／ホール効果／アトムオプティクス／他〈量子工学の将来〉

上記価格（税別）は2009年1月現在